神农架自然遗产系列专著

神农架陆生脊椎动物名录

周友兵　雷博宇　著

科学出版社

北京

内 容 简 介

本书收录了神农架陆生脊椎动物共 658 种，隶属于 4 纲 31 目 120 科。通过对神农架地方志书及其他历史文献的收集和整理，结合作者近年来的监测结果、动物分类系统的调整更新及各个物种的已知分布范围，经过仔细甄别，确定了 658 个物种在神农架的有效分布。绪论部分重点介绍了陆生脊椎动物的分类体系、物种多样性、种群现状、区系组成、珍稀濒危物种、特有成分及本书的书写体例。正文部分着重整理了各物种的分类地位、中文名、拉丁学名、英文名、种下单元、国内外分布及种群现状，并对部分物种的分类调整和分布范围进行了讨论。此外，本书还对 41 种甄别为存疑分布的物种进行了分类、分布讨论。

本书可供从事动物学及保护生物学相关专业科研、教学工作的学者、自然保护科技工作者及自然资源管理人员参考。

图书在版编目(CIP)数据

神农架陆生脊椎动物名录 / 周友兵, 雷博宇著. —北京：科学出版社, 2019.9

（神农架自然遗产系列专著）
ISBN 978-7-03-062175-7

Ⅰ. ①神… Ⅱ. ①周… ②雷… Ⅲ. ①神农架-陆栖-脊椎动物门-名录 Ⅳ. ①Q959.308-62

中国版本图书馆 CIP 数据核字(2019)第 182623 号

责任编辑：李 迪 闫小敏 / 责任校对：郑金红
责任印制：吴兆东 / 封面设计：北京图阅盛世文化传媒有限公司

科学出版社 出版
北京东黄城根北街 16 号
邮政编码：100717
http://www.sciencep.com

固安县铭成印刷有限公司 印刷
科学出版社发行 各地新华书店经销

*

2019 年 9 月第 一 版　开本：720×1000 1/16
2021 年 3 月第二次印刷　印张：14 1/2
字数：292 000
定价：128.00 元
（如有印装质量问题，我社负责调换）

"神农架自然遗产系列专著"编辑委员会

主 编

谢宗强

编 委

(按姓氏音序排列)

樊大勇　高贤明　葛结林　李纯清

李立炎　申国珍　王大兴　王志先

谢宗强　熊高明　徐文婷　赵常明

周友兵

总序

生物资源是指对人类具有直接、间接或潜在经济、科研价值的生命有机体，包括基因、物种及生态系统等。人类的发展，其基本的生存需要，如衣、食、住、行等绝大部分依赖于各种生物资源的供给。同时，生物资源在维系自然界能量流动、物质循环、改良土壤、涵养水源及调节小气候等诸多方面也发挥着重要的作用，是维持自然生态系统平衡的必要条件。某些物种的消亡可能引起整个系统的失衡，甚至崩溃。生物及其与环境形成的生态复合体，以及与此相关的各种生态过程，共同构成了人类赖以生存的支撑系统。

神农架是由大巴山东延余脉组成的相对独立的自然地理单元，位于鄂渝陕交界处。"神农架自然遗产系列专著"以地质历史和地形地貌为主要依据，经过专家咨询和研讨，打破行政界线，首次划定了神农架的自然地理范围（谢宗强和申国珍，2018）。神农架地跨东经109°29′34.8″~111°56′24″、北纬30°57′28.8″~32°14′6″，面积约12 837km^2。神农架区域范围涉及湖北省神农架林区、巴东、秭归、兴山、保康、房县、竹山、竹溪，陕西省镇坪，重庆巫山、巫溪等地。该区域拥有丰富的生物多样性，是中国种子植物特有属的三大分布中心之一和中国生物多样性保护优先区域之一，2016年被列入《世界遗产名录》。

神农架拥有丰富的生物种类和特殊的动植物类群，吸引了世界各地学者前来考察研究。19世纪中叶到20世纪初，对神农架生物资源的考察主要以西方生物学家为主。先后有法、俄、美、英、德、瑞典、日本等国家或以政府名义或个人出面组织"考察队"，到神农架进行植物采集和考察活动。其中，1888~1910年英国博物学家恩斯特·亨利·威尔逊 20 余年 4 次考察鄂西，发现超过 500 个新种、25 个新属和 1 个新科 (Trapellaceae)，详细地记载了神农架珍稀植物的特征。依此为素材，发表专著《自然科学家在中国西部》和《中国——园林之母》。其采集的种子培育出的植物遍布整个欧洲，采集的标本由哈佛大学阿诺德树木园编著成了《威尔逊植物志》，成为神农架生物资源里程碑式的研究。1868 年，法国生物学家阿曼德·戴维考察神农架，发表《谭微道植物志》。1884~1886 年，俄国地理学家格里高利·尼古拉耶维奇·波塔宁考察神农架，发表《波塔宁中国植物考察集》。这些研究已成为世界了解中国植物资源的重要窗口，激发了近代中外学者对神农架自然资源研究的兴趣。

20 世纪初以来，中国科学家先后开展了神农架地质、地貌、植物、动物、气候等方面的研究。1922~1925 年、1941~1943 年、1946~1947 年、1976~1978 年、2002~2006 年，中国科学院及湖北省的相关单位，分别对神农架动植物及植被进行了综合性考察和研究，先后完成了《神农架探察报告》《神农架森林勘察报告》《鄂西神农架地区的植被和植物区系》《神农架植物》《神农架自然保护区科学考察集》《神农架国家级自然保护区珍稀濒危野生动植物图谱》等论著。到目前为止，国内外学者公开发表的关于神农架地质地貌、自然地理、生物生态等方面的重要研究论著已达 620 多篇（部）。

以往对神农架生物资源和生态的科学考察及研究，基本上以神农架林区或神农架保护区为边界范围，这割裂了神农架这一相对独立自然地理单元的完整性。神农架作为一个独特的完整地理单元，自第四纪冰川时期就已成为野生动植物重要的避难所，保存有大量古老残遗种类，很多生物是古近纪，甚至是白垩纪的残遗。到目前为止，尚未见到基于神农架完整地理单元开展的生物学和生态学方面的研究。"神农架自然遗产系列专著"是基于神农架独立自然地理单元开展的生物学和生态学研究的集成，包括《神农架自然遗产的价值及其保护管理》《神农架世界自然遗产价值导览》《神农架植物名录》《神农架模式标本植物：图谱·题录》《神农架陆生脊椎动物名录》《神农架动物模式标本名录》《神农架常见鸟类识别手册》。各专著编写组成员精力充沛，掌握了新理论、新技术，保证了在继承基础上的创新。

"神农架自然遗产系列专著"通过对该区域进行野外调查和广泛收集科研文献及植物名录，整理出了神农架区域高等植物的科属组成与种类清单；对以神农架为产地的植物模式标本，通过图谱和题录两种形式反映它们的特征和信息；对神农架陆生脊椎动物进行了较为翔实的汇总、分析与研究，确定了神农架分布的陆生脊椎动物的名录；对动物模式标本的原始发表文献、标本数量及标本存放机构进行了系统整理，确定了物种有效性和分类归属；从鸟类的识别特征和生态特征两方面精选主要鸟类的高清影像、鸟类的生境和野外识别特征等汇编了常见鸟类野外识别手册；分析了神农架自然遗产地的价值要素构成，证明神农架在动植物多样性及其栖息地、生物群落及其生物生态学过程等方面具有全球突出价值；从自然地理、遗产价值、保护管理及价值观赏等方面以图集为主的方式，直观地展示了神农架的世界遗产价值。

湖北神农架森林生态系统国家野外科学观测研究站、湖北神农架国家级自然保护区管理局和科学出版社对该系列专著的编写与出版给予了大力支持。我们希望"神农架自然遗产系列专著"的出版，有助于广大读者全面了解神农架的生物资源和生态价值，并祈望得到读者和学术界的批评指正。

2018 年 8 月

前言 Preface

神农架是我国华中地区唯一的原始森林分布地,具有成分复杂的生物区系,包括多种珍稀濒危和古老孑遗动植物。其占地广阔,地形地貌复杂多样,生物种类繁多,生物多样性丰富,涵盖了北亚热带地区保存较为完好、面积较大的世界自然遗产地,是全球生物多样性研究和保护的热点区域之一。神农架地处全球三大鸟类迁徙区之"亚洲—大洋洲"区,是世界鸟类迁徙过程中需经过的重要区域之一,具有全球意义的保护价值 (李孚允和杨若莉, 1997)。同时,神农架也是重要的生物多样性保护优先区,对于生物多样性研究和保护具有重要意义,受到国内外专家学者的广泛关注 (谢宗强等, 2017; 马克平, 2016)。

神农架属北亚热带季风气候,地处亚热带向温带气候过渡地带。其核心区域立体气候十分显著,随海拔变化形成了低山、中山和亚高山 3 个气候带,平均海拔达到 1700 m,有 84% 的地区海拔在 1200 m 以上,被称为"华中屋脊",是长江与其最大支流汉水在湖北省的第一级分水岭。降水方面,水汽补给主要来自于东南和西南方向,降水量由西南向东北递减,夏季多雨,降水量多,冬季较为干燥,降水量少。

神农架有着丰富的动植物资源,吸引了一大批国内外专家学者和科研工作者前来考察访问,他们在考察过程中采集了许多珍稀的动植物标本,积累了丰富的资料,为我国动植物学的前期研究提供了宝贵的材料。1888 年,英国植物学家奥古斯汀·亨利 (Augustine Henry) 最早来到神农架进行植物考察,发现了多个新科、25 个新属和大约 500 个新种。紧接着,英国博物学家恩斯特·亨利·威尔逊 (Ernest Henry Wilson) 先后于 1900 年和 1910 年进入神农架,采集了大批珍贵的植物标本。20 世纪初以来,中国科学家也分别在神农架地质、地貌、植物、动物、气候环境等方面进行了考察研究。特别是动物方面,1979~1985 年,华中师范大学和武汉大学组织了针对鸟类与兽类的考察,发表了《神农架林区小型兽类的研究 I 兽类区系》与《神农架林区小型兽类的研究 II 垂直分布》等一系列文章。1980 年,中国科学院组织了奇异动物("野人")考察,出版了《中国神农架》一书 (刘民壮,1993)。1981~1982 年,华中农学院在神农架林区针对鱼类进行考察,采集了大量鱼类标本。1983 年 5 月,湖北省科学技术委员会组织了"大熊猫迁养神农架可行性考察",对神农架生境是否适合大熊猫生存进行了相关评估。这些考察采集了大批的动物标本,发表了多个新种和新记录,为后续的动物研究及调查提供了参考及丰富的经验,是神农架野生动物研究的基石,也为亚热带地区生物多样性研究奠定了坚实的基础。

我们通过收集相关历史文献和资料,并结合作者近期的监测记录,系统整理和编写了本书。资料主要来源于四个方面:①以 Shennongjia and (bird or mammal, or amphibians, or reptiles, or snake) 为关键词在 Scholar Google (http://www.scholar.google.com/) 和 Web of Science (http://www.isiknowledge.com) 网站上搜索相关英文文献;②以"神农架""脊椎动物""鸟类""两栖""爬行""蛇类""蜥蜴""食虫类""兽类""哺乳动物"等关键词在 Scholar Google、中国知网 (http://www.cnki.net)、万方数据知识服务平台 (http://www.wanfangdata.com.cn/index.html) 和维普网 (http://www.cqvip.com/) 上搜索相关中文文献;③查阅相关的科考报告和地方志书 (朱兆泉和宋朝枢,1999;王玛丽等,2004;苏化龙等,2007;齐代华等,2009;肖文发等,2009;龚明昊等,2011;郓二虎等,2012;汪正祥,2012;湖北巴东金丝猴自然保护区科考组,2013;汪正祥等,2013;汪正祥和蔡德军,2013;廖明尧,2015;周青春,2015);④作者自 2008 年以来,在湖北神农架森林生态系统国家野外科学观测研究站暨中国科学院神农架生物多样性定位研究站开展动物监测的数据和资料。

神农架的生物多样性极为丰富,本书共收录了神农架分布的陆生脊椎动物 31 目 120 科 658 种。除汇总了每个物种的分类地位、中文名、拉丁学名、英文名、种下单元、国内外分布情况和种群现状外,还对存在分类修订及分布争议的物种进行了详细讨论。此外,本书还介绍了厘定甄别为存疑分布的物种 41 种 (隶属于 4 纲 13 目 27 科),并对其进行了详细的讨论 (附录 I)。

对于部分来源于历史记录和存疑较大的物种,本书并未列入。例如,虎 (*Panthera tigris*) 在神农架已疑似地区性灭绝,其目前的记录大多来源于历史记录。虎最初的 8 个亚种有 3 个已经灭绝,包括分布在我国新疆的里海虎 (*P. t.*

virgata)。其余 5 个亚种有 4 个在我国有分布,但保护现状十分严峻。如今,虎在我国南部的种群数量处于 30 只以下,且过去 10 年间并未找到华南虎存在的直接证据 (Tilson et al., 2004)。

本书在资料收集过程中得到了湖北神农架森林生态系统国家野外科学观测研究站暨中国科学院神农架生物多样性定位研究站的大力支持和帮助;陕西动物研究所的高学斌提供了宝贵的调查资料;中国科学院植物研究所的陈文文、崔继法、王冰鑫和吴楠在书稿的撰写中帮助查找了部分文献;湖北神农架国家级自然保护区管理局李立炎、王大兴、李纯清、王志先和湖北神农架林区农业资源区划委员会办公室喻杰及湖北神农架林区林业管理局刘三峡等提供了宝贵资料;中国科学院植物研究所谢宗强、申国珍、熊高明、徐文婷、樊大勇和赵常明在书稿的撰写中提供了宝贵的建议。在此,我们一并向以上机构和个人表示衷心的感谢。

随着科学研究水平的不断提升,近年来脊椎动物的分类系统也在不断完善,特别是最近几年,鸟类和两栖类的分类系统发生了较大变革,因此在对各个物种和类群进行归类的过程中,难免有不合理之处。此外,资料收集过程中,一些文献发表在世界各地,难以获得并进行翻译。同时,由于时间和精力有限,部分杂志、综合考察报告、地方志、硕博论文和专著也未能收全。所以本书存在不足之处在所难免,敬请各位读者批评指正。

本书的出版得到了湖北神农架森林生态系统国家野外科学观测研究站暨中国科学院神农架生物多样性定位研究站、国家重点研发计划课题"遗产地生态保护与修复技术体系研究"(2016YFC0503303)、环保公益性行业科研专项"生物多样性保护优先区域绿色发展机制和模式研究"(201309039)、中国科学院战略性先导科技专项"地球大数据科学工程"(XDA19050402 03) 和三峡大学生态系统生态学拔尖人才研究团队的资助。

著 者
2019 年 9 月

目录 Contents

绪论 ………………………………………… 1

两栖纲 AMPHIBIA …………………… 13
  一 有尾目 CAUDATA ……………… 13
    （一）小鲵科 Hynobiidae ………… 13
    （二）隐鳃鲵科 Cryptobranchidae
    ………………………………………… 14
  二 无尾目 ANURA ………………… 14
    （三）角蟾科 Megophryidae …… 14
    （四）蟾蜍科 Bufonidae ………… 16
    （五）雨蛙科 Hylidae …………… 17
    （六）蛙科 Ranidae ……………… 18
    （七）叉舌蛙科 Dicroglossidae ‥ 20
    （八）树蛙科 Rhacophoridae …… 22
    （九）姬蛙科 Microhylidae ……… 22

爬行纲 REPTILIA …………………… 24
  三 龟鳖目 TESTUDINES …………… 24
    （十）鳖科 Trionychidae ………… 24
    （十一）地龟科 Geoemydidae …… 24
  四 有鳞目 SQUAMATA …………… 24
    （十二）壁虎科 Gekkonidae …… 24
    （十三）鬣蜥科 Agamidae ……… 24
    （十四）蜥蜴科 Lacertidae ……… 25
    （十五）石龙子科 Scincidae …… 25
    （十六）盲蛇科 Typhlopidae …… 27
    （十七）闪皮蛇科 Xenodermatidae
    ………………………………………… 27
    （十八）游蛇科 Colubridae ……… 27
    （十九）眼镜蛇科 Elapidae …… 31
    （二十）蝰科 Viperidae ………… 31

鸟纲 AVES …………………………… 33
  五 鸡形目 GALLIFORMES ………… 33
    （二十一）雉科 Phasianidae …… 33
  六 雁形目 ANSERIFORMES ……… 34
    （二十二）鸭科 Anatidae ………… 34
  七 䴙䴘目 PODICIPEDIFORMES
  ………………………………………… 37
    （二十三）䴙䴘科 Podicipedidae ‥ 37
  八 鸽形目 COLUMBIFORMES ‥ 38
    （二十四）鸠鸽科 Columbidae ‥ 38
  九 夜鹰目 CAPRIMULGIFORMES
  ………………………………………… 39
    （二十五）夜鹰科 Caprimulgidae
  ………………………………………… 39
    （二十六）雨燕科 Apodidae …… 40
  十 鹃形目 CUCULIFORMES …… 41

(二十七) 杜鹃科 Cuculidae…… 41
十一 鹤形目 GRUIFORMES…… 43
　　(二十八) 秧鸡科 Rallidae…… 43
　　(二十九) 鹤科 Gruidae…… 44
十二 鸻形目 CHARADRIIFORMES
　　…… 44
　　(三十) 鹮嘴鹬科 Ibidorhynchidae
　　…… 44
　　(三十一) 反嘴鹬科
　　　　Recurvirostridae…… 45
　　(三十二) 鸻科 Charadriidae…… 45
　　(三十三) 彩鹬科 Rostratulidae·46
　　(三十四) 鹬科 Scolopacidae…… 46
　　(三十五) 三趾鹑科 Turnicidae·48
　　(三十六) 燕鸻科 Glareolidae… 48
　　(三十七) 鸥科 Laridae…… 49
十三 鹳形目 CICONIIFORMES·49
　　(三十八) 鹳科 Ciconiidae…… 49
十四 鲣鸟目 SULIFORMES…… 50
　　(三十九) 鸬鹚科
　　　　Phalacrocoracidae…… 50
十五 鹈形目 PELECANIFORMES
　　…… 50
　　(四十) 鹮科 Threskiornithidae·50
　　(四十一) 鹭科 Ardeidae…… 50
十六 鹰形目 ACCIPITRIFORMES
　　…… 53
　　(四十二) 鹰科 Accipitridae…… 53
十七 鸮形目 STRIGIFORMES…… 59
　　(四十三) 鸱鸮科 Strigidae…… 59
　　(四十四) 草鸮科 Tytonidae…… 62
十八 咬鹃目 TROGONIFORMES· 62
　　(四十五) 咬鹃科 Trogonidae…… 62

十九 犀鸟目 BUCEROTIFORMES
　　…… 63
　　(四十六) 戴胜科 Upupidae…… 63
二十 佛法僧目 CORACIIFORMES
　　…… 63
　　(四十七) 蜂虎科 Meropidae…… 63
　　(四十八) 佛法僧科 Coraciidae·63
　　(四十九) 翠鸟科 Alcedinidae… 63
二十一 啄木鸟目 PICIFORMES . 64
　　(五十) 拟啄木鸟科 Capitonidae·· 64
　　(五十一) 啄木鸟科 Picidae…… 64
二十二 隼形目 FALCONIFORMES
　　…… 66
　　(五十二) 隼科 Falconidae…… 66
二十三 雀形目 PASSERIFORMES
　　…… 68
　　(五十三) 八色鸫科 Pittidae…… 68
　　(五十四) 黄鹂科 Oriolidae…… 68
　　(五十五) 莺雀科 Vireonidae…… 68
　　(五十六) 山椒鸟科
　　　　Campephagidae…… 69
　　(五十七) 卷尾科 Dicruridae…… 69
　　(五十八) 王鹟科 Monarchidae·70
　　(五十九) 伯劳科 Laniidae…… 70
　　(六十) 鸦科 Corvidae…… 71
　　(六十一) 玉鹟科 Stenostiridae·73
　　(六十二) 山雀科 Paridae…… 74
　　(六十三) 百灵科 Alaudidae…… 76
　　(六十四) 扇尾莺科 Cisticolidae··77
　　(六十五) 苇莺科 Acrocephalidae
　　…… 77
　　(六十六) 鳞胸鹪鹛科
　　　　Pnoepygidae…… 78

(六十七) 蝗莺科 Locustellidae · 78
(六十八) 燕科 Hirundinidae …… 79
(六十九) 鹎科 Pycnonotidae …… 80
(七十) 柳莺科 Phylloscopidae·· 81
(七十一) 树莺科 Cettiidae……… 84
(七十二) 长尾山雀科
　　　　　Aegithalidae ……… 86
(七十三) 莺鹛科 Sylviidae……… 87
(七十四) 绣眼鸟科 Zosteropidae
　　　　　………………………… 89
(七十五) 林鹛科 Timaliidae …… 90
(七十六) 幽鹛科 Pellorneidae … 91
(七十七) 噪鹛科 Leiothrichidae ··92
(七十八) 旋木雀科 Certhiidae … 95
(七十九) 䴓科 Sittidae…………… 96
(八十) 鹪鹩科 Troglodytidae … 96
(八十一) 河乌科 Cinclidae …… 97
(八十二) 椋鸟科 Sturnidae …… 97
(八十三) 鸫科 Turdidae ……… 98
(八十四) 鹟科 Muscicapidae·· 100
(八十五) 戴菊科 Regulidae …… 108
(八十六) 太平鸟科
　　　　　Bombycillidae ……… 109
(八十七) 啄花鸟科 Dicaeidae …… 109
(八十八) 花蜜鸟科 Nectariniidae
　　　　　………………………… 109
(八十九) 岩鹨科 Prunellidae …… 110
(九十) 梅花雀科 Estrildidae …… 111
(九十一) 雀科 Passeridae ……… 111
(九十二) 鹡鸰科 Motacillidae …… 111
(九十三) 燕雀科 Fringillidae …… 113
(九十四) 鹀科 Emberizidae …… 115

哺乳纲 MAMMALIA………118
　二十四 劳亚食虫目
　　　　　EULIPOTYPHLA ………… 118
　　(九十五) 猬科 Erinaceidae …… 118
　　(九十六) 鼹科 Talpidae ……… 118
　　(九十七) 鼩鼱科 Soricidae …… 119
　二十五 翼手目 CHIROPTERA·· 121
　　(九十八) 菊头蝠科
　　　　　Rhinolophidae ……… 121
　　(九十九) 蹄蝠科 Hipposideridae
　　　　　………………………… 123
　　(一百) 蝙蝠科 Vespertilionidae
　　　　　………………………… 123
　二十六 灵长目 PRIMATES …… 126
　　(一百〇一) 猴科 Cercopithecidae
　　　　　………………………… 126
　二十七 鳞甲目 PHOLIDOTA …… 127
　　(一百〇二) 鲮鲤科 Manidae ·· 127
　二十八 食肉目 CARNIVORA …… 127
　　(一百〇三) 犬科 Canidae …… 127
　　(一百〇四) 熊科 Ursidae …… 128
　　(一百〇五) 鼬科 Mustelidae … 128
　　(一百〇六) 灵猫科 Viverridae · 130
　　(一百〇七) 獴科 Herpestidea · 131
　　(一百〇八) 猫科 Felidae …… 131
　二十九 鲸偶蹄目
　　　　　CETARTIODACTYLA·· 132
　　(一百〇九) 猪科 Suidae …… 132
　　(一百一十) 麝科 Moschidae … 133
　　(一百一十一) 鹿科 Cervidae … 133
　　(一百一十二) 牛科 Bovidae … 134
　三十 啮齿目 RODENTIA ……… 134

（一百一十三）松鼠科 Sciuridae
......134
（一百一十四）仓鼠科 Cricetidae
......136
（一百一十五）鼠科 Muridae ·· 137
（一百一十六）刺山鼠科 Platacanthomyidae
......139
（一百一十七）鼹形鼠科 Spalacidae 139
（一百一十八）豪猪科 Hystricidae
......139
三十一 兔形目 LAGOMORPHA
......140
（一百一十九）鼠兔科 Ochotonidae 140
（一百二十）兔科 Leporidae 140

附录Ⅰ 存疑分布物种名录 142

两栖纲 AMPHIBIA 142
一 无尾目 ANURA 142
（一）角蟾科 Megophryidae 142
（二）蟾蜍科 Bufonidae 142

爬行纲 REPTILIA 142
二 龟鳖目 TESTUDINES 142
（三）鳖科 Trionychidae 142
三 有鳞目 SQUAMATA 143
（四）蛇蜥科 Anguidae 143
（五）游蛇科 Colubridae 143

鸟纲 AVES 143
四 䴙䴘目 PODICIPEDIFORMES
......143

（六）䴙䴘科 Podicipedidae 143
五 鸻形目 CHARADRIIFORMES
......144
（七）鸻科 Charadriidae 144
（八）鹬科 Scolopacidae 144
（九）鸥科 Laridae 144
六 鹰形目 ACCIPITRIFORMES ...144
（十）鹰科 Accipitridae 144
七 鸮形目 STRIGIFORMES 145
（十一）鸱鸮科 Strigidae 145
八 啄木鸟目 PICIFORMES 145
（十二）啄木鸟科 Picidae 145
九 鹦鹉目 PSITTACIFORMES ...146
（十三）鹦鹉科 Psittacidae 146
十 雀形目 PASSERIFORMES ...146
（十四）山椒鸟科 Campephagidae
......146
（十五）伯劳科 Laniidae 147
（十六）鸦科 Corvidae 147
（十七）山雀科 Paridae 147
（十八）苇莺科 Acrocephalidae ...148
（十九）蝗莺科 Locustellidae ...148
（二十）鹎科 Pycnonotidae 149
（二十一）柳莺科 Phylloscopidae
......149
（二十二）莺鹛科 Sylviidae 149
（二十三）幽鹛科 Pellorneidae ·· 150
（二十四）噪鹛科 Leiothrichidae
......151

哺乳纲 MAMMALIA 151
十一 劳亚食虫目 EULIPOTYPHLA
......151

(二十五) 鼩鼱科 Soricidae …… 151

十二 翼手目 CHIROPTERA …… 152

(二十六) 犬吻蝠科 Molossidae
…………………………… 152

十三 啮齿目 RODENTIA ……… 152

(二十七) 松鼠科 Sciuridae …… 152

(二十八) 仓鼠科 Cricetidae …… 152

附录Ⅱ 神农架陆生脊椎动物名录
与分布 …………………… 154

参考文献 ……………………………… 183

中文名索引 …………………………… 193

拉丁学名索引 ………………………… 202

绪　　论

一、自然地理概况

(一) 自然行政单元

神农架范围包括湖北省神农架林区、巴东县、秭归县、兴山县、保康县、房县、竹山县、竹溪县，陕西省镇坪县，重庆市巫山县、巫溪县，共跨越了2个省和1个直辖市，涵盖了神农架林区及与其相毗邻的10个县。

(二) 地形、地貌、气候与环境特征

神农架海拔较高，有"华中屋脊"之称，是长江与其最大支流——汉水在湖北的第一级分水岭。其地貌骨架奠定于印支运动末至燕山运动初，大量褶皱和掀斜运动导致区域内层峦叠嶂、沟壑纵横，具"雄""奇""险""秀"之美。第四纪的温度变化导致神农架残留了大量的冰川地貌，使得区域内地貌复杂多样，地势由西南向东北降低 (赵志中和何培元，1997)。其中，区域内的最高点——神农顶，海拔3105.2 m，是神农架乃至华中地区的最高点。

在《中国地貌区划》中，神农架是第三级地貌单元，属大巴山中山与低山。该区域处于我国地势第二阶梯的东部边缘，是由大巴山脉东延余脉组成的中高山地貌。按形态特征和形成原因对其地貌进行分类，主要可分为构造溶蚀地貌、溶蚀侵蚀地貌、剥蚀侵蚀地貌和堆积地貌4种类型。

神农架处于亚热带气候向温带气候过渡的区域，属北亚热带季风气候区。其核心区域立体气候十分明显，随海拔升高形成低山、中山和亚高山3个气候带。降水方面，水汽补给主要来自东南和西南方向，降水量由西南向东北递减。同时，受地形和海拔等条件约束，降水由山下向山上递增，垂直方向上降水量差异较大。降水量年内分配受亚热带季风气候制约，夏季多雨，而冬季寒冷干燥、降水稀少。区域内降水是河流的主要补充方式，降水多少会直接影响当地河流的长度、水位、宽度和流量等一系列水文特征。

二、区域特征分析

(一) 分类体系

本书针对不同的动物类群采用其当前普遍接受的分类系统,其中,目、科、属数量与旧的分类方法的分类结果相比有所调整。

两栖纲分类系统、英文名和拉丁学名的确定以 Amphibian Species of the World: an Online Reference (Frost, 2018) 为主,并参考《中国动物志,两栖纲 第一卷:总论,蚓螈目,有尾目》(费梁等, 2006)、《中国动物志,两栖纲 第二卷 (中卷):无尾目》(费梁等, 2009a)、《中国动物志,两栖纲 第二卷 (下卷):无尾目,蛙科》(费梁等, 2009b)、《中国两栖动物及其分布彩色图鉴》(费梁等, 2012)、Amphibians of China (Fei and Ye, 2016)、世界两栖动物数据库 (https://amphibiaweb.org/)、中国两栖类网站 (http://www.amphibiachina.org/)。中文名的确定以《中国两栖动物及其分布彩色图鉴》(费梁等, 2012) 为主。

爬行纲分类系统、中文名和拉丁学名的确定主要依据《中国爬行纲动物分类厘定》(蔡波等, 2015),同时参考《中国动物志,爬行纲 第一卷:总论,龟鳖目,鳄形目》(张孟闻等, 1998)、《中国动物志,爬行纲 第二卷:有鳞目,蜥蜴亚目》(赵尔宓等, 1999)、《中国动物志,爬行纲 第三卷:有鳞目,蛇亚目》(赵尔宓等, 1998)、《中国蛇类》(上) (赵尔宓, 2006)、世界爬行动物网 (http://www.reptile-database.org)。英文名主要参考世界爬行动物网确定。

鸟纲分类系统、中文名和拉丁学名的确定主要依据《中国鸟类分类与分布名录 (第三版)》(郑光美, 2017),参考《中国鸟类志》(上、下) (赵正阶, 2001a, 2001b)、《中国鸟类图志》(上、下) (段文科和张正旺, 2017a, 2017b) 和国际鸟类联盟数据库 (http://www.birdlife.org)。英文名的确定主要参考国际鸟类联盟数据库,亚种中文名的确定主要参考《中国鸟类图志》(上、下) (段文科和张正旺, 2017a, 2017b),亚种拉丁学名的确定主要参考《中国鸟类分类与分布名录》(郑光美, 2017)。

哺乳纲分类系统、拉丁学名、中文名和英文名的确定主要依据《中国哺乳动物多样性及地理分布》(蒋志刚等, 2015b),并参考《中国哺乳动物多样性》(第一版) (蒋志刚等, 2015a)、《中国哺乳动物多样性》(第二版) (蒋志刚等, 2017)、《中国动物志,兽纲 第六卷:啮齿目,仓鼠科》(罗泽珣等, 2000)、《中国动物志,兽纲 第八卷:食肉目》(高耀亭, 1987)、《中国脊椎动物红色名录》(蒋志刚等, 2016)、《中国哺乳动物物种和亚种分类名录与分布大全》(王应祥，2003)、《中国兽类野外手册》(Smith 和解焱，2009)。

本书中国特有种的确定主要参考《中国脊椎动物红色名录》(蒋志刚等，2016)，并结合部分志书及最新的物种分布情况进行相关调整。

(二) 物种多样性

1. 种类组成

神农架共有陆生脊椎动物 31 目 120 科 658 种，占全国陆生脊椎动物物种总数 (2913 种) 的 22.59%。鸟纲物种最多，占本地陆生脊椎动物总数的 66.72%；两栖纲物种最少，仅占 6.69% (表 1)。其中，近期野外调查中我们发现了湖北省新记录种 10 种：灰腹绿蛇 (*Rhadinophis frenatus*)、小黑领噪鹛 (*Garrulax monileger*)、白眉林鸲 (*Tarsiger indicus*)、褐冠山雀 (*Lophophanes dichrous*)、火冠雀 (*Cephalopyrus flammiceps*)、淡绿鵙鹛 (*Pteruthius xanthochlorus*)、白眉蓝姬鹟 (*Ficedula superciliaris*)、霍氏缺齿鼩鼱 (*Chodsigoa hoffmanni*)、毛翼管鼻蝠 (*Harpiocephalus harpia*) 和台湾灰麝鼩 (*Crocidura tanakae*)。

表 1 神农架陆生脊椎动物种类组成

门类	目	科	种	百分比/%
鸟纲	19	74	439	66.72
哺乳纲	8	26	119	18.09
两栖纲	2	9	44	6.69
爬行纲	2	11	56	8.51
总数	31	120	658	100

2. 存疑分布物种

对名录中已知分布区域与神农架地理距离较远的物种，我们参考多本志书进行了仔细核定，确定 41 个物种为存疑分布，占名录总物种数的 5.87%。存疑物种的典型代表有灰冠山雀 (*Baeolophus bicolor*)、山瑞鳖 (*Palea steindachneri*)、白斑小鼯鼠 (*Petaurista marica*) 等。不同物种的存疑原因存在一些差异：灰冠山雀仅在北美洲有分布，神农架记录到的个体可能来源于人工饲养的宠物鸟逃逸；山瑞鳖在国内仅分布于云南、贵州、广东、海南、广西、香港等南方地区 (张孟闻等，1998; Uetz et al., 2018)，神农架与其地理距离较远；白斑小鼯鼠在国内仅分布于广西和云南 (王应祥，2003; Smith 和解焱，2009; 蒋志刚等，2015b)，因其体型娇小可爱，存在人为养殖的情况，神农架记录到的个体可能来源于人工养殖种群或宠物鼠逃逸。各个物种的分布讨论详见附录Ⅰ。

(三) 物种分布与种群现状

对神农架林区及其周边 10 个县的陆生脊椎动物种类数进行比较后发现，神农架林区的生物多样性最为丰富，各个类群的物种数量都处于最高水平。在鸟纲和哺乳纲方面，兴山县的物种数仅次于神农架林区，分别为 325 种和 87 种，显著高于其他县。两栖纲和爬行纲方面，分别是房县和竹溪县的物种数量较高，仅次于神农架林区 (表 2)。秭归县的物种总数最少，这可能与当地开展动物科考调查较少或区域内海拔高差小有关。

表 2 神农架陆生脊椎动物物种分布与种群现状

门类	神农架林区	兴山	巴东	巫山	巫溪	竹溪	竹山	房县	保康	秭归	镇坪
鸟纲	396	325	224	289	205	188	175	166	154	162	217
哺乳纲	88	87	61	65	53	76	73	65	70	39	72
两栖纲	35	21	12	21	14	23	23	25	24	13	12
爬行纲	50	34	28	34	23	36	35	34	33	21	17
总数	569	467	325	409	295	323	306	290	281	235	318

根据各个物种的记录频次及观察到的难易程度，并结合作者在神农架近 10 年间的监测记录，我们在本书中对神农架陆生脊椎动物的种群现状按其实际情况进行了评估和分类 (图 1)。结果显示，种群现状为少见、常见、不详的物种数量分别处于第 1、第 2、第 3 位，各占总物种数的 22.19%、19.30%、18.69%。种群现状列为不详的原因主要有以下几个方面：①神农架处于该物种已知分布范围的邻近地区，其在神农架的种群现状尚待进一步调查确认；②其生性孤僻，种群数量极为稀少，导致其在神农架的种群现状难以评估；③部分物种迁徙路过神农架，种群数量不稳定，故不易确定其在神农架的种群现状。

(四) 区系

神农架地处东洋界与古北界、北亚热带与暖温带的交汇过渡区域。该地区的动物区系组成主要表现出东洋界与古北界物种交融汇集的特征，属东洋界、中印亚界、华中区、西部山地高原亚区 (周友兵等，2018)。

在已确定区系的 637 种陆生脊椎动物中，属东洋界分布的物种数 (61.53%)

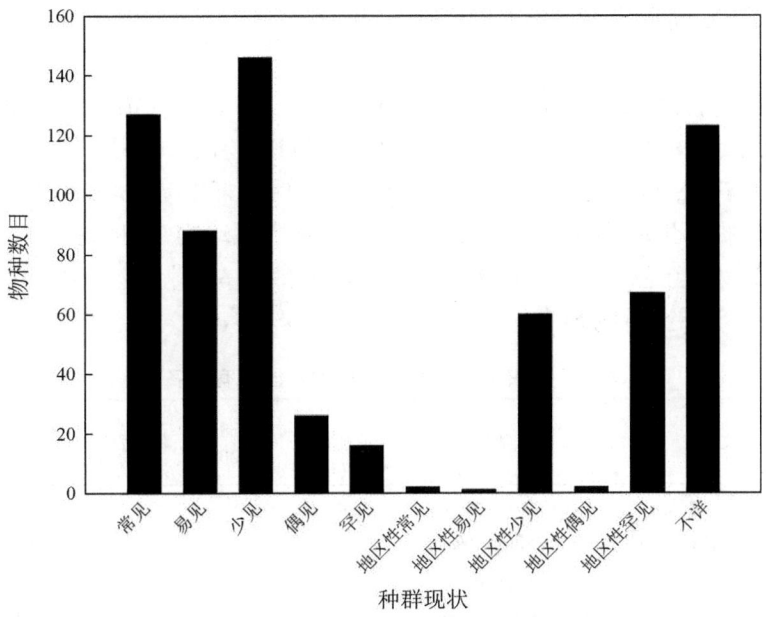

图 1　神农架陆生脊椎动物种群现状

大约是古北界物种数 (30.14%) 的两倍，属于广域分布的物种仅占 8.32%。东洋界分布物种以东南亚热带-亚热带型 (28.10%) 和南中国型 (21.66%) 为主，古北界分布物种主要由北方型 (18.68%) 和东北型 (9.58%) 构成。这表明属东洋界的脊椎动物区系占一定优势，兼有古北界的区系成分渗透其间，反映出神农架动物物种的多样性和生物区系的古老性 (表3)。

表 3　神农架陆生脊椎动物区系成分

分布型	哺乳纲	鸟纲	爬行纲	两栖纲	总计	百分比/%
东洋界分布类群						
东南亚热带-亚热带型 (W)	37	123	12	7	179	28.10
南中国型 (S, E & L)	36	38	38	26	138	21.66
喜马拉雅-横断山区型 (H)	10	56	3	6	75	11.77
古北界分布类群						
北方型 (U & C)	13	106			119	18.68
东北型 (B, X, M & K)	6	50	2	3	61	9.58
高地型 (P & Y)		4	1	2	7	1.10
中亚型 (D)	1	4			5	0.78
广布类群						
广布型 (O)	8	45			53	8.32
总种数	111	426	56	44	637	100

(五) 珍稀濒危动物

神农架珍稀濒危陆生脊椎动物较为丰富，共 125 种。其中，有 75 种脊椎动物列入《濒危野生动植物物种国际贸易公约》(CITES) 中，15 种列入 CITES 附录 I，60 种列入 CITES 附录 II。85 种列入《国家重点保护野生动物名录》中，其中国家 I 级重点保护野生动物 9 种，国家 II 级重点保护野生动物 76 种。另外，有 34 种列入《IUCN 物种红色名录》(2017) 珍稀濒危物种中，68 种列入《中国物种红色名录》(2016) 珍稀濒危物种中 (表 4)。

表 4　神农架珍稀濒危物种和中国特有种名录

编号	中文名	拉丁学名	《IUCN 物种红色名录》(2017)	CITES 附录 (2017)	《国家重点保护野生动物名录》	《中国物种红色名录》(2016)	中国特有种
1	中国小鲵	*Hynobius chinensis*	EN			EN	是
2	秦巴巴鲵	*Liua tsinpaensis*	VU			EN	是
3	巫山巴鲵	*Liua shihi*					是
4	大鲵	*Andrias davidianus*	CR	I	II	CR	是
5	峨山掌突蟾	*Leptobrachella oshanensis*					是
6	淡肩角蟾	*Megophrys boettgeri*					是
7	巫山角蟾	*Megophrys wushanensis*				VU	是
8	红点齿蟾	*Oreolalax rhodostigmatus*	VU			VU	是
9	利川齿蟾	*Oreolalax lichuanensis*					是
10	华西雨蛙	*Hyla annectans*					是
11	无斑雨蛙	*Hyla immaculata*					是
12	秦岭雨蛙	*Hyla tsinlingensis*					是
13	棘皮湍蛙	*Amolops granulosus*					是
14	仙琴蛙	*Nidirana daunchina*					是
15	中国林蛙	*Rana chensinensis*					是
16	峨眉林蛙	*Rana omeimontis*					是
17	镇海林蛙	*Rana zhenhaiensis*					是
18	湖北侧褶蛙	*Pelophylax hubeiensis*					是
19	金线侧褶蛙	*Pelophylax plancyi*					是
20	光雾臭蛙	*Odorrana kuangwuensis*	EN			VU	是
21	隆肛蛙	*Nanorana quadranus*					是
22	双团棘胸蛙	*Nanorana yunnanensis*	EN			EN	
23	虎纹蛙	*Hoplobatrachus rugulosus*			II	EN	
24	棘腹蛙	*Quasipaa boulengeri*	EN			VU	
25	棘胸蛙	*Quasipaa spinosa*	VU			VU	

续表

编号	中文名	拉丁学名	《IUCN 物种红色名录》(2017)	CITES 附录 (2017)	《国家重点保护野生动物名录》	《中国物种红色名录》(2016)	中国特有种
26	经甫树蛙	*Rhacophorus chenfui*					是
27	合征姬蛙	*Microhyla mixtura*					是
28	中华鳖	*Pelodiscus sinensis*	VU			EN	
29	潘氏闭壳龟	*Cuora pani*	CR			CR	是
30	乌龟	*Mauremys reevesii*	EN			EN	
31	草绿攀蜥	*Japalura flaviceps*					是
32	丽纹攀蜥	*Japalura splendida*					是
33	北草蜥	*Takydromus septentrionalis*					是
34	黄纹石龙子	*Plestiodon capito*					是
35	宁波滑蜥	*Scincella modesta*					是
36	中国沼蛇	*Myrrophis chinensis*				VU	
37	双斑锦蛇	*Elaphe bimaculata*					是
38	王锦蛇	*Elaphe carinata*				EN	
39	玉斑蛇	*Euprepiophis mandarinus*				VU	
40	锈链腹链蛇	*Hebius craspedogaster*					是
41	黑眉晨蛇	*Orthriophis taeniurus*				EN	
42	平鳞钝头蛇	*Pareas boulengeri*					是
43	中国钝头蛇	*Pareas chinensis*					是
44	乌梢蛇	*Ptyas dhumnades*				VU	
45	滑鼠蛇	*Ptyas mucosa*		II		EN	
46	宁陕线形蛇	*Stichophanes ningshaanensis*					是
47	乌华游蛇	*Sinonatrix percarinata*				VU	
48	银环蛇	*Bungarus multicinctus*				EN	
49	舟山眼镜蛇	*Naja atra*	VU	II		VU	
50	白头蝰	*Azemiops kharini*				VU	
51	尖吻蝮	*Deinagkistrodon acutus*				EN	
52	灰胸竹鸡	*Bambusicola thoracicus*					是
53	红腹角雉	*Tragopan temminckii*			II		
54	勺鸡	*Pucrasia macrolopha*			II		
55	白冠长尾雉	*Syrmaticus reevesii*	VU		II	EN	是
56	红腹锦鸡	*Chrysolophus pictus*			II		是
57	鸳鸯	*Aix galericulata*			II		
58	棉凫	*Nettapus coromandelianus*				EN	
59	青头潜鸭	*Aythya baeri*	CR			CR	
60	红头潜鸭	*Aythya ferina*	VU				
61	红翅绿鸠	*Treron sieboldii*			II		
62	楔尾绿鸠	*Treron sphenurus*			II		
63	小鸦鹃	*Centropus bengalensis*			II		

续表

编号	中文名	拉丁学名	《IUCN物种红色名录》(2017)	CITES附录(2017)	《国家重点保护野生动物名录》	《中国物种红色名录》(2016)	中国特有种
64	褐翅鸦鹃	*Centropus sinensis*			II		
65	灰鹤	*Grus grus*		II	II		
66	小青脚鹬	*Tringa guttifer*	EN	I	II	EN	
67	东方白鹳	*Ciconia boyciana*	EN	I		EN	
68	黑鹳	*Ciconia nigra*		II	I	VU	
69	白琵鹭	*Platalea leucorodia*		II	II		
70	海南鳽	*Gorsachius magnificus*	EN		II	EN	
71	凤头蜂鹰	*Pernis ptilorhyncus*		II	II		
72	褐冠鹃隼	*Aviceda jerdoni*		II	II		
73	黑冠鹃隼	*Aviceda leuphotes*		II	II		
74	秃鹫	*Aegypius monachus*		II	II		
75	蛇雕	*Spilornis cheela*		II	II		
76	鹰雕	*Nisaetus nipalensis*		II	II		
77	林雕	*Ictinaetus malaiensis*		II	II	VU	
78	乌雕	*Clanga clanga*	VU	II	II	EN	
79	金雕	*Aquila chrysaetos*		II	I	VU	
80	白腹隼雕	*Aquila fasciata*		II	II	VU	
81	白肩雕	*Aquila heliaca*	VU	I	I	EN	
82	草原雕	*Aquila nipalensis*	EN	II	II	VU	
83	褐耳鹰	*Accipiter badius*		II	II		
84	苍鹰	*Accipiter gentilis*		II	II		
85	日本松雀鹰	*Accipiter gularis*		II	II		
86	雀鹰	*Accipiter nisus*		II	II		
87	赤腹鹰	*Accipiter soloensis*		II	II		
88	凤头鹰	*Accipiter trivirgatus*		II	II		
89	松雀鹰	*Accipiter virgatus*		II	II		
90	白头鹞	*Circus aeruginosus*		II	II		
91	白尾鹞	*Circus cyaneus*		II	II		
92	草原鹞	*Circus macrourus*		II	II		
93	鹊鹞	*Circus melanoleucos*		II	II		
94	白腹鹞	*Circus spilonotus*		II	II		
95	黑鸢	*Milvus migrans*		II	II		
96	栗鸢	*Haliastur indus*		II	II	VU	
97	白尾海雕	*Haliaeetus albicilla*		I	I	VU	
98	灰脸鵟鹰	*Butastur indicus*		II	II		
99	大鵟	*Buteo hemilasius*		II	II	VU	
100	普通鵟	*Buteo japonicus*		II	II		
101	棕尾鵟	*Buteo rufinus*		II	II		

续表

编号	中文名	拉丁学名	《IUCN物种红色名录》(2017)	CITES附录(2017)	《国家重点保护野生动物名录》	《中国物种红色名录》(2016)	中国特有种
102	领角鸮	*Otus lettia*		II	II		
103	红角鸮	*Otus sunia*		II	II		
104	雕鸮	*Bubo bubo*		II	II		
105	黄腿渔鸮	*Ketupa flavipes*		II	II	EN	
106	灰林鸮	*Strix aluco*		II	II		
107	褐林鸮	*Strix leptogrammica*		II	II		
108	领鸺鹠	*Glaucidium brodiei*		II	II		
109	斑头鸺鹠	*Glaucidium cuculoides*		II	II		
110	纵纹腹小鸮	*Athene noctua*		II	II		
111	日本鹰鸮	*Ninox japonica*		II	II		
112	鹰鸮	*Ninox scutulata*		II	II		
113	短耳鸮	*Asio flammeus*		II	II		
114	长耳鸮	*Asio otus*		II	II		
115	草鸮	*Tyto longimembris*		II	II		
116	红脚隼	*Falco amurensis*		II	II		
117	猎隼	*Falco cherrug*	EN	II	II	EN	
118	灰背隼	*Falco columbarius*		II	II		
119	游隼	*Falco peregrinus*		I	II		
120	燕隼	*Falco subbuteo*		II	II		
121	红隼	*Falco tinnunculus*		II	II		
122	仙八色鸫	*Pitta nympha*	VU	II	II	VU	
123	黄腹山雀	*Pardaliparus venustulus*					是
124	红腹山雀	*Poecile davidi*					是
125	峨眉柳莺	*Phylloscopus emeiensis*					是
126	甘肃柳莺	*Phylloscopus kansuensis*					是
127	银脸长尾山雀	*Aegithalos fuliginosus*					是
128	三趾鸦雀	*Cholornis paradoxus*					是
129	白眶鸦雀	*Sinosuthora conspicillata*					是
130	褐顶雀鹛	*Schoeniparus brunneus*					是
131	画眉	*Garrulax canorus*		II			
132	山噪鹛	*Garrulax davidi*					是
133	斑背噪鹛	*Garrulax lunulatus*					是
134	大噪鹛	*Garrulax maximus*					是
135	橙翅噪鹛	*Trochalopteron elliotii*					是
136	红嘴相思鸟	*Leiothrix lutea*		II			
137	宝兴歌鸫	*Turdus mupinensis*					是
138	金胸歌鸲	*Calliope pectardens*				VU	
139	黄胸鹀	*Emberiza aureola*	EN			EN	

续表

编号	中文名	拉丁学名	《IUCN物种红色名录》(2017)	CITES附录 (2017)	《国家重点保护野生动物名录》	《中国物种红色名录》(2016)	中国特有种
140	蓝鹀	Emberiza siemsseni					是
141	侯氏猬	Mesechinus hughi					是
142	甘肃鼹	Scapanulus oweni					是
143	纹背鼩鼱	Sorex cylindricauda					是
144	川鼩	Blarinella quadraticauda					是
145	川西缺齿鼩鼱	Chodsigoa hypsibia					是
146	喜马拉雅水麝鼩	Chimarrogale himalayica				VU	
147	大卫鼠耳蝠	Myotis davidi					是
148	绯鼠耳蝠	Myotis formosus				VU	
149	猕猴	Macaca mulatta			II		
150	藏酋猴	Macaca thibetana			II	VU	是
151	黑叶猴	Trachypithecus francoisi	EN			EN	
152	川金丝猴	Rhinopithecus roxellana	EN	I	I	VU	是
153	穿山甲	Manis pentadactyla	CR	I	II	CR	
154	狼	Canis lupus		II			
155	豺	Cuon alpinus	EN	II	II	EN	
156	黑熊	Ursus thibetanus	VU	I	II	VU	
157	黄喉貂	Martes flavigula			II		
158	猪獾	Arctonyx collaris	VU				
159	水獭	Lutra lutra		I	II	EN	
160	大灵猫	Viverra zibetha			II	VU	
161	小灵猫	Viverricula indica			II	VU	
162	斑林狸	Prionodon pardicolor				VU	
163	豹猫	Prionailurus bengalensis		II		VU	
164	金猫	Pardofelis temminckii		I	II	CR	
165	云豹	Neofelis nebulosa	VU	I	I	CR	
166	金钱豹	Panthera pardus	VU	I	I	EN	
167	林麝	Moschus berezovskii	EN	II	I	CR	
168	毛冠鹿	Elaphodus cephalophus				VU	
169	小麂	Muntiacus reevesi				VU	是
170	梅花鹿	Cervus nippon			I	CR	
171	中华斑羚	Naemorhedus griseus	VU	I	II	VU	
172	中华鬣羚	Capricornis milneedwardsii		I	II	VU	
173	岩松鼠	Sciurotamias davidianus					是
174	复齿鼯鼠	Trogopterus xanthipes				VU	是
175	红白鼯鼠	Petaurista alborufus					是
176	山西林䶄	Myodes shanseius					是
177	洮州绒鼠	Caryomys eva					是

续表

编号	中文名	拉丁学名	《IUCN物种红色名录》(2017)	CITES 附录 (2017)	《国家重点保护野生动物名录》	《中国物种红色名录》(2016)	中国特有种
178	苛岚绒鼠	*Caryomys inez*					是
179	齐氏姬鼠	*Apodemus chevrieri*					是
180	安氏白腹鼠	*Niviventer andersoni*					是
181	中华鼢鼠	*Eospalax fontanierii*					是
182	罗氏鼢鼠	*Eospalax rothschildi*					是

注:《IUCN 物种红色名录》(2017) 和《中国物种红色名录》(2016) 中珍稀濒危物种仅包括被评估为极危 (CR)、濒危 (EN) 和易危 (VU) 的物种

(六) 特有成分分析

神农架共分布中国特有陆生脊椎动物69种,占神农架陆生脊椎动物物种总数的 10.49%。两栖纲特有率较高,达到 50.00%。鸟纲特有率仅为 3.87%。此外,神农架还是川金丝猴湖北亚种 (*Rhinopithecus roxellana hubeiensis*) 的模式标本产地和唯一现存分布地。这表明神农架物种的特有化程度高,保存较为完好,对于我国特有物种的进一步研究具有重要意义。

三、书 写 体 例

本书按照陆生脊椎动物的 4 纲分类系统,对纲、目和科分别注明其中文名和对应的拉丁学名,并对目、科、种进行连续编号。名录中科下不设亚科。由于属的中文名变化较大,本书没有单独列出。为便于查阅,属内各个物种种名均按照拉丁学名字母顺序排列。

本书提供了每个物种的种名、英文名、国内外分布和在神农架的种群现状。对于有分类修订和分布争议的物种,给出了具体的分类、分布讨论。物种名包括中文名、拉丁学名、命名人、命名时间。各部分的书写体例如下:

纲: 中文名+空格+拉丁学名
目: 大写中文序号+空格+中文名+空格+拉丁学名
科: 带括号的大写中文序号+空格+中文名+空格+拉丁学名
种: 阿拉伯数字序号+点+中文名+空格+拉丁学名+空格+作者+逗号+空格+命名时间
英文名 五号 Times New Roman 左对齐

种下单元　　五号 Times New Roman 左对齐
分布　（中国特有种)+分布地点
种群现状　　五号宋体左对齐
讨论　　五号宋体左对齐

　　通过收集和整理 50 多年的研究资料，本书共收录了神农架陆生脊椎动物 4 纲 31 目 120 科 658 种，形成了神农架的陆生脊椎动物名录，以期为进一步在神农架开展相关的动物监测和研究工作提供参考。神农架作为重要的生物多样性研究与保护地（谢宗强等，2017)，尽管经过许多学者和科研工作者的多次调查和研究（朱兆泉和宋朝枢，1999；廖明尧，2015)，但近年来仍不断涌现许多新种和新记录，说明神农架的生物多样性有着更大的潜力亟待我们去挖掘，野生动物调查和分类方面的工作仍须继续扩大和增强。

两栖纲 AMPHIBIA

一 有尾目 CAUDATA

(一) 小鲵科 Hynobiidae

1. 中国小鲵 *Hynobius chinensis* Günther, 1889

英文名 Chinese salamander, Chinese hynobiid
分布 中国特有种，已知确定分布地仅在湖北宜昌市长阳县。
种群现状 不详。
讨论 杨林森等（2009）和刘卉等（2010）分别在神农架林区和湖北房县野人谷自然保护区记录到该物种，但该物种的已知分布地仅在湖北宜昌市长阳县（费梁等，2012; Fei and Ye, 2016; Frost, 2018）。同时，本书作者自2008年在湖北神农架森林生态系统国家野外科学观测研究站暨中国科学院神农架生物多样性定位研究站开展动物监测以来的10年间，也未监测到该物种。故该物种在本区域的种群现状尚待进一步调查确定。

2. 巫山巴鲵 *Liua shihi* Liu, 1950

英文名 Wushan salamander, Sichuan salamander
分布 中国特有种，主要分布于河南、陕西、四川、重庆和湖北。
种群现状 地区性常见。
讨论 别名巫山北鲵、巴鲵。该种的归属一直争议较大。Liu（1950）依据采自重庆巫溪县鸡心岭的标本发表该物种，并将其划分到小鲵属（*Hynobius*）中，命名为 *Hynobius shihi* Liu, 1950。此后，刘承钊等（1960）依据重庆巫山县的标本发表另一新种巫山北鲵（*Ranodon wushanensis* Liu, Hu et Yang, 1960），将其归入北鲵属（*Ranodon*），并注明前者是后者的"较小标本"。Risch 和 Thorn（1982）认为两物种实际上为同一物种，*Ranodon wushanensis* Liu, Hu et Yang, 1960 是 *Hynobius shihi* Liu, 1950 的同物异名，并将该物种归入北鲵属，种名为 *Ranodon shihi* Liu, 1950。

赵尔宓和胡其雄（1983）对巫山北鲵（*Ranodon wushanensis* Liu, Hu et Yang, 1960），北鲵属中的新疆北鲵（*Ranodon sibiricus* Kessler, 1866）及山溪鲵属（*Batrachuperus*）物种进行了形态比对，认为巫山北鲵与北鲵属及山溪鲵属的差异较大，因此将巫山北鲵从北鲵属中划出，建立新属巴鲵属（*Liua*），同时改巫山北鲵种名为巫山巴鲵（*Liua wushanensis* Liu, Hu et Yang, 1960）。根据 Risch 和 Thorn（1982）的论述，赵尔宓（1984）将巫山巴鲵种名改为 *Liua shihi* Liu, 1950。

尽管部分学者对巴鲵属的有效性持否定意见（费梁和叶昌媛，1983; 黄永昭等，1992; 叶昌媛等，1993; 费梁等，2006, 2012），但近年来分子学研究支持了巴鲵属为有效属。Zeng 等（2006）通过对线粒体基因 Cyt*b* 片段研究表明，巴鲵属包括巫山巴鲵和秦巴巴鲵，与拟小鲵属为最近姐妹群关系，而与北鲵属物种在系统进化树上相隔较远，从而支持了将巫山巴鲵从北鲵属中划分出来，建立巴鲵属（赵尔宓和胡其雄，1983）。Zhang（2006）关于线粒体基因组学的研究结果显示，巫山巴鲵和秦巴巴鲵的 DNA 序列聚在一起，与北鲵属遗传距离较远，也支持了巫山巴鲵应从北鲵属中划分出来。Pyron 和 Wiens（2011）、Weisrock（2013）对已发表的小鲵科的分子数据进行重新整合，也得到了类似结果。

本书与《中国脊椎动物红色名录》（蒋志刚等，2016）、中国两栖类网站（http://www.amphibiachina.org/ [2018-10-12]）、世界两栖动物数据库（https://amphibiaweb. org/ [2018-10-12]）和世界两栖动物（在线版）(Frost, 2018) 一致，采用 *Liua shihi* Liu, 1950 作为巫山巴鲵种名。

3. 秦巴巴鲵 *Liua tsinpaensis* **Liu et Hu, 1966**

英文名 Tsinpa salamander
分布 中国特有种，主要分布于陕西、河南和四川等省。
种群现状 不详。
讨论 别名秦巴拟小鲵。胡淑琴等（1966）首先发表了该物种，并将其划分到北鲵属(*Ranodon*)中，命名为秦巴北鲵(*Ranodon tsinpaensis* Liu et Hu, 1966)。费梁和叶昌媛(1983)通过形态学研究表明，该物种属于拟小鲵属(*Pseudohynobius*)，改其种名为秦巴拟小鲵(*Pseudohynobius tsinpaensis* Liu et Hu, 1966)。Zeng 等（2006）通过对线粒体基因研究表明，秦巴拟小鲵和巫山巴鲵为姐妹种，二者共同组成了巴鲵属(*Liua*)，形成单系分支，在系统演化关系上与其他拟小鲵属物种较远，因此将物种名更改为秦巴巴鲵(*Liua tsinpaensis* Liu et Hu, 1966)。后续的分子证据都支持了巴鲵属的单系性(Zhang et al., 2006; Pyron and Wiens, 2011; Weisrock et al., 2013)。综上，本书与《中国脊椎动物红色名录》（蒋志刚等，2016）、中国两栖类网站（http://www.amphibiachina.org/ [2018-10-12]）、世界两栖动物数据库（https://amphibiaweb.org/ [2018-10-12]）和世界两栖动物（在线版）(Frost, 2018) 一致，采用 *Liua tsinpaensis* 作为秦巴巴鲵种名。

周青春（2015）在神农架林区记录到该物种，但多本志书（费梁等，2006，2012; Fei and Ye, 2016; Frost, 2018）和中国两栖类网站 (http://www.amphibiachina.org/ [2018-10-12]) 均表明其已知分布地仅在陕西、河南和四川三省。同时，本书作者自 2008 年在湖北神农架森林生态系统国家野外科学观测研究站暨中国科学院神农架生物多样性定位研究站开展动物监测以来的 10 年间，也未监测到该物种。考虑到神农架处于其分布地区的边缘，故该物种在本区域的种群现状尚待进一步调查确定。

（二）隐鳃鲵科 Cryptobranchidae

4. 大鲵 *Andrias davidianus* **Blanchard, 1871**

英文名 Chinese giant salamander
分布 中国特有种，主要分布于我国东南部分省区。
种群现状 少见。
讨论 别名中国大鲵、娃娃鱼。该物种是世界上现存体型最大的两栖动物 (Yan et al., 2018)。其野外种群较少 (Turvey et al., 2018)，神农架有多处人工饲养，野外监测到的种群不排除部分来源于人工种群逃逸的可能性。

二 无尾目 ANURA

（三）角蟾科 Megophryidae

5. 峨山掌突蟾 *Leptobrachella oshanensis* **Liu, 1950**

英文名 Oshan metacarpal-tubercled toad, Pigmy crawl frog
分布 中国特有种，分布于甘肃、四川、重庆、贵州和湖北。
种群现状 易见。

6. 淡肩角蟾 *Megophrys boettgeri* **Boulenger, 1899**

英文名 Boettger's spadefoot toad, Boettger's pelobatid toad, Pale-shouldered horned toad
分布 中国特有种，分布于福建、浙江、江西、安徽、甘肃、广东、广西、湖北、湖南、山西。

种群现状 不详。

讨论 别名淡肩异角蟾。该物种多分布于海拔330~1600 m 的山区流溪附近。中国两栖类网站 (http://www.amphibiachina.org/ [2018-10-12]) 认为其为淡肩异角蟾 (*Xenophrys boettgeri*) 的同物异名，应归入异角蟾属 (*Xenophrys*)。但异角蟾属本身的有效性受到诸多质疑，多数研究支持异角蟾属是角蟾属亚属的观点 (Dubois and Ohler, 1998; 费梁等, 2009a; Mahony et al., 2017)。

该物种被世界两栖动物数据库 (https://amphibiaweb.org/ [2018-10-12]) 和中国两栖类网站 (http://www.amphibiachina. org/ [2018-10-12]) 列入异角蟾属，但被世界两栖动物 (在线版) (Frost, 2018)、《中国两栖动物及其分布彩色图鉴》(费梁等, 2012) 和《中国脊椎动物红色名录》(蒋志刚等, 2016) 列入角蟾属。我们暂将其列入角蟾属，待后续证据充分后再做定论。

杨林森等 (2009) 于神农架林区采集到淡肩角蟾标本，但该物种在湖北的已知分布地仅在通山地区 (戴宗兴等, 2009; Frost, 2018)。同时，本书作者自 2008 年在湖北神农架森林生态系统国家野外科学观测研究站暨中国科学院神农架生物多样性定位研究站开展动物监测以来的 10 年间，也未监测到该物种。故该物种在本区域的种群现状仍需进一步调查确定。

7. 小角蟾 *Megophrys minor* Stejneger, 1926

英文名 Little horned toad, Dwarf horned frog, Tiny spadefoot toad

分布 国内主要分布于西南部分省区。国外分布于越南、老挝、泰国与缅甸。

种群现状 不详。

讨论 别名小异角蟾。中国两栖类网站 (http://www.amphibiachina.org/ [2018-10-12]) 认为其为小异角蟾 (*Xenophrys minor*) 的同物异名。1926 年，Stejneger 将其命名为小角蟾 (*Megophrys minor* Stejneger, 1926)，此后被多个地区广泛报道。叶昌媛和费梁 (1992, 1995) 对来源于 3 个地区 (西藏聂拉木、云南景东、重庆巫山) 的小角蟾标本进行形态特征比较，发现 3 个地区的标本均有别于小角蟾地模或近地模标本，故将其从原小角蟾分出，先后独立为张氏角蟾 (*Megophrys zhangi*)、无量山角蟾 (*Megophrys wuliangshanensis*) 和巫山角蟾 (*Megophrys wushanensis*)。这些证据表明小角蟾可能是一个物种复合体，其分类和系统进化问题尚需进一步研究。

该物种在神农架林区及其周边多个地区均有记载，但多本志书表明其已知分布地仅在四川、西藏、重庆、云南、贵州、湖南、广东、广西 (费梁等, 2012; Frost, 2018)。推测造成这种情况的原因一方面是叶昌媛和费梁 (1995) 将巫山角蟾从小角蟾中独立出来，故神农架林区及其周边地区在 1995 年前记录的小角蟾多应为巫山角蟾；另一方面是其可能作为物种复合体对该物种鉴定造成了一定的困扰，不易鉴别。故该物种在本区域的种群现状尚待进一步调查确定。

8. 巫山角蟾 *Megophrys wushanensis* Ye et Fei, 1995

英文名 Wushan horned toad

分布 中国特有种，主要分布于陕西、甘肃、四川、重庆和湖北。

种群现状 地区性常见。

讨论 巫山角蟾的归类问题颇具争议，叶昌媛和费梁 (1995) 最初将其归入角蟾属 (*Megophrys*)，后期有研究认为其应归入异角蟾属 (*Xenophrys*) (Li and Wang, 2008; Pyron and Wiens, 2011; Chen et al., 2017)。异角蟾属的有效性受到许多质疑，而多数研究支持异角蟾属是角蟾属亚属的观点 (Dubois and Ohler, 1998; 费梁等, 2009a; Mahony et al., 2017)。

与淡肩角蟾类似，该物种被世界两栖动物数据库 (https://amphibiaweb.org/ [2018-

10-12]) 和中国两栖类网站（http://www.amphibiachina.org/ [2018-10-12]）列入异角蟾属，而被世界两栖动物（在线版）(Frost, 2018)、《中国两栖动物及其分布彩色图鉴》(费梁等, 2012) 和《中国脊椎动物红色名录》(蒋志刚等, 2016) 列入角蟾属。由于这些研究存在较大争议，且都未涉及分子学证据，我们暂将其列入角蟾属，待后续证据充分后再下定论。

9. 利川齿蟾 *Oreolalax lichuanensis* Hu et Fei, 1979

英文名 Lichuan lazy toad, Lichuan toothed toad

分布 中国特有种，主要分布于云南东北部、四川、重庆（南川、奉节）、湖北（利川）、贵州和湖南。

种群现状 地区性罕见。

讨论 别名利川角蟾。该物种一般分布于海拔 1790~1920 m (Frost, 2018)，在神农架很多地区都有记录，但多本志书（费梁等, 2009a, 2012, 2016; Frost, 2018) 和中国两栖类网站 (http://www.amphibiachina.org/ [2018-10-12]) 表明其在湖北的分布地仅在利川。同时，本书作者自 2008 年在湖北神农架森林生态系统国家野外科学观测研究站暨中国科学院神农架生物多样性定位研究站开展动物监测以来的 10 年间，也未监测到该物种。考虑到本区域处于该物种分布地区的边缘，故该物种在本区域的种群数量应十分稀少。

10. 红点齿蟾 *Oreolalax rhodostigmatus* Hu et Fei, 1979

英文名 Red-spotted toothed toad, Guizhou lazy toad

分布 中国特有种，主要分布于湖北、四川、重庆、贵州和湖南。

种群现状 少见。

讨论 别名盲鱼。该物种幼体的生活习性与其他同属物种差异较大，蝌蚪栖息的生境较为隐蔽，多栖息于石灰岩溶洞内，导致其白色透明，形成"盲鱼"型蝌蚪与幼体（费梁等, 2009a）。

（四）蟾蜍科 Bufonidae

11. 中华蟾蜍 *Bufo gargarizans* Cantor, 1842

英文名 Zhoushan toad, Tibetan toad, West China toad

种下单元 共 3 个亚种：指名亚种（*B. g. gargarizans*）、华西亚种（*B. g. andrewsi*）和岷山亚种（*B. g. minshanicus*），国内均有分布。神农架为指名亚种或华西亚种。

分布 国内指名亚种主要分布于东部大多数地区；华西亚种主要分布于西南部分地区；岷山亚种主要分布于青海、甘肃、宁夏和四川。国外分布于阿穆尔河流域、俄罗斯、朝鲜、日本。

种群现状 常见。

讨论 别名华西蟾蜍。中华蟾蜍指名亚种是我国最为常见、分布范围最广、数量最多的一种蟾蜍，其分布海拔可达到 1830 m。

Stejneger (1907) 最初将其作为欧洲蟾蜍（*Bufo bufo*）的一个亚种，后来 Liu (1950)、刘承钊等 (1960) 先后将华西蟾蜍（*B. andrewsi*）和岷山蟾蜍（*B. minshanicus*）也作为 *Bufo bufo* 的亚种，但 Borkin 和 Matsui (1986)、Borkin 和 Kuzmin (1988) 认为亚洲东部的 *Bufo bufo* 类群不同于欧洲蟾蜍，应为有效的独立种。

费梁等 (1990) 采纳了该意见，恢复了中华蟾蜍的种名。1980 年以来，中国学者对华西亚种和岷山亚种的分类地位尚存不同意见。费梁等 (1999) 综合了各学者的实验结果，并对地理分布和杂交实验的结果分析证明，华西蟾蜍和岷山蟾蜍 2 个亚种缺少独立为新种的证据。因此，仍然将其作为中华蟾蜍的亚种。

12. 黑眶蟾蜍 *Duttaphrynus melanostictus* Schneider, 1799

英文名 Black-spectacled toad

分布 国内主要分布于南部地区如四川、云南等。国外见于印度、斯里兰卡、巴基斯坦、菲律宾、中南半岛、马来半岛和南洋诸岛。

种群现状 不详。

讨论 该物种由蟾蜍属（*Bufo*）归入头棱蟾属（*Duttaphrynus*），是亚洲最为常见的两栖类物种之一，广布于东南亚、南亚和中国南方各省市（Frost, 2018）。

周青春（2015）于神农架林区记录到该物种，然而在多本志书（费梁等, 2009a, 2012; Fei and Ye, 2016; Frost, 2018）和中国两栖类网站（http://www.amphibiachina.org/ [2018-10-12]）中神农架处于该物种的已知分布地的邻近区域。同时，本书作者自2008年在湖北神农架森林生态系统国家野外科学观测研究站暨中国科学院神农架生物多样性定位研究站开展动物监测以来的10年间，也未监测到该物种。故该物种在本区域的种群现状尚待进一步调查确定。

13. 花背蟾蜍 *Strauchbufo raddei* Strauch, 1876

英文名 Siberian toad, Siberian sand toad, Radde's toad

分布 国内主要分布于东北大多数地区。国外分布于蒙古国、俄罗斯、朝鲜。

种群现状 地区性罕见。

讨论 该物种广布于东亚海滨至海拔3300 m。多本书籍均将其列入花蟾属（*Strauchbufo*）（费梁等, 2012; Fei and Ye, 2016; Frost, 2018）。周青春（2015）在神农架林区记录到该物种，但多本志书（费梁等, 2006, 2012; Fei and Ye, 2016; Frost, 2018）和中国两栖类网站（http://www.amphibiachina.org/ [2018-10-12]）表明神农架处于该物种的已知分布地的边缘地区。同时，本书作者自2008年在湖北神农架森林生态系统国家野外科学观测研究站暨中国科学院神农架生物多样性定位研究站开展动物监测以来的10年间，也未监测到该物种。故该物种在本区域的种群数量应十分稀少。

(五) 雨蛙科 Hylidae

14. 华西雨蛙 *Hyla annectans* Jerdon, 1870

英文名 Western chinese tree toad, Southwestern China treefrog, Indian hylid frog

种下单元 共5个亚种：川西亚种（*H. a. chuanxiensis*）、指名亚种（*H. a. gongshanensis*）、景东亚种（*H. a. jingdongensis*）、腾冲亚种（*H. a. tengchongensis*）和武陵亚种（*H. a. wulingensis*），国内均有分布。

分布 中国特有种，川西亚种分布于四川；指名亚种仅分布于云南；景东亚种分布于四川、贵州、云南和广西；腾冲亚种分布于云南；武陵亚种分布于湖南、湖北、四川、重庆、贵州和广西。

种群现状 不详。

讨论 别名雨蛙、竹王、森王、上树怀。该物种在神农架林区及其周边多个地区被记录到，但多本志书表明其在湖北的分布地仅在利川（费梁等, 2009a, 2012; Frost, 2018）。同时，本书作者自2008年在湖北神农架森林生态系统国家野外科学观测研究站暨中国科学院神农架生物多样性定位研究站开展动物监测以来的10年间，也未监测到该物种。故该物种在本区域的分布现状尚待进一步调查确定。

15. 中国雨蛙 *Hyla chinensis* Günther, 1858

英文名 Chinese tree toad, Common Chinese treefrog

分布 国内分布于东南部分地区。国外分布于越南。

种群现状 不详。

讨论 别名绿猴、雨怪、小姑鲁门、雨鬼。分布于200~1000 m的低海拔山区，常攀附于灌丛、水塘芦苇等高秆植物上。该物种全身绿色，善于隐蔽，隐藏时借助树叶和草丛，静止不动时极难被发现。本书作者自2008年在湖北神农架森林生态系统国家野外科学观测研究站暨中国科学院神农架生物多样性定位研究站开展动物监测以来的10年间，也未监测到该物种。故该物种在本区域的种群现状尚待进一步调查确定。

16. 无斑雨蛙 *Hyla immaculata* Boettger, 1888

英文名 Spotless tree toad, North China tree toad, Suweon treefrog

分布 国内主要分布于东南部部分地区如湖北、四川、湖南等。国外分布于韩国西北部的京畿道、忠清南道和忠清北道。

种群现状 少见。

讨论 蒋志刚等 (2016) 将该物种列为中国特有种，但部分文献证明该物种在韩国也有分布 (Lee and Park, 1992; Lee et al., 1999)。

17. 秦岭雨蛙 *Hyla tsinlingensis* Liu et Hu, 1966

英文名 Tsinling tree toad, Shensi treefrog

分布 中国特有种，主要分布于陕西、甘肃、重庆和安徽。

种群现状 地区性少见。

讨论 该物种分布于海拔930~1770 m，喜栖息于杂草和灌丛中。在神农架林区及其周边的多个自然保护区均被记录到，其分布区较广，但多本志书表明神农架处于其已知分布地的边缘地带 (费梁等, 2009a, 2012; Frost, 2018)。故该物种在本区域的种群数量应较少。

(六) 蛙科 Ranidae

18. 崇安湍蛙 *Amolops chunganensis* Pope, 1929

英文名 Chungan torrent frog, Chungan sucker frog

分布 国内主要零散分布于陕西、甘肃、四川、重庆、云南、浙江、湖南、福建和广西。国外分布于越南。

种群现状 地区性少见。

讨论 杨林森等 (2009)、王玛丽等 (2004) 分别于神农架林区和陕西镇坪县化龙山自然保护区采集到该物种标本，本书作者近期在湖北兴山县南阳镇也观察到该物种。考虑到神农架处于该物种分布地区的边缘，故其在

本区域的种群数量应十分稀少。

19. 棘皮湍蛙 *Amolops granulosus* Liu et Hu, 1961

英文名 Granular torrent frog, Sichuan sucker frog

分布 中国特有种，主要分布于四川和湖北神农架林区。

种群现状 少见。

讨论 该物种在神农架虽有分布，但并不常见。同时，本书作者近10年来的监测中也未记录到该物种。

20. 仙琴蛙 *Nidirana daunchina* Chang, 1933

英文名 Emei music frog, Hungchun-ping frog

分布 中国特有种，主要分布于四川、重庆、贵州和云南。

种群现状 不详。

讨论 别名仙琴水蛙。该物种主要分布于海拔1000~1800 m。汪正祥等 (2013) 于湖北房县野人谷自然保护区调查时记录到该物种，然而多本志书 (费梁等, 2012; Frost, 2018) 和中国两栖类网站 (http://www.amphibiachina.org/ [2018-10-12]) 表明其仅分布于四川、重庆、云南和贵州。同时，本书作者在近10年间的监测中也并未记录到该物种。故该物种在本区域的种群现状尚待进一步调查确定。

21. 中国林蛙 *Rana chensinensis* David, 1875

英文名 Chinese brown frog, Inkiapo frog, Eastern frog

分布 中国特有种，主要分布于我国中部和北部部分地区。

种群现状 常见。

22. 峨眉林蛙 *Rana omeimontis* Ye et Fei, 1993

英文名 Omei brown frog, Omei wood frog

分布 中国特有种，主要分布于四川、重庆、甘肃、湖南、贵州和湖北。

种群现状 常见。

讨论 峨眉林蛙 (*Rana omeimontis*) 最初被命名为日本林蛙 (*Rana japonica*) (Chang and Hsü, 1932; 刘承钊和胡淑琴, 1961), 但由于日本林蛙的部分形态特征、繁殖季节和染色体组型与峨眉林蛙有着明显差异, 因此将二者区分开来, 视峨眉林蛙 (*Rana omeimontis*) 为独立种。推测朱兆泉和宋朝枢 (1999) 记录到的日本林蛙应该是峨眉林蛙的同物异名。

赵尔宓和赵慧 (1994) 认为有必要将其与宁波、舟山标本进行比较, 以确定其有效性。叶昌媛和费梁 (1995) 通过对浙江宁波镇海的标本进一步研究, 将宁波地区的林蛙另立为新种镇海林蛙 (*Rana zhenhaiensis* Ye, Fei et Matsui, 1995)。谢峰 (2000) 通过阐释形态性状和繁殖习性, 说明了峨眉林蛙的有效性。综上, 峨眉林蛙是一个有效的物种。

23. 镇海林蛙 *Rana zhenhaiensis* Ye, Fei et Matsui, 1995

英文名 Zhenhai brown frog

分布 中国特有种, 主要分布于我国东南部部分地区。

种群现状 不详。

讨论 镇海林蛙 (*Rana zhenhaiensis* Ye, Fei et Matsui, 1995) 是从峨眉林蛙独立出来的新种 (叶昌媛和费梁, 1995), 由于两者的特征相似, 不易区分, 因此推断在神农架记录的峨眉林蛙有可能被记作镇海林蛙。所以, 结合多本志书 (费梁等, 2009b, 2012; Frost, 2018) 及中国两栖类网站(http://www.amphibiachina.org/ [2018-10-12])对镇海林蛙已知确认分布区域的描述, 推测汪正祥和蔡德军 (2013) 于湖北保康县五道峡自然保护区记录的物种可能是峨眉林蛙 (*Rana omeimontis* Ye et Fei, 1993)。

24. 湖北侧褶蛙 *Pelophylax hubeiensis* Fei et Ye, 1982

英文名 Hubei gold-striped pond frog, Hubei frog

分布 中国特有种, 主要分布于河南、湖北、安徽、湖南、重庆和江西。

种群现状 地区性少见。

讨论 该物种在神农架林区周边的多个地区被记录到, 但多本志书 (费梁等, 2009b, 2012; Frost, 2018) 和中国两栖类网站 (http://www.amphibiachina.org/ [2018-10-12])表明神农架处于其已知分布地的边缘地区。同时, 本书作者自2008年在湖北神农架森林生态系统国家野外科学观测研究站暨中国科学院神农架生物多样性定位研究站开展动物监测以来的10年间, 也未监测到该物种。故该物种在本区域的种群数量应较为稀少。

25. 黑斑侧褶蛙 *Pelophylax nigromaculatus* Hallowell, 1860

英文名 Black-spotted pond frog, Black-spotted frog, Dark-spotted frog

分布 国内除新疆、西藏、青海、台湾和海南外, 广布于各省 (区、市)。国外分布于俄罗斯、日本和朝鲜。

种群现状 常见。

讨论 别名黑斑蛙。

26. 金线侧褶蛙 *Pelophylax plancyi* Lataste, 1880

英文名 Beijing gold-striped pond frog, Peking frog, Green pond frog

分布 中国特有种, 主要分布于我国东部部分地区。

种群现状 不详。

讨论 别名金线蛙。该物种分布于海平面至200 m的低海拔地区。邰二虎等 (2012) 于湖北竹山县堵河源自然保护区记录到该物种, 然而多本志书 (费梁等, 2009b, 2012; Frost, 2018) 和中国两栖类网站 (http://www.amphibiachina.org/ [2018-10-12]) 表明神农架处于其已知分布地的邻近区域。同时, 本书作者在近10年间的监测中并未记录到该物种。故该物种在本区域的种群现状尚待进一步调查确定。

27. 无指盘臭蛙 *Odorrana grahami* **Boulenger, 1917**

英文名 Diskless-fingered odorous frog, Yunnanfu frog, Graham frog

分布 国内主要分布于西南部分地区。国外分布于越南。

种群现状 不详。

讨论 该物种一般分布于 1720~3200 m 的高海拔地区。汪正祥和蔡德军（2013）于湖北保康县五道峡自然保护区目击和照片记录到该物种。然而多本志书（费梁等，2009b、2012; Frost, 2018）和中国两栖类网站（http://www.amphibiachina.org/ [2018-10-12]）表明神农架处于其已知分布地的邻近区域。本书作者自 2008 年在湖北神农架森林生态系统国家野外科学观测研究站暨中国科学院神农架生物多样性定位研究站开展动物监测以来的 10 年间，也未监测到该物种。故该物种在本区域的种群现状尚待进一步调查确定。

28. 光雾臭蛙 *Odorrana kuangwuensis* **Liu et Hu, 1966**

英文名 Kuangwu odorous frog, Kuang-wu shan frog

分布 中国特有种，主要分布于湖北和四川。

种群现状 罕见。

29. 绿臭蛙 *Odorrana margaretae* **Liu, 1950**

英文名 Green odorous frog, Margareta's frog, Margaret frog

分布 国内主要分布于山西、四川、重庆、贵州等地区。国外分布于俄罗斯、日本和朝鲜。

种群现状 常见。

30. 花臭蛙 *Odorrana schmackeri* **Boettger, 1892**

英文名 Piebald odorous frog, Schmacker's frog, Kaochahien frog

分布 国内主要分布于四川、重庆、贵州、广东、广西等地区。国外分布于越南。

种群现状 常见。

31. 沼蛙 *Sylvirana guentheri* **Boulenger, 1882**

英文名 Guenther's frog, Guenther's amoy frog, Gunther's brown frog

分布 国内分布于南方大多数地区。国外分布于老挝和越南。

种群现状 常见。

（七）叉舌蛙科 Dicroglossidae

32. 泽陆蛙 *Fejervarya multistriata* **Hallowell, 1860**

英文名 Hong Kong rice-paddy frog, Paddy frog

分布 国内分布于东南部大多数地区。国外主要分布于印度、越南、缅甸和日本。

种群现状 常见。

讨论 别名泽蛙、梆声蛙、乌蟆、虾蟆仔、泥噶度、噶度、狗污田鸡。Wiegmann（1834）将中国首次记录的标本定名为新种 *Rana gracilis*，但是该拉丁名已被产于斯里兰卡的 *Rana gracilis* Gravenhorst, 1829 种名先占，导致 Wiegamann（1834）所定拉丁学名无效，将以香港为模式标本产地的另一种名 *Rana multistriata* Hallowell, 1860 恢复成为有效种名。同时，Dubois 和 Ohler（2000）赞同费梁（1999）将 *Rana multistriata* 等物种归入陆蛙属 (*Fejervarya*)，即应将原本归入蛙属 (*Rana*) 的泽蛙 (*Rana multistriata*) 归入陆蛙属 (*Fejervarya*)，其种名应为 *Fejervarya multistriata* Hallowell, 1860。

33. 隆肛蛙 *Nanorana quadranus* **Liu, Hu et Yang, 1960**

英文名 Swelled-vented frog, Kwang-yang Asian frog, Swelled vent frog

分布 中国特有种，主要分布于甘肃、陕西、四川、重庆、湖北和湖南。

种群现状 常见。

讨论 隆肛蛙的归属问题一直以来存在较大的争议，费梁等（2005）、Yang 等（2011）根据隆肛蛙的形态和繁殖特征将其归入隆肛蛙属（*Feirana*）。

后来对整个棘蛙类群进行了较为细致的分子系统学研究（Che et al., 2009, 2010），将其划分为2个大的支系，并建立了2个属的划分：棘胸蛙属（*Quasipaa*）和倭蛙属（*Nanorana*）。

根据世界两栖动物数据库（https://amphibiaweb.org/ [2018-10-12]）、中国两栖类网站（http://www.amphibiachina.org/ [2018-10-12]）和世界两栖动物（在线版）（Frost, 2018）可知，隆肛蛙与双团棘胸蛙、棘肛蛙和铜色棘肛蛙之间具较近的亲缘关系，且考虑到隆肛蛙属和肛刺蛙属多次的次生性丢失现象不足以作为属的划分标准（Che et al., 2010），将隆肛蛙归入倭蛙属。

34. 双团棘胸蛙 *Nanorana yunnanensis* Anderson, 1879

英文名 Yunnan spiny frog

分布 国内分布于云南、贵州、湖北（通山）和湖南等。国外分布于越南和缅甸。

种群现状 不详。

讨论 该物种分布于海拔 1400~2100 m 的山区林间石块较多的流溪内，由蛙属（*Paa*）归入倭蛙属（*Nanorana*）（Che et al., 2010）。汪正祥等（2013）和郁二虎等（2012）分别于湖北房县野人谷自然保护区和竹山县堵河源自然保护区记录到该物种，但其目前在湖北的已知分布地仅在通山（费梁等，2009b, 2012）。同时，本书作者自 2008 年在湖北神农架森林生态系统国家野外科学观测研究站暨中国科学院神农架生物多样性定位研究站开展动物监测以来的 10 年间，也未监测到该物种。故该物种在本区域的种群现状尚待进一步调查确定。

35. 虎纹蛙 *Hoplobatrachus rugulosus* Wiegmann, 1834

英文名 Chinese tiger frog, Chinese bullfrog, East Asian bullfrog

分布 国内分布于东南部大多数地区。国外主要分布于泰国、越南、缅甸、柬埔寨和老挝。

种群现状 地区性少见。

讨论 别名水鸡、青鸡、虾蟆、田鸡。其拉丁学名存在较大争议，费梁等（2012）收录该物种为 *Hoplobatrachus chinensis* (Osbeck, 1765, 模式产地为中国广州)。而 Frost (2018) 认为 *Hoplobatrachus chinensis* 会违反 ICZN（国际动物命名法委员会）的一些命名原则，将其收录为 *Hoplobatrachus rugulosus* (Wiegmann, 1834, 模式产地为中国香港)。本书暂依据世界两栖动物（在线版）(Frost, 2018)，以 *Hoplobatrachus rugulosus* 作为虎纹蛙的拉丁学名，待深入研究后再做修订。

36. 棘腹蛙 *Quasipaa boulengeri* Günther, 1889

英文名 Spiny-billied frog, Boulenger's spiny frog, Boulenger's paa frog

分布 国内分布于中部和南部部分地区如四川、重庆、湖北等。国外分布于越南。

种群现状 常见。

讨论 该物种分布于海拔 400~1900 m 的山溪瀑布或水塘边。由蛙属（*Paa*）归入棘胸蛙属（*Quasipaa*），*Quasipaa* 最初被提出为蛙属（*Paa*）亚属，后来被提升到属的水平，分子系统学分析证实了该属的生物学特性（Che et al., 2009, 2010）。

37. 棘胸蛙 *Quasipaa spinosa* David, 1875

英文名 Giant spiny frog, Chinese edible frog, Spiny paa frog

分布 国内分布于南部部分地区如云南、广东、广西等。国外分布于越南。

种群现状　地区性少见。

讨论　该物种由蛙属（*Paa*）归入棘胸蛙属（*Quasipaa*）(Che et al., 2009, 2010)。在神农架林区及其周边多个地区均被记录到，然而世界两栖动物数据库（https://amphibiaweb.org/ [2018-10-12]）、中国两栖类网站（http://www.amphibiachina.org/ [2018-10-12]）和多本志书（费梁等，2009b，2012；Frost，2018）表明神农架处于该物种已知分布地的邻近区域。另外，本书作者自2008年在湖北神农架森林生态系统国家野外科学观测研究站暨中国科学院神农架生物多样性定位研究站开展动物监测以来的10年间，也未监测到该物种。故该物种在本区域的种群数量应较少。

（八）树蛙科 Rhacophoridae

38. 斑腿泛树蛙 *Polypedates megacephalus* Hallowell, 1861

英文名　Spot-legged treefrog, Hong Kong whipping frog, Hour-glass-marked treefrog

分布　国内分布于南方大多数地区。国外分布于泰国、柬埔寨、老挝、越南、缅甸等东南亚国家。

种群现状　常见。

39. 经甫树蛙 *Rhacophorus chenfui* Liu, 1945

英文名　Chengfu's treefrog, Chinese whipping frog

分布　中国特有种，主要分布于四川、重庆、湖南、湖北、贵州、江西和福建。

种群现状　不详。

讨论　该物种分布于海拔900~3000 m的山区。邹二虎等（2012）于湖北竹山县堵河源自然保护区记录到该物种，但中国两栖类网站（http://www.amphibiachina.org/ [2018-10-12]）、世界两栖动物（在线版）(Frost, 2018) 和《中国两栖动物及其分布彩色图鉴》（费梁等，2012）表明其在湖北的分布地仅在利川。同时，本书作者近10年间在神农架也未监测到该物种。故该物种在本区域的种群现状仍待进一步调查确定。

（九）姬蛙科 Microhylidae

40. 北方狭口蛙 *Kaloula borealis* Barbour, 1908

英文名　Boreal digging frog, Manchurian narrowmouth toad, Manchurian digging frog

分布　国内分布于东部及东北部分地区。国外分布于朝鲜和俄罗斯。

种群现状　地区性少见。

讨论　别名雨蛙、气鼓子、气蛤蟆。该物种分布于海拔50~1200 m的平原和山区，多栖息于草丛或土坑下方。在神农架林区周边的多个地区均被记录到，但中国两栖类网站（http://www.amphibiachina.org/ [2018-10-12]）和多本志书（费梁等，2009a，2012；Frost，2018）表明神农架处于其已知分布地的边缘地区。同时，本书作者自2008年在湖北神农架森林生态系统国家野外科学观测研究站暨中国科学院神农架生物多样性定位研究站开展动物监测以来的10年间，也未监测到该物种。故其在本区域的种群数量应较少。

41. 粗皮姬蛙 *Microhyla butleri* Boulenger, 1900

英文名　Tubercled pygmy frog, Butler's narrow-mouthed toad, Noisy frog

分布　国内分布于南方大多数地区。国外主要分布于马来半岛、柬埔寨、老挝、越南等东南亚国家。

种群现状　不详。

讨论　该物种分布于海拔100~1300 m的山区。周青春（2015）、朱兆泉和宋朝枢（1999）、肖文发等（2009）分别于神农架林区及重庆巫山县五里坡自然保护区记录到该物种，然而中国两栖类网站（http://www.amphibiachina.org/ [2018-10-12]）和多本志书（费梁等，2009a，2012；Frost，2018）表明神农架处于其已知分布地的边缘地带。同时，本书作者自 2008 年在湖北神农架森林生态系统国家野外科学观测研究站暨中国科学院神农架生物多样性定位研究站开展动物监测以来的 10 年间，也未监测到该物种。故该物种在本区域的种群现状尚待进一步调查确定。

42. 饰纹姬蛙 *Microhyla fissipes* Boulenger, 1884

英文名 Ornamented pygmy frog, Ornate narrowmouth frog, Ornate chorus frog

分布 国内分布于南方大多数地区。国外分布于克什米尔、巴基斯坦、印度、斯里兰卡、尼泊尔、马来半岛、柬埔寨、越南和日本。

种群现状 常见。

43. 合征姬蛙 *Microhyla mixtura* Liu et Hu, 1966

英文名 Mixtured pygmy frog, Chinese rice frog

分布 中国特有种，主要分布于陕西、河南、四川、重庆、湖北、贵州、安徽和浙江。

种群现状 常见。

44. 花姬蛙 *Microhyla pulchra* Hallowell, 1861

英文名 Beautiful pygmy frog, Marbled pigmy frog, Beautiful pigmy frog

分布 国内分布于南方大多数地区，在甘肃文县亦有发现。国外主要分布于泰国、柬埔寨和越南。

种群现状 地区性罕见。

讨论 别名犁头蛙、犁头另、三角另、三跳另、三角蛙。该物种分布于海拔 1350 m 以下的平原、丘陵和山区，其分布区较广，但并不连续。郜二虎等 (2012) 和汪正祥 (2012) 分别于湖北竹山县堵河源自然保护区和竹溪县八卦山自然保护区记录到该物种，但中国两栖类网站 (http://www.amphibiachina.org/ [2018-10-12])、世界两栖动物 (在线版) (Frost, 2018) 和《中国两栖动物及其分布彩色图鉴》(费梁等，2012) 表明神农架处于其已知的间断性分布地的边缘地带，且本书作者近 10 年来也未监测到该物种。故该物种在本区域的种群数量应较为稀少。

爬行纲 REPTILIA

三 龟鳖目 TESTUDINES

(十) 鳖科 Trionychidae

45. 中华鳖 *Pelodiscus sinensis* **Wiegmann, 1835**

英文名 Chinese soft-shelled turtle
分布 国内除宁夏、新疆、青海和西藏未见报道外，各省（区、市）均有分布，尤其以江苏、安徽、湖北、湖南等地的种群数量最多。国外分布于日本、朝鲜及越南。
种群现状 常见。
讨论 该物种历史上在神农架较为常见，但由于其经常被作为上等的滋补珍品，受到大量人为猎捕（张孟闻等，1998），因此其野外自然种群数量持续下降。

(十一) 地龟科 Geoemydidae

46. 潘氏闭壳龟 *Cuora pani* **Song, 1984**

英文名 Pan's box turtle
分布 中国特有种，模式标本产于陕西平利县，分布于陕西、湖北、重庆和四川。
种群现状 罕见。
讨论 王玛丽等（2004）于陕西镇坪县化龙山自然保护区记录到该物种，采集地位于该物种已知分布地的边缘地带（赵尔宓等，1999; Uetz et al., 2018）。同时，本书作者在近10年间的监测中也未记录到该物种。故该物种种群在本区域应极为罕见。

47. 乌龟 *Mauremys reevesii* **Gray, 1831**

英文名 Reeves' turtle
分布 国内分布于华中和华南大多地区，包括湖北、湖南、广西等。国外分布于日本和朝鲜。
种群现状 常见。
讨论 该物种的归属变动较大。物种发表时被归到 *Emys*，后期不同学者将其归到不同的属，如 *Geoclemys*、*Damonia*、*Clemmys*、*Chinemys*。但综合其最新的分子与形态学证据表明，该物种应归入 *Mauremys* (Uetz et al., 2018)。

四 有鳞目 SQUAMATA

(十二) 壁虎科 Gekkonidae

48. 多疣壁虎 *Gekko japonicus* **Schlegel, 1836**

英文名 Schlegel's Japanese gecko
分布 国内广布于淮河以南的广大地区，包括安徽、江苏、湖北等众多地区。国外分布于韩国和日本。
种群现状 常见。

(十三) 鬣蜥科 Agamidae

49. 草绿攀蜥 *Japalura flaviceps* **Barbour et Dunn, 1919**

英文名 Szechwan japalure
分布 中国特有种，分布于东经 97°~110°，北纬 26.67°~30.33°，在湖北（均县）、四川、云南、西藏、甘肃有分布。
种群现状 少见。
讨论 别名草绿龙蜥、公蛇、四脚蛇。多栖息于山区灌丛、杂草间。在神农架林区周边的多个县区均被记录到，但多本志书表明其在湖北的分布地仅在均县（赵尔宓等，1999；Uetz et al., 2018）。本书作者在近期的野外监测中曾记录到该物种。

50. 丽纹攀蜥 *Japalura splendida* **Barbour et Dunn, 1919**

英文名 Splendid japalure, Green striped tree dragon

分布 中国特有种，分布于河南、湖北、湖南、四川。

种群现状 少见。

讨论 别名丽纹龙蜥。

（十四）蜥蜴科 Lacertidae

51. 丽斑麻蜥 *Eremias argus* **Peters, 1869**

英文名 Mongolia racerunner

种下单元 共 2 个亚种：指名亚种（*E. a. argus*）和西部亚种（*E. a. barbouri*），国内均有分布。

分布 国内遍及长江以北的广大地区。国外分布于蒙古国、韩国西部和俄罗斯。

种群现状 不详。

讨论 该物种喜栖息于平原、丘陵、低山、草地和农田等生境。在神农架林区及其周边的多个县区均被记录到，但多本志书表明其在湖北省并无确切分布（赵尔宓等，1999；Uetz et al., 2018）。同时，本书作者近 10 年间也未监测到该物种。故该物种在本区域的种群现状仍需进一步调查确定。

52. 北草蜥 *Takydromus septentrionalis* **Günther, 1864**

英文名 China grass lizard

分布 中国特有种，主要分布于湖北、陕西、甘肃、四川等。

种群现状 少见。

53. 南草蜥 *Takydromus sexlineatus* **Daudin, 1802**

英文名 Asian grass lizard, Six-striped long-tailed grass lizard

种下单元 共 2 个亚种，国内仅分布有眼斑亚种（*T. s. ocellatus*）。

分布 国内分布于福建、湖南、贵州、云南、广东、海南、广西。国外分布于缅甸、马来西亚、印度尼西亚。

种群现状 不详。

讨论 该物种喜生活于草丛中，多分布于海拔 436~1700 m（赵尔宓等，1999）。在神农架林区周边的多个县区均被记录到，但并没有提供具体凭证信息。多本志书表明，该物种在我国的已知分布地仅在福建、湖南、贵州、云南、广东、海南、广西（赵尔宓等，1999；Uetz et al., 2018）。同时，本书作者自 2008 年在湖北神农架森林生态系统国家野外科学观测研究站暨中国科学院神农架生物多样性定位研究站开展动物监测的 10 年间，也未监测到该物种。故该物种在本区域的种群现状尚待进一步调查确定。

54. 白条草蜥 *Takydromus wolteri* **Fischer, 1885**

英文名 Mountain grass lizard

分布 国内分布于湖北、安徽、江苏、辽宁、吉林、黑龙江等。国外分布于朝鲜、俄罗斯远东地区。

种群现状 少见。

（十五）石龙子科 Scincidae

55. 黄纹石龙子 *Plestiodon capito* **Bocourt, 1879**

英文名 Gail's eyelid skink

分布 中国特有种，分布于北京、河北、辽宁、湖北（宜昌、均县）、四川、陕西和宁夏。

种群现状 少见。

56. 中国石龙子 *Plestiodon chinensis* Gray, 1838

英文名　Chinese blue-tailed skink

种下单元　共 4 个亚种：指名亚种 (*P. c. chinensis*)、岱山亚种 (*P. c. daishanensis*)、台湾亚种 (*P. c. formosensis*) 和白斑亚种 (*P. c. leucostictus*)，国内均有分布。神农架为指名亚种。

分布　国内主要分布于中部和南部大多地区，如浙江、云南、湖北（崇阳）、湖南等。国外分布于越南。

种群现状　常见。

讨论　别名石龙子。

57. 蓝尾石龙子 *Plestiodon elegans* Boulenger, 1887

英文名　Shanghai elegant skink

分布　国内分布于大多数地区，如北京、天津、上海、安徽、湖北等。国外分布于越南和日本。

种群现状　少见。

58. 宁波滑蜥 *Scincella modesta* Günther, 1864

英文名　Modest ground skink

种下单元　共 2 个亚种：指名亚种 (*S. m. modesta*) 和北方亚种 (*S. m. septentrionalis*)，国内均有分布。神农架主要为北方亚种。

分布　中国特有种，主要分布于河北、辽宁、上海、安徽、湖北、湖南、四川等。

种群现状　地区性罕见。

讨论　别名马蛇子，该物种分布于海拔 50~1895 m，喜栖息于草丛、小溪旁及石缝中。王跃招和赵尔宓（1986）将长江以北分布的北滑蜥修订为宁波滑蜥的北方亚种，长江以南分布的北滑蜥修订为宁波滑蜥的指名亚种。

周青春（2015）、汪正祥（2012）分别于神农架林区及湖北竹溪县八卦山自然保护区记录到该物种。而多本志书表明该物种在湖北的已知分布地仅在武昌和利川（赵尔宓等，1999；Uetz et al., 2018）。同时，本书作者近 10 年间也未监测到该物种，且神农架处于该物种分布地区的边缘。故其在本区域的种群数量应十分稀少。

59. 股鳞蜓蜥 *Sphenomorphus incognitus* Thompson, 1912

英文名　Granular torrent frog

分布　国内主要分布于福建、台湾、湖北、海南、广西和云南。国外分布于越南。

种群现状　少见。

60. 铜蜓蜥 *Sphenomorphus indicus* Gray, 1853

英文名　Indian forest skink, Himalayan forest skink

分布　国内在华中和华南的大多数地区均有分布。国外分布于尼泊尔、不丹、缅甸、泰国、越南、柬埔寨、印度、马来西亚、老挝、喜马拉雅山脉等。

种群现状　常见。

讨论　别名蝘蜓（赵尔宓等，1999）。

61. 山滑蜥 *Scincella monticola* Schmidt, 1925

英文名　Mountainous dwarf skink

种下单元　共 2 个亚种：指名亚种 (*S. m. monticola*) 和平利亚种 (*S. m. pingliensis*)，国内均有分布。神农架为平利亚种。

分布　国内主要分布于四川、云南和陕西。国外分布于越南。

种群现状　不详。

讨论　该物种分布于海拔 339~3300 m。齐代华等（2009）和王玛丽等（2004）分别于重庆巫溪县阴条岭自然保护区和陕西镇坪县化龙山自然保护区记录到该物种，而该物种的已知分布地仅在四川、云南和陕西（赵尔宓等，1999；Uetz et al., 2018）。考虑到神农架处于该物种分布地区的边缘，且本书作者近10年间也未监测到该物种。故该物种在本区域的种群现状尚待进一步调查确定。

（十六）盲蛇科 Typhlopidae

62. 钩盲蛇 *Indotyphlops braminus* Daudin, 1803

英文名 Flowerpot snake, Brahminy blind snake, Bootlace snake
分布 国内主要分布于湖北、江西、四川、福建、广东等。国外分布于南亚及东南亚、琉球群岛。被引进到非洲、西南亚、澳大利亚、印度、太平洋岛屿、墨西哥和美国（佛罗里达和夏威夷群岛）。
种群现状 少见。
讨论 别名盲蛇、铁丝蛇。

（十七）闪皮蛇科 Xenodermatidae

63. 黑脊蛇 *Achalinus spinalis* Peters, 1869

英文名 Peters' odd-scaled snake, Japanese odd-scaled snake
分布 国内主要分布于安徽、福建、湖北、四川等。国外分布于越南和日本。
种群现状 常见。

（十八）游蛇科 Colubridae

64. 绞花林蛇 *Boiga kraepelini* Stejneger, 1902

英文名 Kelung cat snake
分布 国内主要分布于安徽、福建、海南、四川等。国外分布于越南北部和老挝。
种群现状 不详。
讨论 章波等（2014b）于2012年5月在神农架林区下谷坪记录到该物种，是湖北省蛇类新记录，但该物种在本区域的种群现状仍需进一步调查确定。

65. 钝尾两头蛇 *Calamaria septentrionalis* Boulenger, 1890

英文名 Hong Kong dwarf snake
分布 国内主要分布于安徽、福建、海南、四川等。国外分布于越南北部。
种群现状 少见。

66. 翠青蛇 *Cyclophiops major* Günther, 1858

英文名 Chinese green snake
分布 国内主要分布于华中和华南大多数地区。国外分布于越南北部。
种群现状 常见。

67. 中国沼蛇 *Myrrophis chinensis* Gray, 1842

英文名 Chinese mud snake
分布 国内主要分布于安徽、广东、广西、湖北、浙江等。国外分布于越南。
种群现状 少见。
讨论 别名中国水蛇，原归入水蛇属（*Enhydris*），后结合分子系统学证据将其归入沼蛇属（*Myrrophis*）（Kumar et al., 2012; Pyron et al., 2013）。

68. 双斑锦蛇 *Elaphe bimaculata* Schmidt, 1925

英文名 Chinese leopard snake
分布 中国特有种，主要分布于安徽、福建、湖北、湖南、海南、四川等。
种群现状 常见。

69. 王锦蛇 *Elaphe carinata* Günther, 1864

英文名 Taiwan stink snake, Gekielte kletternatter
分布 国内除内蒙古、新疆外，各省（区、市）均有分布。国外分布于越南。
种群现状 常见。

70. 玉斑蛇 *Euprepiophis mandarinus* Cantor, 1842

英文名 Mandarin ratsnakes

分布 国内除内蒙古、新疆外，各省（区、市）均有分布。国外分布于越南、缅甸。
种群现状 常见。
讨论 别名玉斑锦蛇。近期，结合该物种的形态特征及分子系统学证据，将其由锦蛇属（*Elaphe*）归入玉斑蛇属（*Euprepiophis*）(Utiger et al., 2002, 2005; Burbrink and Lawson, 2007; Pyron et al., 2013; Chen et al., 2014a, 2014b)。

71. 锈链腹链蛇 *Hebius craspedogaster* Boulenger, 1899

英文名 Kuatun keelback
分布 中国特有种，主要分布于安徽、福建、湖北、四川等。
种群现状 常见。
讨论 别名锈链游蛇。

72. 丽纹腹链蛇 *Hebius optatum* Hu et Zhao, 1966

英文名 Mount omei keelback
分布 国内主要分布于重庆、广西、贵州、湖南和四川。国外分布于越南。
种群现状 不详。
讨论 别名丽纹游蛇。周青春（2015）于神农架林区记录到该物种，而多本志书表明该物种仅分布于重庆、广西、贵州、湖南和四川（赵尔宓等，1998；赵尔宓，2006；Uetz et al., 2018）。同时，本书作者近10年间也未在神农架监测到该物种。故该物种在本区域的种群现状仍需进一步调查确定。

73. 双全链蛇 *Lycodon fasciatus* Anderson, 1879

英文名 Banded wolf snake
分布 国内主要分布于福建、甘肃、广西、贵州、湖北、陕西、四川、云南和浙江。国外主要分布于巴基斯坦、缅甸、老挝、尼泊尔、泰国和印度。
种群现状 常见。

74. 黄链蛇 *Lycodon flavozonatum* Pope, 1928

英文名 Yellow-banded big tooth snake, Yellow-spotted wolf snake, Big-tooth snake
分布 国内分布于安徽、福建、广东、广西等众多南方地区。国外分布于缅甸、越南。
种群现状 不详。
讨论 别名黄赤链。分布于海拔600~1170 m。该物种在神农架林区周边的多个县区均被记录到，而多本志书表明该物种分布于安徽、福建、广东、广西等南方地区（赵尔宓等，1998；Uetz et al., 2018），神农架处于其已知分布地的边缘地区。同时，本书作者近10年来在神农架也未监测到该物种。故该物种在本区域的种群现状尚待进一步调查确定。

75. 赤链蛇 *Lycodon rufozonatum* Cantor, 1842

英文名 Red-banded snake
分布 国内大多数地区均有分布。国外分布于俄罗斯滨海区南部、朝鲜和日本。
种群现状 常见。

76. 黑背链蛇 *Lycodon ruhstrati* Fischer, 1886

英文名 Mountain wolf snake, Formosa wolf snake
分布 国内主要分布于安徽、福建、陕西、湖南等。国外分布于越南、老挝。
种群现状 不详。
讨论 别名黑背白环蛇。该物种喜栖息于山地、山溪、阴沟石缝等生境中。周青春（2015）、汪正祥等（2013）分别于神农架林区及湖北房县野人谷自然保护区记录到该物种，但多本志书表明神农架处于其已知分布地的边缘地带（赵尔宓等，1998；赵尔宓，2006；Uetz et al., 2018）。同时，本书作者近10年间也未监测到该物种。故该物种在本区域的种群现状仍需进一步调查确定。

77. 紫灰蛇 *Oreocryptophis porphyraceus* Cantor, 1839

英文名 Black-banded trinket snake, Red bamboo snake

种下单元 共3个亚种。国内分布有2个亚种：指名亚种（*O. p. porphyraceus*）和黑线亚种（*O. p. nigrofasciata*）。神农架为指名亚种。

分布 国内广布于大多数地区。国外分布于印度、缅甸、泰国、马来西亚和印度尼西亚。

种群现状 常见。

讨论 原名紫灰锦蛇（*Elaphe porphyracea*），属于锦蛇属（*Elaphe*）。后结合分子学证据，该物种被归入紫灰蛇属（Utiger et al., 2002; Pyon et al., 2013），更名为紫灰蛇。

78. 红纹滞卵蛇 *Oocatochus rufodorsatus* Cantor, 1842

英文名 Red-backed rat snake, Frog-eating rat snake

分布 国内广泛分布于大多数地区。国外分布于朝鲜、俄罗斯西伯利亚东部。

种群现状 少见。

讨论 别名红点锦蛇。

79. 黑眉晨蛇 *Orthriophis taeniurus* Cope, 1861

英文名 Beauty snake

分布 国内广布于大多数地区。国外分布于日本、俄罗斯、朝鲜、印度、缅甸、泰国和越南。

种群现状 常见。

讨论 原名黑眉锦蛇（*Elaphe taeniurus*），属于锦蛇属（*Elaphe*），是非常常见的一种无毒蛇类。结合分子系统学和形态学证据，现将该物种归入晨蛇属（Utiger et al., 2002; Burbrink and Lawson, 2007; Pyron et al., 2013）。

80. 中国小头蛇 *Oligodon chinensis* Günther, 1888

英文名 Chinese kukri snake

分布 国内主要分布于安徽、福建、陕西、湖南等。国外分布于越南。

种群现状 不详。

讨论 别名秤杆蛇。该物种多栖息于平原和山区。肖文发等（2009）于重庆巫山县五里坡自然保护区记录到该物种，但缺少相关凭证信息。多本志书表明神农架处于该物种已知分布地的边缘地区（赵尔宓等, 1998; 赵尔宓, 2006; Uetz et al., 2018）。同时，本书作者自2008年在湖北神农架森林生态系统国家野外科学观测研究站暨中国科学院神农架生物多样性定位研究站开展动物监测以来的10年间，也未监测到该物种。故其在本区域的种群现状尚待进一步调查确定。

81. 平鳞钝头蛇 *Pareas boulengeri* Angel, 1920

英文名 Boulenger's slug snake

分布 中国特有种，主要分布于安徽、福建、浙江、云南、四川等。

种群现状 不详。

讨论 别名黄狗蛇。喜栖息于山区林间或农田。该物种在神农架林区周边的多个县区均被记录到，但并没有提供具体凭证信息。多本志书表明神农架处于该物种已知分布地的边缘地区（赵尔宓等, 1998; 赵尔宓, 2006; Uetz et al., 2018）。同时，在本书作者在近10年间的监测中也未记录到该物种。故该物种在本区域的种群现状尚待进一步调查确定。

82. 中国钝头蛇 *Pareas chinensis* Barbour, 1912

英文名 Chinese slug snake

分布 中国特有种，主要分布于浙江、安徽、福建、江西、广东、广西、四川、贵州和云南。

种群现状 少见。

讨论 朱兆泉和宋朝枢（1999）于神农架林区九冲村记录到该物种。本书作者近期也监测到该物种，并采集到标本。

83. 大眼斜鳞蛇 *Pseudoxenodon macrops* Blyth, 1855

英文名 Big-eyed bamboo snake, Mock cobra

种下单元 共 3 个亚种：中华亚种（*P. m. sinensis*）、指名亚种（*P. m. macrops*）和福建亚种（*P. m. fukienensis*），国内均有分布。神农架为中华亚种。

分布 国内主要分布于重庆、湖北、福建、甘肃等。国外分布于印度、尼泊尔、缅甸、泰国、马来西亚西部、越南、老挝、不丹。

种群现状 常见。

84. 乌梢蛇 *Ptyas dhumnades* Cantor, 1842

英文名 Big-eye keel-backed snake

分布 国内主要分布于安徽、重庆、湖北、云南等。国外分布于越南。

种群现状 常见。

讨论 原属于乌梢蛇属（*Zaocys*），后结合分子学证据，David 和 Das（2004）、Utiger 等（2005）将该物种归入鼠蛇属（*Ptyas*）。

85. 滑鼠蛇 *Ptyas mucosa* Linnaeus, 1758

英文名 Dhaman, Oriental ratsnake

分布 国内主要分布于湖北、四川、福建等。国外分布于阿富汗，东南至中南半岛到印度尼西亚。

种群现状 少见。

86. 颈槽蛇 *Rhabdophis nuchalis* Boulenger, 1891

英文名 Hubei keelback

分布 国内分布于甘肃、广西、贵州、湖北、陕西、四川、香港、云南。国外分布于越南北部。

种群现状 常见。

讨论 别名颈槽游蛇。

87. 虎斑颈槽蛇 *Rhabdophis tigrinus* Boie, 1826

英文名 Tiger keelback

种下单元 共 3 个亚种。国内分布有 2 个亚种：大陆亚种（*R. t. lateralis*）和台湾亚种（*R. t. formosanus*）。神农架为大陆亚种。

分布 国内分布于大多数地区。国外分布于日本。

种群现状 常见。

讨论 台湾亚种背面为黄色或灰黄色，通身背面有 5 行粗大黑斑交错排列；尾下鳞 75 对以上，仅分布于台湾。大陆亚种背面为草绿色，颈及躯干前部两侧各有 1 行红黑相间的粗大斑块，尾下鳞 75 对以下，与前者较易区分，主要分布于大陆各省（区、市）。

88. 灰腹绿蛇 *Rhadinophis frenatus* Gray, 1853

英文名 Rein snake

分布 国内分布于安徽、福建、广东、河南等。国外分布于印度、越南。

种群现状 地区性罕见。

讨论 原名灰腹绿锦蛇（*Elaphe frenata*），后归入绿蛇属（Burbrink and Lawson, 2007），种名为灰腹绿蛇（*Rhadinophis frenatus*），本书作者近期在湖北兴山县多个地点发现该物种，为湖北省蛇类新记录（崔继法等，2018）。

89. 宁陕线形蛇 *Stichophanes ningshaanensis* Yuan, 1983

英文名 Ningshaan kukri snake, Ningshaan line-shaped snake

分布 中国特有种，其模式标本产地为陕西宁陕县，仅分布于陕西和湖北。

种群现状 少见。

讨论 原名宁陕小头蛇（*Oligodon ningshaanensis*），属小头蛇属（*Oligodon*），后王小荷（2014）、Wang 等（2014）根据分子系统学证据和形态特征将其归入线形蛇属（*Stichophanes*）。

周青春（2015）和肖文发等（2009）分别于神农架林区及重庆巫山县五里坡自然保护区记录到该物种。Messenger 和 Wang（2015）

对其自然历史和在神农架林区的发现情况进行了详细描述，自 1983 年于陕西宁陕县发现了 3 只标本后，后续的 20 余年都未记录到该物种，直到 2006 年在神农架林区记录到 17 个新个体（杨林森等，2009）。

90. 黑头剑蛇 *Sibynophis chinensis* Günther, 1889

英文名 Chinese many-tooth snake

种下单元 共 3 个亚种：指名亚种（*S. c. chinensis*）、云贵高原亚种（*S. c. grahami*）和米易亚种（*S. c. miyiensis*），国内均有分布。神农架为指名亚种。

分布 国内广布于华中和华南地区。国外分布于越南和老挝。

种群现状 少见。

讨论 别名黑头蛇。

91. 乌华游蛇 *Sinonatrix percarinata* Boulenger, 1899

英文名 Eastern water snake, Olive keelback

种下单元 共 2 个亚种：指名亚种（*S. p. percarinata*）和台湾亚种（*S. p. suriki*），国内均有分布。神农架为指名亚种。

分布 国内广布于华中和华南地区。国外分布于越南、泰国和缅甸北部。

种群现状 常见。

讨论 别名华游蛇。

（十九）眼镜蛇科 Elapidae

92. 银环蛇 *Bungarus multicinctus* Blyth, 1861

英文名 Many-banded krait

种下单元 共 2 个亚种：指名亚种（*B. m. multicinctus*）和云南亚种（*B. m. wanghaotingi*），国内均有分布。神农架为指名亚种。

分布 国内主要分布于安徽、广东、广西、湖北、浙江等。国外分布于缅甸、越南北部及老挝。

种群现状 常见。

93. 舟山眼镜蛇 *Naja atra* Cantor, 1842

英文名 Chinese cobra

种下单元 共 10 个亚种。国内分布有 2 个亚种：舟山亚种（*N. a. atra*）和孟加拉亚种（*N. a. kaouthia*）。神农架为舟山亚种。

分布 国内主要分布于安徽、澳门、重庆、湖北等。国外分布于越南、老挝。

种群现状 地区性罕见。

讨论 别名眼镜蛇。该物种具有较高的经济价值，存在人为养殖的情况（赵尔宓等，1998）。近年来，也有部分群众放生该蛇的情况。因此，不排除所记录到的该物种来源于人为养殖、宠物逃逸或放生的可能。

94. 中华珊瑚蛇 *Sinomicrurus macclellandi* Reinhardt, 1844

英文名 MacClelland's coral snake

种下单元 共 4 个亚种。国内分布有 3 个亚种：指名亚种（*S. m. macclellandi*）、台湾亚种（*S. m. formosensis*）和脊纹亚种（*S. m. univirgatus*）。神农架为指名亚种。

分布 国内分布于香港、海南、甘肃、江苏、浙江、安徽、福建、台湾、江西、湖南、广东、广西、四川、贵州、云南、西藏、陕西。国外主要分布于印度、尼泊尔、缅甸、老挝、越南。

种群现状 地区性罕见。

讨论 别名赤伞节、环纹赤蛇、丽纹蛇。该物种喜栖息于丘陵或山区森林，不易见到。本书作者在近 10 年间的监测中仅记录到该物种一次。

（二十）蝰科 Viperidae

95. 白头蝰 *Azemiops kharini* Orlov, Ryabov et Nguyen, 2013

英文名 White-headed fea viper, White-headed burmese viper

分布 国内分布于安徽、甘肃、贵州、湖南、湖北等。国外分布于缅甸北部和越南北部。

种群现状 少见。

讨论 周青春（2015）、湖北巴东金丝猴自然保护区科考组（2013）、汪正祥等（2013）分别于神农架林区、湖北巴东县金丝猴自然保护区及房县野人谷自然保护区记录到该物种。其在神农架林区及其周边地区确有分布，本书作者在近10年间的监测中也发现过该物种。白头蝰处于游蛇科与蝰科的中间环节，具有较大的学术价值，目前所知的数量不多，应予以保护。

蔡波等（2015）采纳了 Orlov 等（2013）将白头蝰属 (*Azmiops*) 拆分为两种的建议，大致以越南的河内以及中国昆明、四川攀枝花为界，以东为新种 *Azemiops kharini*，中文名冠以白头蝰，以西为 *Azemiops feae*，中文名则改为黑头蝰。本区域处于攀枝花以东，故其拉丁学名为 *Azemiops kharini*。

96. 尖吻蝮 *Deinagkistrodon acutus* Günther, 1888

英文名 Chinese moccasin, Hundred-pace viper, Five-pacer viper

分布 国内主要分布于安徽、重庆、湖北、云南、浙江等。国外分布于越南北部及老挝。

种群现状 常见。

97. 短尾蝮 *Gloydius brevicaudus* Stejneger, 1907

英文名 Kurzschwanz-mamushi

分布 国内主要分布于安徽、重庆、湖北、云南、浙江等。国外分布于朝鲜。

种群现状 少见。

98. 菜花原矛头蝮 *Protobothrops jerdonii* Günther, 1875

英文名 Jerdon's pitviper

种下单元 共3个亚种。国内分布有2个亚种：指名亚种（*P. j. jerdondii*）和川鄂亚种（*P. j. xanthomelas*）。神农架为川鄂亚种。

分布 国内分布于重庆、湖北、湖南、云南、河南等。国外分布于尼泊尔、印度、缅甸北部和越南南部。

种群现状 常见。

讨论 别名菜花烙铁头。

99. 原矛头蝮 *Protobothrops mucrosquamatus* Cantor, 1839

英文名 Brown spotted pit viper

分布 国内主要分布于安徽、重庆、福建、甘肃等。国外分布于印度、孟加拉国、缅甸和越南北部。

种群现状 地区性罕见。

讨论 别名龟壳花、老鼠蛇、恶乌子、笋壳斑、野猫种。该物种常见于竹林、灌丛、溪流旁。汪正祥和蔡德军（2013）、肖文发等（2009）分别于湖北保康县五道峡自然保护区和重庆巫山县五里坡自然保护区记录到该物种，但神农架处于该物种已知分布地的边缘地区（赵尔宓等，1998; Uetz et al., 2018）。同时，本书作者在近10年间的监测中并未记录到该物种。故该物种在本区域的种群数量应极少。

100. 福建绿蝮 *Viridovipera stejnegeri* Schmidt, 1925

英文名 Chinese green tree viper, Stejneger's bamboo pit viper, Chen's bamboo pit viper

种下单元 共2个亚种：指名亚种（*V. s. stejnegeri*）和海南亚种（*V. s. chenbihuii*），国内均有分布。神农架为指名亚种。

分布 国内主要分布于重庆、湖北、湖南、云南、河南等。国外分布于印度、缅甸、泰国东南部和越南。

种群现状 常见。

讨论 别名竹叶青。原名为福建竹叶青蛇（*Trimeresurusus stejnegeri*），后结合分子学证据及其形态特征，该物种被归入绿蝮属（*Viridovipera*）(Malhotra and Thorpe, 2004; 郭鹏, 2005; Dawson et al., 2008; Guo et al., 2010; Guo and Wang, 2011; Pyron et al., 2013)，更名为福建绿蝮。

鸟纲 AVES

五 鸡形目 GALLIFORMES

(二十一) 雉科 Phasianidae

101. 中华鹧鸪 *Francolinus pintadeanus* Scopoli, 1786

英文名 Chinese francolin
种下单元 共 2 个亚种：指名亚种（*F. p. pintadeanus*）和南亚亚种（*F. p. phayrei*），国内均有分布。神农架为指名亚种。
分布 国内分布于云南、四川、湖北、江西、浙江、广东等。国外分布于印度东北部至东南亚。
种群现状 不详。
讨论 部分考察报告在神农架有记录到该物种，但并没有提供具体凭证信息（周青春，2015；廖明尧，2015）。而该鸟在湖北的分布主要处于南部地区，不排除人工养殖种群或宠物逃逸的可能。同时，本书作者在近 10 年间的监测中也并未记录到该物种。故该物种在本区域的种群现状仍需进一步调查确定。

102. 鹌鹑 *Coturnix japonica* Temminck et Schlegel, 1849

英文名 Japanese quail
分布 国内除新疆、西藏外，见于各省（区、市）。国外分布于蒙古国、俄罗斯东南部、朝鲜半岛、日本、不丹、缅甸、印度。
种群现状 少见。
讨论 别名日本鹌鹑。鹌鹑是一种具经济和观赏价值的鸟类，神农架存在养殖的情况，故不排除所记录到的鹌鹑部分来源于人为养殖个体逃逸的可能。

103. 灰胸竹鸡 *Bambusicola thoracicus* Temminck, 1815

英文名 Chinese bamboo-partridge
分布 中国特有种，主要分布于陕西南部、河南南部、湖北、云南、广东、广西等。1919 年被引入到日本，目前已在野外大量繁殖。
种群现状 易见。

104. 红腹角雉 *Tragopan temminckii* Gray, 1831

英文名 Temminck's tragopan
分布 国内主要见于西南及中南部地区。国外分布于喜马拉雅山脉东部、缅甸北部和越南西北部。
种群现状 易见。

105. 勺鸡 *Pucrasia macrolopha* Lesson, 1829

英文名 Koklass pheasnat
种下单元 共 9 个亚种。国内分布有 5 个亚种：云南亚种（*P. m. meyeri*）、陕西亚种（*P. m. ruficollis*）、河北亚种（*P. m. xanthospila*）、安徽亚种（*P. m. joretiana*）和东南亚种（*P. m. darwini*）。神农架为东南亚种。
分布 国内见于中南部和东部地区。国外分布于阿富汗、巴基斯坦、克什米尔、印度北部和尼泊尔。
种群现状 易见。

106. 白冠长尾雉 *Syrmaticus reevesii* Gray, 1829

英文名 Reeves's pheasant
分布 中国特有种，主要分布于河南南部、陕西南部、甘肃东南部、云南东北部、四川、重庆、贵州、湖北、湖南西部、安徽西部。
种群现状 少见。
讨论 近期本书作者在湖北兴山县榛子乡开展动物调查时，通过红外相机记录到该物种。同时，有多位观鸟爱好者在神农架林区拍摄到该物种，说明其在本区域存在一定的繁殖种群。

107. 环颈雉 *Phasianus colchicus* Linnaeus, 1758

英文名 Common pheasant
种下单元 共 30 个亚种。国内分布有 19 个亚种：准噶尔亚种（*P. c. mongolicus*）、莎车亚种（*P. c. shawii*）、塔里木亚种（*P. c. tarimensis*）、南山亚种（*P. c. satscheuensis*）、青海亚种（*P. c. vlangalii*）、甘肃亚种（*P. c. strauchi*）、阿拉善亚种（*P. c. sohokhotensis*）、贺兰山亚种（*P. c. alaschanicus*）、弱水亚种（*P. c. edzinensis*）、东北亚种（*P. c. pallasi*）、河北亚种（*P. c. karpowi*）、内蒙亚种（*P. c. kiangsuensis*）、四川亚种（*P. c. suehschanensis*）、云南亚种（*P. c. elegans*）、滇西亚种（*P. c. rothschildi*）、贵州亚种（*P. c. decollatus*）、广西亚种（*P. c. takatsukasae*）、华东亚种（*P. c. torquatus*）和台湾亚种（*P. c. formosanus*）。神农架为贵州亚种或华东亚种。
分布 国内准噶尔亚种分布于新疆西北部；莎车亚种分布于新疆西北部；塔里木亚种分布于新疆，南自车尔臣河，北至博斯腾湖；南山亚种分布于甘肃西北部；青海亚种分布于青海；甘肃亚种分布于陕西南部、宁夏南部、甘肃西部、青海东北部；阿拉善亚种分布于内蒙古西部、甘肃东部；贺兰山亚种分布于宁夏西北部；弱水亚种分布于甘肃西北部、内蒙西部；东北亚种分布于黑龙江、内蒙古东北部；河北亚种分布于吉林、辽宁、河北东部、北京、天津、山东、内蒙古东南部；内蒙亚种分布于河北西部、北京、山西、陕西北部、内蒙古中部；四川亚种分布于四川中部；云南亚种分布于西藏东部、云南、四川、重庆、贵州西北部；滇西亚种分布于云南南部；贵州亚种分布于云南东北部、四川东部、重庆、贵州、湖北西部；广西亚种分布于广西南部；华东亚种分布于河北南部至秦岭往南的整个东部地区；台湾亚种分布于台湾。国外广布于中亚、西伯利亚东南部、乌苏里江流域、越南东北部、朝鲜半岛、日本及北部湾（国外部分）。引种至欧洲、澳大利亚、新西兰、夏威夷及北美洲。
种群现状 易见。
讨论 别名雉鸡。

108. 红腹锦鸡 *Chrysolophus pictus* Linnaeus, 1758

英文名 Golden pheasant
分布 中国特有种，主要分布于我国中南部地区。
种群现状 易见。

六 雁形目 ANSERIFORMES

（二十二）鸭科 Anatidae

109. 豆雁 *Anser fabalis* Latham, 1787

英文名 Bean goose
种下单元 共 4 个亚种。国内分布有 2 个亚种：陕西亚种（*A. f. johanseni*）和中亚亚种（*A. f. middendorffii*）。神农架为中亚亚种。
分布 国内陕西亚种分布于新疆、西藏、青海；中亚亚种分布于黑龙江、吉林、辽宁、北京、天津、河北、山东、河南、内蒙古东北部、新疆西北部、湖北、湖南、安徽、江西、江苏、上海、浙江、福建、广东、广西和海南。国外繁殖于欧洲及亚洲泰加林，越冬于温带地区。
种群现状 不详。
讨论 周青春（2015）、朱兆泉和宋朝枢（1999）、汪正祥（2012）分别于神农架林区及湖北竹溪县八卦山自然保护区记录到该物种。该鸟喜欢活动于近湖泊的沼泽湿地及农田，在神农架为冬候鸟，通常每年8月末9月初离开繁殖地，到达我国南方的时间多在10月中下旬，春季迁离的时间多在3月中上旬，其迁徙种群数量明显小于秋季（赵正阶，2001a）。神农架地处全球三大鸟类迁徙区之"亚洲—大洋洲"区，是世界鸟类迁徙路径的重要位置之一（李孚允和杨若莉，1997），故推测其可能是迁徙时被记录到。

该鸟是一种较为传统的狩猎鸟类，分布范围较广、数量较多，但近年来由于人为干扰、环境污染等因素，其种群数量有所下降（赵正阶，2001a; Birdlife International, 2018）。

110. 赤麻鸭 *Tadorna ferruginea* Pallas, 1764

英文名　Ruddy shelduck

分布　国内除海南外，广布于各省（区、市）。国外分布于欧洲东南部及亚洲中部，越冬于印度。

种群现状　地区性少见。

111. 鸳鸯 *Aix galericulata* Linnaeus, 1758

英文名　Mandarin duck

分布　国内除西藏、青海外，见于各省（区、市）。国外广布于亚洲东北部，包括俄罗斯、韩国、日本。引种到英国、法国、比利时、荷兰、德国、丹麦、奥地利、瑞士等。

种群现状　少见。

112. 棉凫 *Nettapus coromandelianus* Gmelin, 1788

英文名　Cotton pygmy-goose

种下单元　共2个亚种。国内仅分布有指名亚种（*N. c. coromandelianus*），神农架为该亚种。

分布　国内分布于河北、河南、湖北等中部和南部地区。国外分布于亚洲东部和东南部、阿富汗到南亚次大陆、菲律宾、苏拉威西岛、新几内亚、澳大利亚等。

种群现状　地区性罕见。

讨论　汪正祥等（2013）、汪正祥和蔡德军（2013）、肖文发等（2009）分别于湖北房县野人谷自然保护区、保康县五道峡自然保护区和重庆巫山县五里坡自然保护区记录到该物种。近期有观鸟爱好者记录到该物种。但因该鸟喜欢活动于池塘、湖泊、沼泽、水田等水域环境，不易被观察到，故该物种在本区域的种群数量应较少。

棉凫在我国数量较少，近几十年以来鲜见报道，其数量急剧下降，需要加强相应保护。

113. 罗纹鸭 *Mareca falcata* Georgi, 1775

英文名　Falcated duck

分布　国内除甘肃、新疆外，见于各省（区、市）。国外分布于西伯利亚东南部、堪察加半岛、蒙古国、千岛群岛、日本、朝鲜、越南、缅甸、老挝、泰国。

种群现状　地区性少见。

114. 赤膀鸭 *Mareca strepera* Linnaeus, 1758

英文名　Gadwall

种下单元　共2个亚种。国内仅分布有指名亚种（*M. s. strepera*），神农架为该亚种。

分布　国内见于各省（区、市）。国外分布于欧亚大陆北部和中部，从冰岛至日本，在摩洛哥、阿尔及利亚、土耳其、伊朗、美国等国家也有分布。

种群现状　少见。

115. 绿翅鸭 *Anas crecca* Linnaeus, 1758

英文名　Common teal

种下单元　共3个亚种。国内仅分布有指名亚种（*A. c. crecca*），神农架为该亚种。

分布　国内见于各省（区、市）。国外分布于古北界北部和中部、撒哈拉沙漠以南、亚洲（西南部、东南部和南部）、北美洲等地区。

种群现状　地区性少见。

116. 绿头鸭 *Anas platyrhynchos* Linnaeus, 1758

英文名　Mallard

种下单元 共 2 个亚种。国内仅分布有指名亚种（*A. p. platyrhynchos*），神农架为该亚种。
分布 国内见于各省（区、市）。国外繁殖于北半球大部分地区，越冬于南亚次大陆北部、缅甸、朝鲜半岛、日本。
种群现状 常见。

117. 斑嘴鸭 *Anas zonorhyncha* Swinhoe, 1866

英文名 Chinese spot-billed duck
分布 国内见于各省（区、市）。国外分布于西伯利亚东南部、千岛群岛、朝鲜半岛、日本。
种群现状 少见。
讨论 由 *Anas poecilorhyncha* 的亚种提升为种（Leader, 2006）。

118. 琵嘴鸭 *Spatula clypeata* Linnaeus, 1758

英文名 Northern shoveler
分布 国内见于各省（区、市）。国外主要分布于非洲、亚洲南部和东南部、美洲中部等地区。
种群现状 不详。
讨论 周青春（2015）于神农架林区记录到该物种。该鸟在神农架为旅鸟，在部分地区为冬候鸟。神农架地处全球三大鸟类迁徙区之"亚洲—大洋洲"区，是世界鸟类迁徙路径的重要位置之一，亦是中国三大鸟类迁徙通道之中线上的一个关键停歇点（李孚允和杨若莉，1997），故推测其可能是迁徙路过神农架时被记录到。

该鸟喜栖息于河流、湖泊、池塘、沼泽等水域环境中，不易被观察到。同时，由于狩猎、环境恶化、栖息地丧失等原因，其种群数量急剧下降，目前我国数量较少（赵正阶，2001a；Birdlife International, 2018）。此外，本书作者自 2008 年在湖北神农架森林生态系统国家野外科学观测研究站暨中国科学院神农架生物多样性定位研究站开展动物监测以来的 10 年间，也未监测到该物种。故该物种在本区域的种群现状尚待进一步调查确定。

119. 白眉鸭 *Spatula querquedula* Linnaeus, 1758

英文名 Garganey
分布 国内见于各省（区、市）。国外繁殖于古北界，从英格兰至俄罗斯远东地区，越冬于撒哈拉沙漠以南、印度和东南亚。
种群现状 不详。
讨论 周青春（2015）于神农架林区记录到该物种。神农架地处全球三大鸟类迁徙区之"亚洲—大洋洲"区，是世界鸟类迁徙路径的重要位置之一，也是中国三大鸟类迁徙通道之中线上的一个关键停歇点（李孚允和杨若莉，1997），由于该鸟迁徙时见于全国多地（段文科和张正旺，2017a），推测其可能是迁徙时被记录到。

该鸟性胆怯而机警，常在隐蔽的水草下活动觅食（赵正阶，2001a），喜栖息于沼泽、开阔的湖泊、河流、池塘等水域环境中。本书作者自 2008 年在湖北神农架森林生态系统国家野外科学观测研究站暨中国科学院神农架生物多样性定位研究站开展动物监测以来的 10 年间，未监测到该物种。故该物种在本区域的种群现状尚待进一步调查确定。

120. 青头潜鸭 *Aythya baeri* Radde, 1863

英文名 Baer's pochard
分布 国内除新疆、海南外，见于各省（区、市）。国外分布于俄罗斯远东地区、朝鲜北部、亚洲南部及东南部。
种群现状 不详。
讨论 与大多水鸟一样，该鸟喜欢活动于湖泊、池塘或沼泽湿地。周青春（2015）、廖明尧（2015）于神农架林区记录到该物种。但其种群数量较少，不易见到，目前已被国际鸟类保护委员会（ICBP）列入《世界濒危鸟类红皮书》（赵正阶，2001a），属濒危物种（Birdlife International, 2018）。近 10 年间，本书作者也并未监测到该物种。故该物种在本区域的种群现状尚待进一步调查确定。

121. 红头潜鸭 *Aythya ferina* Linnaeus, 1758

英文名 Common pochard

分布 国内除海南外，见于各省（区、市）。国外分布于欧洲西部至外贝加尔湖、非洲、亚洲南部及东南部。

种群现状 不详。

讨论 周青春（2015）、朱兆泉和宋朝枢（1999）、肖文发等（2009）分别于神农架林区及重庆巫山县五里坡自然保护区记录到该物种。该鸟多栖息于湖泊、池塘、沼泽、海岸、潟湖等水域地带，喜欢潜水取食（赵正阶，2001a；段文科和张正旺，2017a），不易被观察到。本书作者近10年间并未监测到该物种。故该物种在本区域的种群现状尚待进一步调查确定。

122. 凤头潜鸭 *Aythya fuligula* Linnaeus, 1758

英文名 Tufted duck

分布 国内见于各省（区、市）。国外繁殖于整个古北界北部，从冰岛到堪察加半岛，越冬于非洲、亚洲南部和东部。在亚洲，繁殖于俄罗斯南部苔原地区，越冬于朝鲜南部和日本。

种群现状 不详。

讨论 薛慕光等（1965）于湖北巴东县记录到该物种。其多栖息于湖泊、河流、高山湿地（赵正阶，2001a），在其他生境中不易见到。该物种在神农架为旅鸟，推测其可能是迁徙时被记录到。同时，本书作者近10年间也未监测到该物种。故该物种在本区域的种群现状尚待进一步调查确定。

123. 斑头秋沙鸭 *Mergellus albellus* Linnaeus, 1758

英文名 Smew

分布 国内除海南外，见于各省（区、市）。国外分布于欧洲北部和亚洲北部，越冬于印度北部、日本。

种群现状 不详。

讨论 别名白秋沙鸭。郜二虎等（2012）于湖北竹山县堵河源自然保护区记录到该物种。其主要栖息于湖泊、沼泽、水库、河流等生境，种群数量稀少，导致其不易被观察到（赵正阶，2001a）。同时，本书作者自2008年在湖北神农架森林生态系统国家野外科学观测研究站暨中国科学院神农架生物多样性定位研究站开展动物监测以来的10年间，未监测到该物种。故该物种在本区域的种群现状尚待进一步调查确定。

124. 普通秋沙鸭 *Mergus merganser* Linnaeus, 1758

英文名 Goosander

种下单元 共3个亚种。国内分布有2个亚种：指名亚种（*M. m. merganser*）和中亚亚种（*M. m. orientalis*）。神农架为指名亚种。

分布 国内指名亚种除西藏、青海、香港和海南外，见于各省（区、市）；中亚亚种见于新疆南部、西藏、青海东北部和南部、云南、四川北部。国外繁殖于欧洲北部、西伯利亚和北美洲北部，越冬于欧洲南部、东亚、美洲中部。

种群现状 不详。

讨论 该鸟喜结群活动于湖泊、水库及河流区域。苏化龙等（2007）和肖文发等（2009）分别于湖北秭归县和重庆巫山县五里坡自然保护区监测调查时记录到该物种。该物种在长江低海拔流域时有见到。同时，本书作者近10年间也未监测到该物种。故该物种在本区域的种群现状尚待进一步调查确定。

七 䴙䴘目 PODICIPEDIFORMES

(二十三) 䴙䴘科 Podicipedidae

125. 小䴙䴘 *Tachybaptus ruficollis* Pallas, 1764

英文名 Little grebe

种下单元 共10个亚种。国内分布有3个亚种：普通亚种（*T. r. poggei*）、台湾亚种（*T. r. philippensis*）和新疆亚种（*T. r. capensis*）。神农架为普通亚种。

分布 国内普通亚种除台湾外，各省（区、市）均有分布；台湾亚种主要分布于台湾；新疆亚种主要分布于新疆、西藏南部及云南西部。国外分布于欧洲、亚洲及非洲。

种群现状 常见。

126. 凤头䴙䴘 *Podiceps cristatus* Linnaeus, 1758

英文名 Great crested grebe

种下单元 共3个亚种。国内仅分布有指名亚种（*P. c. cristatus*），神农架为该亚种。

分布 国内除海南外，见于各省（区、市）。国外分布于欧洲、非洲、亚洲和大洋洲。

种群现状 地区性罕见。

讨论 肖文发等（2009）于重庆巫山县五里坡自然保护区调查时记录到该物种。该鸟喜栖息于湖泊、池塘、沼泽、河流、小溪等水域环境，尤其是生长着浓密芦苇和水草的湖沼中，善于隐蔽，在神农架种群数量稀少，不易见到。2019年2月13日，神农架林区红花朵林场大岩屋管理所所长李桂华在巡山过程中发现一只冻伤的个体，拍照、救治后在阳日水库放归。

127. 黑颈䴙䴘 *Podiceps nigricollis* Brehm, 1831

英文名 Black-necked grebe

种下单元 共3个亚种。国内仅分布有指名亚种（*P. n. nigricollis*）。

分布 国内除海南外，见于各省（区、市）。国外繁殖于欧亚大陆、北美洲和非洲，越冬于30°N以南地区。

种群现状 不详。

讨论 该鸟在神农架为旅鸟。其喜成群繁殖于淡水及咸水生境中，冬季常常结群活动于湖泊及沿海（赵正阶，2001a）。肖文发等（2009）于重庆巫山县五里坡自然保护区记录到该物种。但由于生境条件等，其不易被观察到。同时，本书作者自2008年在湖北神农架森林生态系统国家野外科学观测研究站暨中国科学院神农架生物多样性定位研究站开展动物监测以来的10年间，也未监测到该物种。故该物种在本区域的种群现状仍待进一步调查确定。

八 鸽形目 COLUMBIFORMES

（二十四）鸠鸽科 Columbidae

128. 珠颈斑鸠 *Streptopelia chinensis* Scopoli, 1786

英文名 Spotted dove

种下单元 共5个亚种。国内分布有3个亚种：指名亚种（*S. c. chinensis*）、海南亚种（*S. c. hainana*）和滇西亚种（*S. c. tigrina*）。神农架为指名亚种。

分布 国内指名亚种见于贵州、台湾及华北、华中、华南和华东地区；海南亚种见于海南；滇西亚种见于云南和四川西南部。国外分布于印度和东南亚。

种群现状 常见。

129. 灰斑鸠 *Streptopelia decaocto* Frivaldszky, 1838

英文名 Eurasian collared-dove

种下单元 共3个亚种。国内分布有2个亚种：指名亚种（*S. d. decaocto*）和缅甸亚种（*S. d. xanthocycla*）。神农架为缅甸亚种。

分布 国内指名亚种见于黑龙江、辽宁、北京、天津、河北、山东、河南、山西、陕西、内蒙古、宁夏、甘肃和新疆；缅甸亚种见于云南、湖北、安徽、江西、福建、广东和澳门。国外分布于欧洲、中亚和东亚。

种群现状 地区性少见。

讨论 该鸟在神农架林区周边的多个县区均

被记录到，但其在湖北的已知分布地邻近神农架 (段文科和张正旺，2017a)。同时，本书作者近 10 年间也未监测到该物种，而神农架处于其已知分布地的边缘地区，且其在我国的数量较少 (赵正阶，2001a)。故该物种在本区域的种群数量也应十分稀少。

130. 山斑鸠 *Streptopelia orientalis* Latham, 1790

英文名 Oriental turtle-dove

种下单元 共 6 个亚种。国内分布有 3 个亚种：云南亚种 (*S. o. agricola*)、新疆亚种 (*S. o. meena*) 和指名亚种 (*S. o. orientalis*)。神农架为指名亚种。

分布 国内云南亚种分布于云南西部和南部；新疆亚种主要分布于新疆西北部、北部和西藏西部；指名亚种除新疆外，见于各省 (区、市)。国外分布于西伯利亚、中亚、南亚和东亚。

种群现状 常见。

131. 火斑鸠 *Streptopelia tranquebarica* Hermann, 1804

英文名 Red turtle-dove

种下单元 共 2 个亚种。国内仅分布有普通亚种 (*S. t. humilis*)，神农架为该亚种。

分布 国内除新疆外，见于各省 (区、市)。国外分布于南亚、中南半岛、菲律宾。

种群现状 易见。

132. 红翅绿鸠 *Treron sieboldii* Temminck, 1835

英文名 White-bellied green-pigeon

种下单元 共 4 个亚种。国内分布有 3 个亚种：佛坪亚种 (*T. s. fopingensis*)、海南亚种 (*T. s. murielae*) 和台湾亚种 (*T. s. sororius*)。神农架为佛坪亚种。

分布 国内佛坪亚种见于陕西南部、四川、重庆和湖北西部；海南亚种见于云南、贵州、广西南部和海南；台湾亚种见于江西、江苏、上海、福建和台湾。国外分布于日本、越南、老挝和泰国。

种群现状 少见。

133. 楔尾绿鸠 *Treron sphenurus* Vigors, 1832

英文名 Wedge-tailed green-pigeon

种下单元 共 5 个亚种。国内仅分布有指名亚种 (*T. s. sphenurus*)，神农架为该亚种。

分布 国内主要分布于西藏南部、云南、四川中部和西南部、湖北西部和广西西南部。国外分布于喜马拉雅山脉、中南半岛。

种群现状 不详。

讨论 该鸟在神农架林区周边的多个地区均被记录到，但并没有提供具体凭证信息，其在湖北的已知分布地邻近神农架 (段文科和张正旺，2017a)。该物种在我国分布区狭窄，数量稀少，属国家 II 级重点保护野生动物 (赵正阶，2001a)，不易见到。同时，本书作者自 2008 年在湖北神农架森林生态系统国家野外科学观测研究站暨中国科学院神农架生物多样性定位研究站开展动物监测以来的 10 年间，也未监测到该物种。故该鸟在本区域的种群现状尚待进一步调查确定。

九 夜鹰目 CAPRIMULGIF-ORMES

(二十五) 夜鹰科 Caprimulgidae

134. 普通夜鹰 *Caprimulgus indicus* Latham, 1790

英文名 Jungle nightjar

种下单元 共 2 个亚种：西藏亚种 (*C. i. hazarae*) 和普通亚种 (*C. i. jotaka*)，国内均有分布。神农架为普通亚种。

分布 国内西藏亚种主要分布于西藏东南部和云南西北部；普通亚种除新疆、青海外，见于各省 (区、市)。国外分布于印度、斯里兰卡。

种群现状　少见。

（二十六）雨燕科 Apodidae

135. 短嘴金丝燕 *Aerodramus brevirostris* Horsfield, 1840

英文名　Himalayan swiftlet

种下单元　共 3 个亚种：指名亚种（*A. b. brevirostris*）、云南亚种（*A. b. rogersi*）和四川亚种（*A. b. innominatus*），国内均有分布。神农架为四川亚种。

分布　国内指名亚种主要分布于西藏东南部、云南西北部；云南亚种分布于云南西南部；四川亚种分布于云南、四川东北部和中部、贵州北部、湖北西部、湖南、上海、广东、香港、广西、海南。国外分布于喜马拉雅山脉、中南半岛、马来半岛。

种群现状　常见。

136. 白喉针尾雨燕 *Hirundapus caudacutus* Latham, 1801

英文名　White-throated needletail

种下单元　共 2 个亚种：指名亚种（*H. c. caudacutus*）和西南亚种（*H. c. nudipes*），国内均有分布。神农架为指名亚种。

分布　国内指名亚种见于东部和南部大多数地区；西南亚种分布于西藏东部、云南西北部及四川。国外分布于俄罗斯远东地区、蒙古国、东亚、马来半岛、澳大利亚。

种群现状　不详。

讨论　肖文发等（2009）于重庆巫山县五里坡自然保护区记录到该物种。然而神农架处于该物种已知分布地的邻近地区（赵正阶，2001a；郑光美，2017；段文科和张正旺，2017a）。同时，本书作者在近 10 年间的监测中，也未记录到该物种。故其在本区域的种群现状仍需进一步调查确定。

137. 普通雨燕 *Apus apus* Linnaeus, 1758

英文名　Common swift

种下单元　共 2 个亚种。国内仅分布有北京亚种（*A. a. pekinensis*），神农架为该亚种。

分布　国内见于东北、华北、华中、西北地区和四川。国外分布于欧亚大陆和非洲。

种群现状　地区性少见。

讨论　别名楼燕。王玛丽等（2004）于陕西镇坪县化龙山自然保护区鸡心岭记录到该物种。但神农架处于该物种分布地区的边缘（段文科和张正旺，2017a），且本书作者在近 10 年间的监测中也未记录到该物种。故该鸟在本区域的种群数量应该较为稀少。

138. 小白腰雨燕 *Apus nipalensis* Hodgson, 1836

英文名　House swift

种下单元　共 4 个亚种。国内分布有 2 个亚种：华南亚种（*A. n. subfurcatus*）和台湾亚种（*A. n. kuntzi*）。神农架为华南亚种。

分布　国内华南亚种见于华东、华南和云南、贵州、四川地区；台湾亚种见于台湾。国外分布于日本、喜马拉雅山脉及东南亚。

种群现状　不详。

讨论　龚明昊等（2011）、齐代华等（2009）、肖文发等（2009）分别于湖北竹溪县十八里长峡自然保护区、重庆巫溪县阴条岭自然保护区和巫山县五里坡自然保护区记录到该物种。但多本志书表明其在我国的已知分布地仅在华东、华南和云南、贵州、四川地区（赵正阶，2001a；郑光美，2017；段文科和张正旺，2017a；Birdlife International，2018）。同时，本书作者在近 10 年间的监测中，也未记录到该物种。故该鸟在本区域的种群现状仍需进一步调查确定。

139. 白腰雨燕 *Apus pacificus* Latham, 1802

英文名　Pacific swift

种下单元　共 7 个亚种。国内分布有 3 个亚种：指名亚种（*A. p. pacificus*）、华南亚种（*A. p. kanoi*）和青藏亚种（*A. p. salimali*）。神农架为华南亚种。

分布 国内指名亚种主要分布于东北、华北、华南、西北地区和西藏、台湾；华南亚种分布于西北、西南、华南地区和台湾；青藏亚种分布于西藏东部、青海南部和四川西部。国外分布于东北亚、南亚、东南亚、澳大利亚。
种群现状 常见。

十 鹃形目 CUCULIFORMES

(二十七) 杜鹃科 Cuculidae

140. 小鸦鹃 *Centropus bengalensis* Gmelin, 1788

英文名 Lesser coucal
种下单元 共 6 个亚种。国内仅分布有普通亚种 (*C. b. lignator*)，神农架为该亚种。
分布 国内主要分布于河北、河南及长江以南地区。国外分布于喜马拉雅山脉、东南亚。
种群现状 地区性罕见。
讨论 该物种在神农架林区周边的多个县区被记录到，但多本志书表明其已知分布地仅在河北、河南及长江以南地区 (郑光美, 2017；段文科和张正旺, 2017a)。该物种种群数量稀少 (Birdlife International, 2018)，但局部分布较为普遍，被《国家重点保护野生动物名录》列为 II 级保护动物。该鸟性机警，稍有惊动立即飞走，故不易被观察到 (赵正阶, 2001a)。近期有观鸟爱好者在神农架国家公园内拍摄到该物种。

141. 褐翅鸦鹃 *Centropus sinensis* Stephens, 1815

英文名 Greater coucal
种下单元 共 6 个亚种。国内分布有 2 个亚种：指名亚种 (*C. s. sinensis*) 和云南亚种 (*C. s. intermedius*)。神农架为指名亚种。
分布 国内指名亚种主要见于河南、四川、湖北、贵州南部等；云南亚种见于云南西部和南部、海南。国外主要分布于南亚和东南亚。

种群现状 地区性少见。
讨论 该物种在神农架林区周边的多个县区被记录到，但其在湖北的已知分布地邻近神农架 (段文科和张正旺, 2017a)。该物种种群在我国被《国家重点保护野生动物名录》列为 II 级保护动物，不易被观察到 (赵正阶, 2001a)。

142. 红翅凤头鹃 *Clamator coromandus* Linnaeus, 1766

英文名 Chestnut-winged cuckoo
分布 国内分布于华北地区、陕西、四川、云南、海南及以东的中东部地区。国外分布于斯里兰卡、印度、尼泊尔到东南亚。
种群现状 少见。

143. 噪鹃 *Eudynamys scolopaceus* Linnaeus, 1758

英文名 Common koel
种下单元 共 7 个亚种。国内分布有 2 个亚种：华南亚种 (*E. s. chinensis*) 和海南亚种 (*E. s. harterti*)。神农架为华南亚种。
分布 国内华南亚种见于华北及以南地区；海南亚种见于海南。国外主要分布于南亚、东南亚。
种群现状 易见。

144. 翠金鹃 *Chrysococcyx maculatus* Gmelin, 1788

英文名 Asian emerald cuckoo
分布 国内见于云南西南部、四川、重庆、贵州、湖北西部、湖南、广东、广西、海南。国外分布于喜马拉雅山脉、斯里兰卡、中南半岛、马来西亚。
种群现状 地区性罕见。
讨论 该物种在神农架林区周边的多个县区被记录到。其喜栖息于低山和平原的茂密森林中，不易被发现 (赵正阶, 2001a)。本书作者在近年来的监测中也未记录到该物种，且神农架处于该物种分布地区的边缘。故其在本区域的种群数量应较为稀少。

145. 栗斑杜鹃 *Cacomantis sonneratii* Latham, 1790

英文名 Banded bay cuckoo

种下单元 共 4 个亚种。国内仅分布有华南亚种（*C. s. sonneratii*），神农架为该亚种。

分布 国内分布于云南南部、四川西南部、广西东北部。国外分布于喜马拉雅山脉、南亚和东南亚。

种群现状 不详。

讨论 周青春（2015）、朱兆泉和宋朝枢（1999）均于神农架林区记录到该物种。但多本志书表明神农架处于其已知分布地的邻近地区（段文科和张正旺，2017a；郑光美，2017；Birdlife International，2018）。该鸟在我国总体数量较为稀少（赵正阶，2001a），近年来由于人为干扰、环境破坏等，其种群数量锐减。同时，本书作者在近年来的监测中，也未记录到该物种。故该物种在本区域的种群现状仍需进一步调查确定。

146. 乌鹃 *Surniculus lugubris* Horsfield, 1821

英文名 Square-tailed drongo-cuckoo

种下单元 共 2 个亚种。国内仅分布有华南亚种（*S. l. dicruroides*）。

分布 国内主要分布于华南、华中和西南地区。国外分布于南亚、中南半岛、马来半岛。

种群现状 不详。

讨论 肖文发等（2009）于重庆巫山县五里坡自然保护区记录到该物种。但多本志书表明神农架处于其已知分布地的邻近地区（赵正阶，2001a；段文科和张正旺，2017a；郑光美，2017；Birdlife International，2018）。同时，本书作者在近年来的监测中，也未记录到该物种。故该物种在本区域的种群现状仍需进一步调查确定。

147. 大鹰鹃 *Hierococcyx sparverioides* Vigors, 1832

英文名 Large hawk-cuckoo

种下单元 共 2 个亚种。国内仅分布有指名亚种（*H. s. sparverioides*），神农架为该亚种。

分布 国内除东北地区、青海、新疆外，见于各省（区、市）。国外分布于南亚、东南亚。

种群现状 易见。

148. 棕腹鹰鹃 *Hierococcyx nisicolor* Blyth, 1843

英文名 Whistling hawk-cuckoo

分布 国内见于华东、华南、华中地区及云南。国外分布于尼泊尔到东南亚。

种群现状 不详。

讨论 该物种在神农架林区周边的多个县区被记录到，但多本志书表明神农架处于其已知分布地的邻近地区（赵正阶，2001a；段文科和张正旺，2017a；郑光美，2017；Birdlife International，2018）。同时，本书作者近 10 年间在神农架也未记录到该物种。故其在本区域的种群现状仍需进一步调查确定。

149. 大杜鹃 *Cuculus canorus* Linnaeus, 1758

英文名 Common cuckoo

种下单元 共 4 个亚种。国内分布有 3 个亚种：指名亚种（*C. c. canorus*）、新疆亚种（*C. c. subtelephonus*）和华西亚种（*C. c. bakeri*）。神农架为华西亚种。

分布 国内指名亚种见于东北、华北、西北部分地区和台湾；新疆亚种见于内蒙古中部、新疆中西部；华西亚种见于除东北、西北地区外的其他地区。国外分布于欧洲、非洲、亚洲中南半岛以北。

种群现状 常见。

150. 四声杜鹃 *Cuculus micropterus* Gould, 1838

英文名 Indian cuckoo

种下单元 共 2 个亚种。国内仅分布有指名亚种（*C. m. micropterus*），神农架为该亚种。

分布 国内除新疆、西藏、青海外，见于各省

(区、市)。国外见于喜马拉雅山脉、斯里兰卡、东南亚。
种群现状 易见。

151. 小杜鹃 *Cuculus poliocephalus* Latham, 1790

英文名 Lesser cuckoo
分布 国内除宁夏、新疆、青海外，见于各省（区、市）。国外分布于喜马拉雅山脉、东亚、非洲和斯里兰卡。
种群现状 少见。

152. 中杜鹃 *Cuculus saturatus* Blyth, 1843

英文名 Oriental cuckoo
种下单元 共 2 个亚种。国内仅分布有指名亚种（*C. s. saturatus*），神农架为该亚种。
分布 国内分布于华东、华中、华南、西南地区及台湾。国外分布于俄罗斯、蒙古国、中亚、东亚、喜马拉雅山脉、东南亚。
种群现状 少见。

十一 鹤形目 GRUIFORMES

(二十八) 秧鸡科 Rallidae

153. 普通秧鸡 *Rallus indicus* Blyth, 1849

英文名 Eastern water rail
分布 国内除新疆、西藏外，见于各省（区、市）。国外分布于古北界，迁徙至东南亚及加曼丹岛。
种群现状 少见。
讨论 原有 4 个亚种，国内分布有东北亚种和新疆亚种。后结合分子学研究结果，将东北亚种从 *Rallus aquaticus* 中独立出来，提升为种（Livezey, 1998; Rasmussen and Anderton, 2005; Tavares et al., 2010）。

154. 红胸田鸡 *Zapornia fusca* Linnaeus, 1766

英文名 Ruddy-breasted crake
种下单元 共 5 个亚种。国内分布有 3 个亚种：台湾亚种（*Z. f. phaeopyga*）、普通亚种（*Z. f. erythrothorax*）和云南亚种（*Z. f. bakeri*）。神农架为普通亚种。
分布 国内台湾亚种见于台湾；普通亚种分布于东北、华北、西北和西南（除新疆、西藏）、华东、华中及华南地区；云南亚种见于云南、四川西南部。国外分布于南亚次大陆、东亚、菲律宾、苏拉威西岛及大巽他群岛。
种群现状 不详。
讨论 周青春（2015）、廖明尧（2015）、鄢二虎等（2012）分别于神农架林区及湖北竹山县堵河源自然保护区记录到该物种。但多本志书表明该物种在湖北神农架为夏候鸟（赵正阶, 2001a; 段文科和张正旺, 2017a; Birdlife International, 2018）。同时，本书作者在近 10 年间的监测中，也未记录到该物种。故该物种在本区域的种群现状仍需进一步调查确定。

155. 小田鸡 *Zapornia pusilla* Pallas, 1776

英文名 Baillon's crake
种下单元 共 6 个亚种。国内仅分布有指名亚种（*Z. p. pusilla*），神农架为该亚种。
分布 国内除西藏、海南外，见于各省（区、市）。国外分布于非洲北部和欧亚大陆。
种群现状 不详。
讨论 虽近期观鸟爱好者于神农架林区记录到该物种，但其多栖息于湖泊、河流、水塘、水库，且常单独活动，性胆怯，并不容易被观察到（赵正阶, 2001a）。同时，本书作者自 2008 年在湖北神农架森林生态系统国家野外科学观测研究站暨中国科学院神农架生物多样性定位研究站开展动物监测以来的 10 年间，也未监测到该物种。故其在本区域的种群现状尚待进一步调查确定。

156. 白胸苦恶鸟 *Amaurornis phoenicurus* Pennant, 1769

英文名 White-breasted waterhen
种下单元 共 4 个亚种。国内仅分布有指名亚种 (*A. p. phoenicurus*)，神农架为该亚种。
分布 国内分布于东南沿海及西南地区，沿长江流域东抵上海、北达陕西与河南南部，偶见于山西、山东、河北。国外分布于印度、东南亚。
种群现状 少见。

157. 董鸡 *Gallicrex cinerea* Gmelin, 1789

英文名 Watercock
分布 国内除黑龙江、宁夏、新疆、西藏、青海外，见于各省（区、市）。国外分布于南亚次大陆、东南亚南部和东北部、菲律宾、喜马拉雅山脉、东北亚、日本、马来半岛及大巽他群岛。
种群现状 地区性少见。

158. 黑水鸡 *Gallinula chloropus* Linnaeus, 1758

英文名 Common moorhen
种下单元 共 12 个亚种。国内仅分布有指名亚种 (*G. c. chloropus*)，神农架为该亚种。
分布 国内见于各省（区、市）。国外除大洋洲外，几乎遍及世界各地。
种群现状 少见。

159. 白骨顶 *Fulica atra* Linnaeus, 1758

英文名 Common coot
种下单元 共 4 个亚种。国内仅分布有指名亚种 (*F. a. atra*)，神农架为该亚种。
分布 国内见于各省（区、市）。国外分布于古北界、中东、南亚次大陆、非洲、东南亚、印度尼西亚、新几内亚、澳大利亚及新西兰。
种群现状 少见。

（二十九）鹤科 Gruidae

160. 灰鹤 *Grus grus* Linnaeus, 1758

英文名 Common crane
种下单元 共 2 个亚种。国内仅分布有普通亚种 (*G. g. lilfordi*)，神农架为该亚种。
分布 国内见于各省（区、市）。国外主要分布于古北界。
种群现状 地区性罕见。
讨论 张志麒等 (2015) 于神农架大九湖国家湿地公园目击到该物种。廖明尧 (2015) 于神农架林区记录到该物种。该物种多栖息于湖泊、河流、高山湿地，在其他生境中不易见到。其性机警，胆小怕人，在活动和觅食过程中时常有一只进行警戒，难以发现。

该物种繁殖于新疆天山东北部、西北部及东部，迁徙期间常见于我国北部和中部部分地区，越冬于南方地区 (赵正阶, 2001a)。神农架地处全球三大鸟类迁徙区之"亚洲—大洋洲"区，是世界鸟类迁徙路径的重要位置之一，亦是中国三大鸟类迁徙通道之中线上的一个关键停歇点 (李孚允和杨若莉, 1997)，其大九湖湿地更是重要的鸟类迁徙"中转站"和"补给中心"，推测其可能是迁徙路过时被记录到。

十二 鸻形目 CHARADRIIFORMES

（三十）鹮嘴鹬科 Ibidorhynchidae

161. 鹮嘴鹬 *Ibidorhyncha struthersii* Vigors, 1832

英文名 Ibisbill
分布 国内分布于黑龙江、辽宁、北京、天津、河北、河南、山西、陕西、内蒙古等。国外分布于喜马拉雅山脉及中亚。
种群现状 地区性罕见。
讨论 周青春 (2015)、朱兆泉和宋朝枢 (1999)、汪正祥和蔡德军 (2013) 分别于神农架林区及湖北保康县五道峡自然保护区均记录到该物种。但多本志书表明神农架处于其已知分布地的边缘地区（段文科和张正旺，2017a；郑光美，2017）。同时，本书作者在近10年间的监测中也未记录到该物种，且该物种本身种群数量在我国较为稀少。故该物种在本区域的种群数量应极为稀少。

（三十一）反嘴鹬科 Recurvirostridae

162. 黑翅长脚鹬 *Himantopus himantopus* Linnaeus, 1758

英文名　Black-winged stilt
种下单元　共 5 个亚种。国内仅分布有指名亚种（*H. h. himantopus*），神农架为该亚种。
分布　国内分布见于各省（区、市）。国外分布于除南北极之外的各大洲。
种群现状　不详。
讨论　张志麒等（2009）于神农架大九湖国家湿地公园目击到该物种。朱兆泉和宋朝枢（1999）在其考察报告中于神农架林区记录到该物种。该鸟在神农架为旅鸟（段文科和张正旺，2017a）。神农架地处全球三大鸟类迁徙区之"亚洲—大洋洲"区，是世界鸟类迁徙路径的重要位置之一，推测其可能在迁徙路过时被观测到。

（三十二）鸻科 Charadriidae

163. 灰头麦鸡 *Vanellus cinereus* Blyth, 1842

英文名　Grey-headed lapwing
分布　国内除新疆外，见于各省（区、市）。国外分布于朝鲜、日本、印度东北部、东南亚。
种群现状　地区性少见。

164. 凤头麦鸡 *Vanellus vanellus* Linnaeus, 1758

英文名　Northern lapwing
分布　国内见于各省（区、市）。国外分布于欧亚大陆北部至俄罗斯远东地区、印度、东南亚北部。
种群现状　地区性少见。

165. 金鸻 *Pluvialis fulva* Gmelin, 1789

英文名　Pacific golden plover
分布　国内见于各省（区、市）。国外分布于俄罗斯北部、西伯利亚北部及阿拉斯加西北部、非洲东部、印度、东南亚、马来西亚至大洋洲及太平洋岛屿。
种群现状　地区性少见。
讨论　别名金斑鸻。

166. 环颈鸻 *Charadrius alexandrinus* Linnaeus, 1758

英文名　Kentish plover
种下单元　共 4 个亚种。国内分布有 2 个亚种：指名亚种（*C. a. alexandrinus*）和华东亚种（*C. a. dealbatus*）。神农架为华东亚种。
分布　国内指名亚种分布于西北及北部地区，越冬于四川、贵州、云南西北部及西藏东南部；华东亚种繁殖于整个华东及华南沿海地区，包括海南、台湾，在河北也有分布。国外分布于非洲及古北界南部。
种群现状　少见。

167. 金眶鸻 *Charadrius dubius* Scopoli, 1786

英文名　Little ringed plover
种下单元　共 3 个亚种。国内分布有 2 个亚种：普通亚种（*C. d. curonicus*）和西南亚种（*C. d. jerdoni*）。神农架为普通亚种。
分布　国内普通亚种除云南、贵州外，见于各省（区、市）；西南亚种分布于西藏东南部、云南、四川西南部、贵州和广西。国外分布于北非、古北界、东南亚至新几内亚。
种群现状　易见。

168. 剑鸻 *Charadrius hiaticula* Linnaeus, 1758

英文名　Common ringed plover
种下单元　共 2 个亚种。国内仅分布有苔原亚种（*C. h. tundrae*）。
分布　国内分布于黑龙江、北京、河北、内蒙古东北部、新疆、西藏、青海、上海、江西、广东、香港、广西和台湾。国外分布于北欧、北美洲、俄罗斯、亚洲西南部、非洲。
种群现状 不详。
讨论 该鸟在神农架林区周边的多个县区均被记录到，但神农架处于其已知分布地的邻近地区（段文科和张正旺，2017a；郑光美，2017）。该鸟在我国为旅鸟。神农架地处全球三大鸟类迁徙区之"亚洲—大洋洲"区，是世界鸟类迁徙路径的重要位置之一，推测其可能是在迁徙路过时被观测到。本书作者在近10年间的监测中，也未记录到该物种。故该物种在本区域的种群现状尚待进一步调查确定。

169. 长嘴剑鸻 *Charadrius placidus* Gray et Gray, 1863

英文名 Long-billed plover
分布 国内除新疆外，见于各省（区、市）。国外分布于俄罗斯远东地区、朝鲜、日本和东南亚。
种群现状 地区性少见。
讨论 高学斌等（未发表数据）、肖文发等（2009）分别于湖北兴山县和重庆巫山县五里坡自然保护区记录到该物种。该鸟多栖息于湖泊、河流、海岸，在其他生境中不易见到，同时其种群数量较少，已被ICBP的《世界濒危鸟类红皮书》列为N级（赵正阶，2001a）。近期观鸟爱好者喻杰先生在神农架林区阳日镇拍摄到该物种。

（三十三）彩鹬科 Rostratulidae

170. 彩鹬 *Rostratula benghalensis* Linnaeus, 1758

英文名 Greater painted-snipe
种下单元 共3个亚种。国内仅分布有指名亚种（*R. b. benghalensis*），神农架为该亚种。
分布 国内除黑龙江、宁夏、新疆外，见于各省（区、市）。国外分布于非洲、印度、日本及东南亚。
种群现状 罕见。
讨论 近期观鸟爱好者于神农架林区记录到该物种。其多栖息于水塘、沼泽、河渠等水域环境中，性羞涩而胆小，喜欢在早上、黄昏和夜间活动。近年来由于沼泽地的开垦破坏，其生境减少，种群数量大量下降，不易见到（赵正阶，2001a）。同时，本书作者在近10年来也未记录到该物种。故该物种在本区域的种群数量应较少。

（三十四）鹬科 Scolopacidae

171. 丘鹬 *Scolopax rusticola* Linnaeus, 1758

英文名 Eurasian woodcock
分布 国内分布于各省（区、市）。国外广布于亚速尔群岛、马德拉群岛、加纳利和英国本岛、欧洲北部和中部、亚洲中部、库页岛（萨哈林岛）、日本、高加索山脉、印度北部，越冬地从欧洲北部和南部、非洲北部到东南亚。
种群现状 地区性少见。

172. 扇尾沙锥 *Gallinago gallinago* Linnaeus, 1758

英文名 Common snipe
种下单元 共2个亚种。国内仅分布有指名亚种（*G. g. gallinago*），神农架为该亚种。
分布 国内分布于各省（区、市）。国外分布从西欧到雅库特、楚科奇半岛、堪察加半岛和科曼多尔群岛、阿富汗东北部。越冬时从欧洲西部地中海穿过赤道、非洲、中东、阿拉伯半岛、欧洲次大陆、朝鲜南部、日本南部、菲律宾和印度尼西亚西部。
种群现状 地区性少见。

173. 大沙锥 *Gallinago megala* Swinhoe, 1861

英文名 Swinhoe's snipe
分布 国内分布于各省（区、市）。国外分布于俄罗斯中南部和远东地区南部,越冬于亚洲南部和东南部至澳大利亚北部。

种群现状　不详。

讨论　汪正祥等 (2013)、汪正祥和蔡德军 (2013) 分别于湖北房县野人谷自然保护区和保康县五道峡自然保护区记录到该物种。该鸟在神农架为旅鸟 (段文科和张正旺, 2017a)。神农架地处全球三大鸟类迁徙区之"亚洲—大洋洲"区,是世界鸟类迁徙路径的重要位置之一 (李孚允和杨若莉, 1997),推测其可能是迁徙时被记录到。

174. 白腰杓鹬 *Numenius arquata* Linnaeus, 1758

英文名　Eurasian curlew

种下单元　共 2 个亚种。国内仅分布有东方亚种 (*N. a. orientalis*),神农架为该亚种。

分布　国内除贵州外,见于各省 (区、市)。国外指名亚种分布于欧洲、非洲西北部及波斯湾、印度西部等;东方亚种分布于俄罗斯东北部、朝鲜半岛、日本、非洲 (西部、东部和南部) 及亚洲南部。

种群现状　不详。

讨论　邸二虎等 (2012) 于湖北竹山县堵河源自然保护区记录到该物种。该鸟在神农架为旅鸟 (段文科和张正旺, 2017a; Birdlife International, 2018),喜欢在低海拔地区和水边活动。神农架地处全球三大鸟类迁徙区之"亚洲—大洋洲"区,是世界鸟类迁徙路径的重要位置之一 (李孚允和杨若莉, 1997),推测其可能是迁徙时被记录。

175. 林鹬 *Tringa glareola* Linnaeus, 1758

英文名　Wood sandpiper

分布　国内分布于各省 (区、市)。国外繁殖于欧洲大陆北部,从欧洲到西伯利亚再到堪察加半岛,越冬于非洲、南亚次大陆、东南亚、澳大利亚、琉球半岛。

种群现状　不详。

讨论　周青春 (2015)、朱兆泉和宋朝枢 (1999) 于神农架林区记录到该物种。该鸟在神农架为旅鸟 (段文科和张正旺, 2017a),春季多于 3~4 月、秋季多于 9~10 月迁徙经过我国 (赵正阶, 2001a)。神农架地处全球三大鸟类迁徙区之"亚洲—大洋洲"区,是世界鸟类迁徙路径的重要位置之一,亦是中国三大鸟类迁徙通道之中线上的一个关键停歇点 (李孚允和杨若莉, 1997),推测其可能是迁徙路过时被记录到。

176. 小青脚鹬 *Tringa guttifer* Nordmann, 1835

英文名　Spotted greenshank

分布　国内分布于各省 (区、市)。国外繁殖于鄂霍次克海,可能包括北岸及库页岛 (萨哈林岛) 西部,越冬于东南亚,迁徙路过日本、朝鲜半岛。

种群现状　不详。

讨论　周青春 (2015)、廖明尧 (2015)、朱兆泉和宋朝枢 (1999) 均于神农架林区记录到该物种。该鸟在我国为偶见旅鸟 (段文科和张正旺, 2017a; Birdlife International, 2018),春季多于 3~4 月、秋季多于 9~10 月迁徙经过我国 (赵正阶, 2001a)。神农架是中国三大鸟类迁徙通道之中线上的一个关键停歇点 (李孚允和杨若莉, 1997),其大九湖湿地更是重要的鸟类迁徙"中转站"和"补给中心",推测其可能是迁徙时被记录到。

177. 青脚鹬 *Tringa nebularia* Gunnerus, 1767

英文名　Common greenshank

分布　国内分布于各省 (区、市)。国外分布于朝鲜半岛、日本。

种群现状　不详。

讨论　该鸟在神农架林区及其周边多个地区均被记录到。其繁殖于欧洲北部和俄罗斯,迁徙经过我国黑龙江、吉林、辽宁,西至青海和新疆 (赵正阶, 2001a; 段文科和张正旺, 2017a; Birdlife International, 2018)。神农架地处全球三大鸟类迁徙区之"亚洲—大洋洲"区,是世界鸟类迁徙路径的重要位置之一 (李孚允和杨若莉, 1997), 故推测其可能是迁徙时被记录到。

178. 白腰草鹬 *Tringa ochropus* Linnaeus, 1758

英文名 Green sandpiper
分布 国内分布于各省 (区、市)。国外分布于欧洲大陆北部至阿穆尔河、鄂霍次克海、东南亚、日本本州岛、朝鲜半岛。
种群现状 地区性少见。

179. 泽鹬 *Tringa stagnatilis* Bechstein, 1803

英文名 Marsh sandpiper
分布 国内除西藏、云南、贵州外, 见于各省 (区、市)。国外分布于俄罗斯西部、乌克兰东部、西伯利亚中东部、乌苏里江、地中海、非洲撒哈拉以南、波斯湾、南亚、印度尼西亚、澳大利亚、日本西南部。
种群现状 不详。
讨论 周青春 (2015) 于神农架林区记录到该物种。该物种在神农架为旅鸟 (段文科和张正旺, 2017a; Birdlife International, 2018), 喜欢在低海拔地区和水边活动。神农架地处全球三大鸟类迁徙区之"亚洲—大洋洲"区, 亦是中国三大鸟类迁徙通道之中线上的一个关键停歇点 (李孚允和杨若莉, 1997), 推测其可能是迁徙路过时被记录到。

180. 矶鹬 *Actitis hypoleucos* Linnaeus, 1758

英文名 Common sandpiper
分布 国内分布于各省 (区、市)。国外分布于古北界、英国到堪察加半岛, 往南到喜马拉雅山脉、非洲到澳大利亚、日本。
种群现状 少见。

181. 弯嘴滨鹬 *Calidris ferruginea* Pontoppidan, 1763

英文名 Curlew sandpiper
分布 国内除贵州外, 见于各省 (区、市)。国外分布于西伯利亚, 经东南沿海迁徙至中南半岛、马来群岛及大洋洲越冬。
种群现状 不详。
讨论 苏化龙等 (2007) 于湖北秭归县调查时记录到该物种。该物种在神农架为旅鸟 (段文科和张正旺, 2017a), 喜欢在低海拔地区和水边活动。神农架地处全球三大鸟类迁徙区之"亚洲—大洋洲"区, 是世界鸟类迁徙路径的重要位置之一, 推测其可能是迁徙时被记录到。

(三十五) 三趾鹑科 Turnicidae

182. 黄脚三趾鹑 *Turnix tanki* Blyth, 1843

英文名 Yellow-legged buttonquail
种下单元 共 2 个亚种。国内仅分布有南方亚种 (*T. t. blanfordii*), 神农架为该亚种。
分布 国内除宁夏、新疆、西藏、青海外, 见于各省 (区、市)。国外分布于亚洲东部和南部。
种群现状 地区性少见。

(三十六) 燕鸻科 Glareolidae

183. 普通燕鸻 *Glareola maldivarum* Forster, 1795

英文名 Oriental pratincole
分布 国内除新疆、贵州外, 见于各省 (区、市)。国外分布于亚洲东部、印度尼西亚和澳大利亚。
种群现状 不详。
讨论 周青春 (2015)、廖明尧 (2015) 于神农架林区记录到该物种。该鸟在神农架为旅鸟 (段文科和张正旺, 2017a), 喜欢在低海拔地区和水边活动。神农架地处全球三大鸟类迁徙区之"亚洲—大洋洲"区, 是世界鸟类迁徙路径的重要位置之一, 推测其可能是迁徙路过时被记录到。

(三十七) 鸥科 Laridae

184. 红嘴鸥 *Choicocephalus ridibundus* Linnaeus, 1766

英文名 Black-headed gull
分布 国内分布于各省（区、市）。国外分布于欧洲、西伯利亚、北大西洋、印度洋、西太平洋沿岸。
种群现状 地区性少见。

185. 白额燕鸥 *Sternula albifrons* Pallas, 1764

英文名 Little tern
种下单元 共 6 个亚种。国内分布有 2 个亚种：指名亚种（*S. a. albifrons*）和普通亚种（*S. a. sinensis*）。神农架为普通亚种。
分布 国内指名亚种见于新疆；普通亚种除新疆、西藏、广西外，见于各省（区、市）。国外分布于美国西部沿海、加勒比海、古北界西部、非洲、印度洋、印度、东亚及东南亚至印度尼西亚、澳大利亚。
种群现状 不详。
讨论 肖文发等（2009）于重庆巫山县五里坡自然保护区记录到该物种。该鸟喜栖息于湖泊、河流、水库、池塘、沼泽等水域环境（段文科和张正旺，2017a；Birdlife International，2018），不易见到。同时，本书作者在近 10 年间的监测中，也未记录到该物种。故该鸟在本区域的种群现状尚待进一步调查确定。

186. 普通燕鸥 *Sterna hirundo* Linnaeus, 1758

英文名 Common tern
种下单元 共 4 个亚种。国内分布有 3 个亚种：指名亚种（*S. h. hirundo*）、东北亚种（*S. h. longipennis*）和西藏亚种（*S. h. tibetana*）。神农架为西藏亚种。
分布 国内指名亚种繁殖于西北地区；东北亚种见于东北及华北地区的东部；西藏亚种见于北部及中部地区、青海和西藏。国外分布于欧亚大陆、美洲大陆、大洋洲。
种群现状 地区性少见。

187. 灰翅浮鸥 *Chlidonias hybrida* Pallas, 1811

英文名 Whiskered Tern
种下单元 共 6 个亚种。国内仅分布有普通亚种（*C. h. hybrida*），神农架为该亚种。
分布 国内除西藏、贵州外，见于各省（区、市）。国外分布于欧洲、亚洲中部和南部、大洋洲、非洲。
种群现状 不详。
讨论 别名须浮鸥。张志麒等（2015）于神农架大九湖湿地目击到该物种。其多栖息于湖泊、河流、水库、河口、海岸、高山湿地（赵正阶，2001a），在其他生境中不易见到。神农架地处全球三大鸟类迁徙区之"亚洲—大洋洲"区，是世界鸟类迁徙路径的重要位置之一，亦是中国三大鸟类迁徙通道之中线上的一个关键停歇点（李孚允和杨若莉，1997），其大九湖湿地更是重要的鸟类迁徙"中转站"和"补给中心"，推测该物种可能是迁徙路过时被记录到。

十三 鹳形目 CICONIIFORMES

(三十八) 鹳科 Ciconiidae

188. 东方白鹳 *Ciconia boyciana* Swinhoe, 1873

英文名 Oriental stork
分布 国内除新疆、西藏、山西、海南、澳门、宁夏、甘肃、重庆、青海外，见于各省（区、市）。国外分布于东北亚和日本。
种群现状 罕见。
讨论 张志麒等（2015）于神农架大九湖湿地目击到该物种。廖明尧（2015）于神农架林区记录到该物种。近期鸟类爱好者于神农架林区多次拍摄到该鸟视频及照片。

由于早些年非法狩猎、大量使用农药等，东方白鹳的种群数量急剧下降，目前已十分罕见，现已被列入 CITIS 附录 I 和 ICBP 的《世界濒危鸟类红皮书》，我国也将其列入《国家重点保护野生动物名录》(赵正阶，2001a)。

189. 黑鹳 *Ciconia nigra* Linnaeus, 1758

英文名 Black stork
分布 国内除西藏外，分布于各省 (区、市)。国外分布于欧亚大陆、非洲、亚洲东部和南部。
种群现状 罕见。
讨论 张志麒等 (2015) 于神农架大九湖湿地目击到该物种。廖明尧 (2015) 在神农架林区记录到该物种。该鸟在神农架为旅鸟，而神农架是世界鸟类迁徙路径的重要位置之一，也是中国三大鸟类迁徙通道之中线上的一个关键停歇点 (李孚允和杨若莉，1997)，其大九湖湿地更是重要的鸟类迁徙"中转站"和"补给中心"，故推测该物种可能是迁徙路过时被观测到。

目前由于森林砍伐、沼泽湿地被人为破坏等，黑鹳的种群数量急剧下降，现已被列入 CITES 附录 II，我国也已将其列入《国家重点保护野生动物名录》(赵正阶，2001a)。

十四 鲣鸟目 SULIFORMES

(三十九) 鸬鹚科 Phalacrocoracidae

190. 普通鸬鹚 *Phalacrocorax carbo* Linnaeus, 1758

英文名 Great cormorant
种下单元 共 6 个亚种。国内仅分布有欧亚亚种 (*P. c. sinensis*)，神农架为该亚种。
分布 国内分布于各省 (区、市)。国外分布于欧洲、亚洲、非洲、大洋洲和北美洲。
种群现状 不详。
讨论 张志麒等 (2015)、邬二虎等 (2012)、肖文发等 (2009) 分别于神农架大九湖湿地、湖北竹山县堵河源自然保护区和重庆巫山县五里坡自然保护区记录到该物种。该鸟在神农架是旅鸟，野生个体较少，偶见为饲养个体 (段文科和张正旺，2017a)，推测部分监测到的个体可能为人工饲养个体逃逸。

十五 鹈形目 PELECANIFORMES

(四十) 鹮科 Threskiornithidae

191. 白琵鹭 *Platalea leucorodia* Linnaeus, 1758

英文名 Eurasian spoonbill
种下单元 共 3 个亚种。国内仅分布有指名亚种 (*P. l. leucorodia*)，神农架为该亚种。
分布 国内分布于各省 (区、市)。国外分布于欧亚大陆及非洲。
种群现状 罕见。
讨论 周青春 (2015)、廖明尧 (2015) 于神农架林区记录到该物种。其多栖息于湖泊、河流、高山湿地，在其他生境中不易见到。同时，本书作者在近 10 年间也未监测到该物种。故该鸟在神农架的种群数量应较少。

该鸟在神农架为旅鸟，而神农架又地处全球三大鸟类迁徙区之"亚洲—大洋洲"区，是世界鸟类迁徙路径的重要位置之一，亦是中国三大鸟类迁徙通道之中线上的一个关键停歇点 (李孚允和杨若莉，1997)，故推测其可能是迁徙路过时被记录到。

(四十一) 鹭科 Ardeidae

192. 大麻鳽 *Botaurus stellaris* Linnaeus, 1758

英文名 Eurasian bittern
种下单元 共 2 个亚种。国内仅分布有指名亚种 (*B. s. stellaris*)，神农架为该亚种。
分布 国内除西藏、青海外，见于各省 (区、市)。国外分布于非洲、欧亚大陆,冬候鸟见于东南亚。

种群现状　不详。

讨论　该物种在神农架林区周边多个县区均被记录到。其多栖息于湖泊、河流、池塘、水库、高山湿地(段文科和张正旺, 2017a),在其他生境中不易见到。同时,本书作者在近 10 年间也未监测到该物种。故该鸟在本区域的种群现状尚待进一步调查确定。

193. 栗苇鳽 *Ixobrychus cinnamomeus* Gmelin, 1789

英文名　Cinnamon bittern

分布　国内主要分布于辽东半岛、河北、河南、陕西、四川、云南、长江中下游及以南地区。国外分布于印度、东南亚、苏拉威西岛及马来群岛。

种群现状　常见。

194. 紫背苇鳽 *Ixobrychus eurhythmus* Swinhoe, 1873

英文名　Schrenck's bittern

分布　国内除新疆、青海、云南外,见于各省(区、市)。国外分布于西伯利亚东南部、朝鲜、日本及东南亚。

种群现状　不详。

讨论　周青春 (2015)、廖明尧 (2015)、肖文发等 (2009) 分别于神农架林区和重庆巫山县五里坡自然保护区记录到该物种。但由于其多栖息于湖泊、河流、水塘、高山湿地,且性孤寂谨慎,不易被观察到 (段文科和张正旺, 2017a)。同时,本书作者在近 10 年间也未监测到该物种。故该鸟在本区域的种群现状尚待进一步调查确定。

195. 黑苇鳽 *Ixobrychus flavicollis* Latham, 1790

英文名　Black bittern

种下单元　共 6 个亚种。国内仅分布有指名亚种 (*I. f. flavicollis*),神农架为该亚种。

分布　国内分布于长江以南,偶见于陕西、河南。国外分布于印度、东南亚至大洋洲。

种群现状　不详。

讨论　别名黑鳽。张志麒等 (2015) 于神农架大九湖湿地目击到该物种。但多本志书表明其已知分布地仅在长江以南及陕西、河南 (段文科和张正旺, 2017a; 郑光美, 2017)。同时,本书作者在近 10 年间的监测中并未记录到该物种。故该鸟在本区域的种群现状仍需进一步调查确定。

该鸟在神农架为夏候鸟,4 月末迁来我国繁殖,9 月末 10 月初离开 (赵正阶, 2001a)。而神农架地处全球三大鸟类迁徙区之"亚洲—大洋洲"区,是世界鸟类迁徙路径的重要位置之一,也是中国三大鸟类迁徙通道之中线上的一个关键停歇点 (李孚允和杨若莉, 1997),其大九湖湿地更是重要的鸟类迁徙"中转站"和"补给中心",推测其可能是迁徙路过时被记录到。

196. 黄斑苇鳽 *Ixobrychus sinensis* Gmelin, 1789

英文名　Yellow bittern

分布　国内除新疆、西藏、青海外,见于各省(区、市)。国外分布于亚洲东部和东南部,从远东至菲律宾、密克罗尼西亚。

种群现状　地区性少见。

讨论　张志麒等 (2015) 于神农架大九湖湿地目击到该物种。该鸟一般喜欢生活于低海拔湖泊、沼泽、水塘等湿地环境中,在其他生境中很少被观测到。同时,本书作者在近 10 年间也未监测到该物种。故该物种在本区域的种群数量应极为稀少。

197. 海南鳽 *Gorsachius magnificus* Ogilvie Grant, 1899

英文名　White-eared night-heron

分布　国内分布于各省 (区、市)。国外分布于越南北部。

种群现状 罕见。

讨论 别名海南夜鸦。周青春（2015）、廖明尧（2015）于神农架林区记录到该物种。但由于其多栖息于湖泊、河流、高山湿地，在其他生境中不易见到（段文科和张正旺，2017a）。近年来，该鸟种群数量不断减少，被《国家重点保护野生动物名录》列为Ⅱ级保护动物。同时，本书作者在近10年间也未监测到该物种。故该鸟在本区域的种群数量应极为稀少。

198. 夜鹭 *Nycticorax nycticorax* **Linnaeus, 1758**

英文名 Black-crowned night-heron

种下单元 共2个亚种。国内仅分布有指名亚种（*N. n. nycticorax*），神农架为该亚种。

分布 国内分布于各省（区、市）。国外分布于欧亚大陆、中南半岛、非洲北部和中南部、印度洋、美洲及太平洋诸岛。

种群现状 易见。

199. 绿鹭 *Butorides striata* **Linnaeus, 1758**

英文名 Green-backed heron

种下单元 共3个亚种：黑龙江亚种（*B. s. amurensis*）、瑶山亚种（*B. s. actophila*）和海南亚种（*B. s. javanica*），国内均有分布。神农架为瑶山亚种。

分布 国内黑龙江亚种繁殖于东北地区、河北东部，越冬于长江中下游和东南沿海；瑶山亚种繁殖于长江以南地区，西至四川、贵州、云南，北抵陕西南部；海南亚种分布于广东、香港、海南、台湾。国外广布于全球温带，包括亚洲、美洲、非洲和大洋洲等。

种群现状 地区性罕见。

讨论 该鸟在神农架林区及其周边多个地区均被记录到。但其喜欢栖息于具树木和灌丛的河边、溪流边，性羞涩孤僻，多躲于阴暗和隐蔽区域，难以被监测到（赵正阶，2001a；段文科和张正旺，2017a）。同时，本书作者自2008年在湖北神农架森林生态系统国家野外科学观测研究站暨中国科学院神农架生物多样性定位研究站开展动物监测以来的10年间，也未监测到该物种。故该物种在本区域的种群数量应较少。

200. 池鹭 *Ardeola bacchus* **Bonaparte, 1855**

英文名 Chinese pond-heron

分布 国内除黑龙江外，见于各省（区、市）。国外分布于孟加拉国、东南亚、马来群岛、印度及大巽他群岛。

种群现状 易见。

讨论 该鸟是湿地鸟类，主要栖息于稻田、池塘、沼泽等有水区域。本书作者近年来在湖北兴山县南阳镇龙门河地区森林生境中有见到该物种。

201. 牛背鹭 *Bubulcus ibis* **Linnaeus, 1758**

英文名 Cattle egret

种下单元 共3个亚种。国内仅分布有普通亚种（*B. i. coromandus*），神农架为该亚种。

分布 国内分布除宁夏、新疆外，见于各省（区、市）。国外分布于全球温带地区。

种群现状 易见。

讨论 该鸟是湿地鸟类，主要栖息于稻田、湖滨、河滩、沼泽等有水区域。本书作者近年来在神农架林区木鱼镇地区森林生境中有目击到该物种。

202. 大白鹭 *Ardea alba* **Linnaeus, 1758**

英文名 Great white egret

种下单元 共5个亚种。国内分布有2个亚种：指名亚种（*A. a. alba*）和普通亚种（*A. a. modesta*）。神农架为普通亚种。

分布 国内指名亚种繁殖于东北地区、新疆西部和中部，迁徙和越冬于甘肃西部、陕西、青海、西藏；普通亚种繁殖于吉林、辽宁、河北、福建、云南，迁徙和越冬于河南、山东及长江中下游、东南沿海等地区。国外分布于全球温带地区。

种群现状 少见。

203. 苍鹭 *Ardea cinerea* Linnaeus, 1758

英文名 Grey heron

种下单元 共 5 个亚种。国内分布有 2 个亚种：指名亚种（*A. c. cinerea*）和普通亚种（*A. c. jouyi*）。神农架为普通亚种。

分布 国内指名亚种分布于新疆；普通亚种除新疆外，见于各省（区、市）。国外分布于非洲、欧洲、亚洲。

种群现状 易见。

204. 中白鹭 *Ardea intermedia* Wagler, 1829

英文名 Intermediate egret

种下单元 共 3 个亚种。国内仅分布有指名亚种（*A. i. intermedia*），神农架为该亚种。

分布 国内分布于华北、华南、华东、甘肃、陕西、西藏、四川、广西及东北部分地区。国外分布于热带、亚热带及温带水域。

种群现状 少见。

205. 草鹭 *Ardea purpurea* Linnaeus, 1766

英文名 Purple heron

种下单元 共 4 个亚种。国内仅分布有普通亚种（*A. p. manilensis*），神农架为该亚种。

分布 国内除新疆、西藏外，见于各省（区、市）。国外分布于非洲、马达加斯加、马来西亚、菲律宾、欧洲西部、土耳其、印度、伊朗、缅甸、斯里兰卡。

种群现状 少见。

206. 白鹭 *Egretta garzetta* Linnaeus, 1766

英文名 Little egret

种下单元 共 2 个亚种。国内仅分布有指名亚种（*E. g. garzetta*），神农架为该亚种。

分布 国内广布于东北、华北至南方地区，包括海南、台湾。国外分布于非洲、欧洲南部和中部、亚洲和大洋洲。

种群现状 常见。

十六 鹰形目 ACCIPITRIFORMES

（四十二）鹰科 Accipitridae

207. 凤头蜂鹰 *Pernis ptilorhyncus* Temminck, 1821

英文名 Oriental honey buzzard

种下单元 共 6 个亚种。国内分布有 2 个亚种：西南亚种（*P. p. ruficollis*）和东方亚种（*P. p. orientalis*）。神农架为东方亚种。

分布 国内西南亚种分布于云南西部、四川；东方亚种见于各省（区、市）。国外分布于古北界东部、印度及东南亚至大巽他群岛。

种群现状 少见。

208. 褐冠鹃隼 *Aviceda jerdoni* Blyth, 1842

英文名 Jerdon's baza

种下单元 共 5 个亚种。国内仅分布有指名亚种（*A. j. jerdoni*），神农架为该亚种。

分布 国内分布于云南西南部、重庆、贵州、湖北、广西西南部和海南。国外分布于南亚、东南亚。

种群现状 不详。

讨论 该物种在神农架林区及其周边多个地区均被记录到，但由于其种群数量极为稀少，已被 ICBP《世界濒危鸟类红皮书》列为 N 级，被《国家重点保护野生动物保护名录》列为 II 级保护动物，不易被观察到（赵正阶, 2001a）。同时，本书作者在近 10 年来的监测中，也未记录到该物种。故该物种在本区域的种群现状尚待进一步调查确定。

209. 黑冠鹃隼 *Aviceda leuphotes* Dumont, 1820

英文名 Black baza

种下单元 共 4 个亚种。国内分布有 3 个亚种：指名亚种（*A. l. leuphotes*）、四川亚种（*A. l. wolfei*）和南方亚种（*A. l. syama*）。神农架为南方亚种。
分布 国内指名亚种见于海南；四川亚种见于西藏南部、四川、重庆；南方亚种见于河南南部及东南部地区。国外分布于印度、东南亚、大巽他群岛。
种群现状 少见。

210. 秃鹫 *Aegypius monachus* Linnaeus, 1766

英文名 Cinereous vulture
分布 国内分布于各省（区、市）。国外分布于西班牙、巴尔干地区、土耳其至中亚。
种群现状 地区性罕见。
讨论 该物种在神农架林区及其周边多个地区均被记录到，但由于该物种多分布于高海拔地区，以腐肉为生，不易被观察到（赵正阶，2001a）。同时，本书作者自 2008 年在湖北神农架森林生态系统国家野外科学观测研究站暨中国科学院神农架生物多样性定位研究站开展动物监测以来的 10 年间，也未监测到该物种。故该物种在本区域的种群数量应极为稀少。

211. 蛇雕 *Spilornis cheela* Latham, 1790

英文名 Crested serpent-eagle
种下单元 共 21 个亚种。国内分布有 4 个亚种：云南亚种（*S. c. burmanicus*）、东南亚种（*S. c. ricketti*）、台湾亚种（*S. c. hoya*）和海南亚种（*S. c. rutherfordi*）。
分布 国内云南亚种分布于西藏东南部和云南西南部；东南亚种分布于河南南部、陕西南部、云南南部、贵州、安徽、江西、江苏、浙江、福建、广东、广西、香港、澳门、台湾，偶见于北京；台湾亚种分布于台湾；海南亚种分布于海南。国外分布于中亚至喜马拉雅山脉。
种群现状 不详。
讨论 张志麒等（2015）和邹二虎等（2012）分别于神农架林区及湖北竹山县堵河源自然保护区记录到该物种，然而多本志书表明神农架处于其已知分布地的邻近地区（段文科和张正旺，2017a；郑光美，2017；Birdlife International，2018）。同时，本书作者在近 10 年间的监测中并未记录到该物种。故其在本区域的种群现状仍需进一步调查确定。

212. 鹰雕 *Nisaetus nipalensis* Hodgson, 1836

英文名 Mountain hawk-eagle
种下单元 共 3 个亚种。国内分布有 2 个亚种：指名亚种（*N. n. nipalensis*）和东方亚种（*N. n. orientalis*）。神农架为指名亚种。
分布 国内指名亚种分布于甘肃、陕西、西藏南部和东南部、云南西部、四川、安徽及东南部地区；东方亚种见于内蒙古东北部。国外分布于印度和东南亚。
种群现状 不详。
讨论 Haring 等（2007）利用分子手段进行分析，将该物种由 *Spizatus* 归入 *Nisaetus*。该物种在神农架林区及其周边多个地区均被记录到，然而多本志书表明神农架处于其已知分布地的邻近地区（段文科和张正旺，2017a；郑光美，2017；Birdlife International，2018）。同时，本书作者在近 10 年间的监测中并未记录到该物种。故其在本区域的种群现状仍需进一步调查确定。

213. 林雕 *Ictinaetus malaiensis* Temminck, 1822

英文名 Black eagle
种下单元 共 2 个亚种。国内仅分布有指名亚种（*I. m. malaiensis*），神农架为该亚种。
分布 国内分布于西藏、云南及华南地区。国外分布于印度到东南亚。
种群现状 不详。
讨论 该物种在神农架林区及其周边多个地区均被记录到，然而多本志书表明其仅分布于西藏、云南及华南地区（段文科和张正旺，2017a；郑光美，2017；Birdlife International，2018）。同时，本书作者在近 10 年间的监测中并未记录到该物种。故该物种在本区域的种群现状仍需进一步调查确定。

214. 乌雕 *Clanga clanga* Pallas, 1811

英文名 Greater spotted eagle

分布 国内分布于各省（区、市）。国外繁殖于俄罗斯南部、西伯利亚南部、土耳其、印度（西北部、北部及南部）、非洲东北部、东南亚至印度尼西亚。

种群现状 不详。

讨论 由 *Aquila* 归入 *Clanga* (Wells and Inskipp, 2012; Gregory and Dickinson, 2012)。周青春 (2015) 和廖明尧 (2015) 于神农架林区记录到该物种。该物种数量稀少，性孤僻，已被列入《国家重点保护野生动物名录》，属 II 级保护动物 (赵正阶, 2001a)，平时较难被观察到。同时，本书作者在近 10 年间也未监测到该物种。故该物种在本区域的种群现状尚待进一步调查确定。

215. 金雕 *Aquila chrysaetos* Linnaeus, 1758

英文名 Golden eagle

种下单元 共 6 个亚种。国内分布有 2 个亚种：华西亚种 (*A. c. kamtschatica*) 和东方亚种 (*A. c. daphanea*)。神农架为东方亚种。

分布 国内华西亚种主要分布于黑龙江、吉林、辽宁、内蒙古；东方亚种除黑龙江、吉林、广西、海南、台湾外，分布于各省（区、市）。国外广布于北美洲、欧洲、中东、东亚及西亚、非洲北部。

种群现状 易见。

216. 白腹隼雕 *Aquila fasciata* Vieillot, 1822

英文名 Bonelli's eagle

种下单元 共 2 个亚种。国内仅分布有指名亚种 (*A. f. fasciata*)，神农架为该亚种。

分布 国内分布于河北、云南东部、贵州、湖北、上海及东南沿海地区。国外分布于非洲北部、欧亚大陆、印度、小巽他群岛。

种群现状 地区性少见。

讨论 该物种在神农架林区及其周边多个地区均被记录到，但其种群数量在我国较为稀少，性孤僻，不易见到 (赵正阶, 2001a)。同时，神农架处于该物种已知分布地的边缘地带。故该雕在本区域的种群数量应该十分稀少。

217. 白肩雕 *Aquila heliaca* Savigny, 1809

英文名 Eastern imperial eagle

分布 国内分布于东北、西北、西南、华北、华东、华南地区。国外分布于古北界及印度西北部。

种群现状 罕见。

讨论 该物种在神农架林区及其周边多个地区均被记录到，然而其种群数量在我国较为稀少，且生性孤僻，喜欢单独活动，不易见到 (赵正阶, 2001a)。同时，神农架处于该物种已知分布地的边缘地带。故其在本区域的种群数量应十分稀少。

218. 草原雕 *Aquila nipalensis* Hodgson, 1833

英文名 Steppe eagle

种下单元 共 2 个亚种。国内仅分布有指名亚种 (*A. n. nipalensis*)，神农架为该亚种。

分布 国内分布于辽宁及华北、西北、西南、华东、华南地区。国外分布于阿尔泰山、蒙古国、西伯利亚东南部、印度北部、东南亚。

种群现状 不详。

讨论 周青春 (2015)、廖明尧 (2015) 于神农架林区记录到该物种。该物种数量稀少，性孤僻，已被列入《国家重点保护野生动物名录》，属 II 级保护动物 (赵正阶, 2001a)。同时，本书作者在近 10 年间的监测中并未记录到该物种。故该物种在本区域的种群现状仍需进一步调查确定。

219. 褐耳鹰 *Accipiter badius* Gmelin, 1788

英文名 Shikra

种下单元 共 6 个亚种。国内分布有 2 个亚种：新疆亚种 (*A. b. cenchroides*) 和南方亚

种 (*A. b. poliopsis*)。

分布 国内新疆亚种分布于新疆；南方亚种分布于陕西、西藏、云南、贵州、江苏、广东、澳门、广西、海南、台湾。国外分布于非洲至印度、东南亚。

种群现状 不详。

讨论 该物种在神农架林区及其周边多个地区均被记录到，但多本志书表明神农架处于其已知分布地的邻近地区 (段文科和张正旺，2017a；郑光美，2017；Birdlife International，2018)。其种群数量稀少，已被列入《国家重点保护野生动物名录》，为Ⅱ级保护动物 (赵正阶，2001a)。同时，本书作者自2008年在湖北神农架森林生态系统国家野外科学观测研究站暨中国科学院神农架生物多样性定位研究站开展动物监测以来的10年间，也未监测到该物种。故该物种在本区域的种群现状尚待进一步调查确定。

220. 苍鹰 *Accipiter gentilis* Linnaeus, 1758

英文名 Northern goshawk

种下单元 共9个亚种。国内分布有4个亚种：普通亚种 (*A. g. schvedowi*)、台湾亚种 (*A. g. fujiyamae*)、黑龙江亚种 (*A. g. albidus*) 和新疆亚种 (*A. g. buteoides*)。神农架为普通亚种。

分布 国内普通亚种除台湾外，见于各省 (区、市)；台湾亚种仅分布于台湾；黑龙江亚种分布于黑龙江北部、辽宁南部；新疆亚种分布于新疆西北部。国外分布于北美洲、欧洲、亚洲、非洲北部。

种群现状 不详。

讨论 该物种在神农架林区及其周边多个地区均被记录到，但性机警，善于隐藏，通常喜欢单独活动。其种群数量不大，已被列入《国家重点保护野生动物名录》，为Ⅱ级保护动物 (赵正阶，2001a；段文科和张正旺，2017a)。同时，本书作者在近10年间，也未监测到该物种。故该鹰在本区域的种群现状尚待进一步调查确定。

221. 日本松雀鹰 *Accipiter gularis* Temminck et Schlegel, 1844

英文名 Japanese sparrowhawk

种下单元 共3个亚种。国内仅分布有指名亚种 (*A. g. gularis*)，神农架为该亚种。

分布 国内分布于各省 (区、市)。国外分布于古北界东部、东南亚。

种群现状 少见。

222. 雀鹰 *Accipiter nisus* Linnaeus, 1758

英文名 Eurasian sparrowhawk

种下单元 共6个亚种。国内分布有3个亚种：南方亚种 (*A. n. melaschistos*)、北方亚种 (*A. n. nisosimilis*) 和新疆亚种 (*A. n. dementjevi*)。神农架为北方亚种。

分布 国内南方亚种分布于西藏东南部和东部、青海东部、云南、四川西部和北部、重庆；北方亚种除西藏、青海外，分布于各省 (区、市)；新疆亚种分布于新疆西部。国外分布于古北界、非洲、印度、东南亚。

种群现状 少见。

223. 赤腹鹰 *Accipiter soloensis* Horsfield, 1821

英文名 Chinese sparrowhawk

分布 国内除东北地区和新疆、青藏高原外，分布于各省 (区、市)。国外分布于东北亚、东南亚、新几内亚。

种群现状 少见。

224. 凤头鹰 *Accipiter trivirgatus* Temminck, 1824

英文名 Crested goshawk

种下单元 共11个亚种。国内分布有2个亚种：普通亚种 (*A. t. indicus*) 和台湾亚种 (*A. t. formosae*)。神农架为普通亚种。

分布 国内普通亚种分布于河南南部、陕西南部及西南和南方地区；台湾亚种分布于台湾。国外分布于印度、东南亚。

种群现状 地区性少见。

讨论 该物种在神农架林区及其周边多个地区均被记录到 (赵正阶, 2001a; 段文科和张正旺, 2017a; 郑光美, 2017; Birdlife International, 2018)。本书作者近期观测时发现该鸟有成对集中活动的现象，推测其在神农架应该有繁殖种群。但考虑到神农架处于该物种分布地区的边缘，故其在本区域的种群数量应相对稀少。

225. 松雀鹰 *Accipiter virgatus* Temminck, 1822

英文名 Besra

种下单元 共 12 个亚种。国内分布有 3 个亚种：南方亚种 (*A. v. affinis*)、福建亚种 (*A. v. nisoides*) 和台湾亚种 (*A. v. fuscipectus*)。神农架为南方亚种。

分布 国内南方亚种分布于内蒙古、河南南部、陕西南部、甘肃南部及南方地区；福建亚种分布于福建、广东、香港、澳门；台湾亚种分布于台湾。国外分布于印度、东南亚。

种群现状 少见。

226. 白头鹞 *Circus aeruginosus* Linnaeus, 1758

英文名 Western marsh-harrier

种下单元 共 2 个亚种。国内仅分布有指名亚种 (*C. a. aeruginosus*)，神农架为该亚种。

分布 国内分布于东北、华北、西北、西南地区及湖北、上海、澳门。国外繁殖于古北界西部和中部，越冬于非洲、印度及缅甸南部。

种群现状 不详。

讨论 该物种在神农架林区及其周边多个地区均被记录到，但由于其喜欢栖息于湿地、农田等生境，飞行高度较高，不易监测。神农架地处全球三大鸟类迁徙区之"亚洲—大洋洲"区，是世界鸟类迁徙路径的重要位置之一，也是中国三大鸟类迁徙通道之中线上的一个关键停歇点 (李孚允和杨若莉, 1997)，推测本区域的记录应为迁徙过程中被观察到的个体。

227. 白尾鹞 *Circus cyaneus* Linnaeus, 1766

英文名 Hen harrier

种下单元 共 2 个亚种。国内仅分布指名亚种 (*C. c. cyaneus*)，神农架为该亚种。

分布 国内分布于各省 (区、市)。国外繁殖于全世界各地，冬季南迁至欧洲南部、亚洲南部等地越冬。

种群现状 不详。

讨论 与白腹鹞类似，该物种在神农架林区及其周边多个地区均被记录到，但常栖息于水田、草坡、平原和低山丘陵生境中 (段文科和张正旺, 2017a)，不易被观察到。该物种在神农架为旅鸟，而神农架地处全球三大鸟类迁徙区之"亚洲—大洋洲"区，是世界鸟类迁徙路径的重要位置之一，也是中国三大鸟类迁徙通道之中线上的一个关键停歇点 (李孚允和杨若莉, 1997)，推测本区域的记录应为迁徙过程中被观测到的个体。

228. 草原鹞 *Circus macrourus* Gmelin, 1770

英文名 Pallid harrier

分布 国内分布于华北、西北、华南地区。国外繁殖于古北界中部，越冬至非洲、南亚、中亚、印度、缅甸。

种群现状 不详。

讨论 周青春 (2015)、廖明尧 (2015) 于神农架林区记录到该物种，但并未提供具体凭证信息。该物种在神农架为旅鸟，而神农架地处全球三大鸟类迁徙区之"亚洲—大洋洲"区，是世界鸟类迁徙路径的重要位置之一，亦是中国三大鸟类迁徙通道之中线上的一个关键停歇点 (李孚允和杨若莉, 1997)，故推测其可能于迁徙路过本区域时被记录到。

229. 鹊鹞 *Circus melanoleucos* Pennant, 1769

英文名 Pied harrier

分布 国内除宁夏、新疆、青海、西藏、海南外，分布于各省 (区、市)。国外分布于东北亚，冬季迁至东南亚。

种群现状 地区性少见。

讨论 该物种在神农架林区及其周边多个地区均被记录到。其在局部地区较为常见，但总体数量稀少，目前已被列入《国家重点保护野生动物名录》，为Ⅱ级保护动物（赵正阶，2001a）。同时，本书作者在近10年间的监测中也未记录到该物种，且神农架处于该物种分布地区的边缘（段文科和张正旺，2017a）。故其在本区域的种群数量应十分稀少。

该物种在神农架为旅鸟，而神农架地处全球三大鸟类迁徙路径区之"亚洲—大洋洲"区，是世界鸟类迁徙路径的重要位置之一，亦是中国三大鸟类迁徙通道之中线上的一个关键停歇点（李孚允和杨若莉，1997），推测该物种可能于迁徙过程中被记录到。

230. 白腹鹞 *Circus spilonotus* Kaup, 1847

英文名 Eastern marsh-harrier

种下单元 共2个亚种。国内仅分布有指名亚种（*C. s. spilonotus*），神农架为该亚种。

分布 国内分布于各省（区、市）。国外分布于东亚、东南亚。

种群现状 不详。

讨论 该物种在神农架及其周边多个地区均被记录到，然而其常栖息于沼泽地带，而神农架此类生境较少，不易被观察到。该鸟在神农架为旅鸟，而神农架地处全球三大鸟类迁徙区之"亚洲—大洋洲"区，是世界鸟类迁徙路径的重要位置之一，也是中国三大鸟类迁徙通道之中线上的一个关键停歇点（李孚允和杨若莉，1997），推测本区域的记录可能为迁徙过程中被观察到的个体。

231. 黑鸢 *Milvus migrans* Boddaert, 1783

英文名 Black kite

种下单元 共7个亚种。国内有3个亚种：云南亚种（*M. m. govinda*）、普通亚种（*M. m. lineatus*）和台湾亚种（*M. m. formosanus*）。神农架为普通亚种。

分布 国内云南亚种见于云南西部；普通亚种见于各省（区、市）；台湾亚种见于海南、台湾。国外分布于非洲、亚洲及澳大利亚。

种群现状 易见。

讨论 别名黑耳鸢。

232. 栗鸢 *Haliastur indus* Boddaert, 1783

英文名 Brahminy kite

种下单元 共4个亚种。国内分布有2个亚种：指名亚种（*H. i. indus*）和马来亚种（*H. i. intermedius*）。神农架为指名亚种。

分布 国内指名亚种见于西藏、云南、湖北、江西及东部沿海地区；马来亚种见于台湾。国外分布于印度及澳大利亚。

种群现状 地区性罕见。

讨论 廖明尧（2015）、张志麒等（2015）、汪正祥等（2013）分别于神农架林区、湖北房县野人谷自然保护区记录到该物种。该鸟种群数量在我国非常稀少，已被列入《国家重点保护野生动物名录》，为Ⅱ级保护动物（赵正阶，2001a）。同时，本书作者在近10年间的监测中也未记录到该物种，且神农架处于该物种分布地区的边缘。

233. 白尾海雕 *Haliaeetus albicilla* Linnaeus, 1758

英文名 White-tailed sea-eagle

分布 国内除海南外，见于各省（区、市）。国外分布于欧亚大陆。

种群现状 罕见。

讨论 2018年12月7日，湖北省摄影家协会的一名会员在神农架国家公园大九湖2号湖拍摄到国家Ⅰ级保护动物白尾海雕，这是继2017年在大九湖本底资源调查中首次发现该物种之后，第二次在大九湖拍摄到白尾海雕，表明该物种在神农架国家公园范围内稳定分布。

234. 灰脸鵟鹰 *Butastur indicus* Gmelin, 1788

英文名 Grey-faced buzzard

分布 国内除西北地区和青藏高原外，分布于各省（区、市）。国外分布于东北亚、东南亚。

种群现状 不详。

讨论 该物种在神农架林区及其周边多个地区均被记录到。其种群数量在我国非常稀少，已被列入《国家重点保护野生动物名录》，为Ⅱ级保护动物（赵正阶，2001a；段文科和张正旺，2017a）。同时，本书作者在近10年间的监测中，也未记录到该物种。故该物种在神农架的种群现状尚待进一步调查确定。

该鸟在神农架为旅鸟，而神农架地处全球三大鸟类迁徙路径之"亚洲—大洋洲"区，是世界鸟类迁徙路径的重要位置之一，亦是中国三大鸟类迁徙通道之中线上的一个关键停歇点（李孚允和杨若莉，1997），故推测其可能是迁徙路过本区域时被记录到。

235. 大鵟 *Buteo hemilasius* Temminck et Schlegel, 1844

英文名 Upland buzzard

分布 国内除广东、广西、湖南、江西外，分布于各省（区、市）。国外分布于蒙古国以东较干旱地带。

种群现状 地区性少见。

讨论 该物种在神农架林区及其周边多个地区均被记录到。其在我国的数量非常稀少，不常见，已被列入《国家重点保护野生动物名录》，为Ⅱ级保护动物（赵正阶，2001a）。同时，本书作者在近10年间的监测中也未记录到该物种，且神农架处于该物种分布地区的边缘。故其在本区域的种群数量应该十分稀少。

236. 普通鵟 *Buteo japonicus* Temminck et Schlegel, 1844

英文名 Japanese buzzard

种下单元 共7个亚种。国内仅分布有普通亚种（*B. j. japonicus*），神农架为该亚种。

分布 国内分布于各省（区、市）。国外分布于古北界及喜马拉雅山脉、非洲北部、印度、东南亚。

种群现状 易见。

讨论 由*Buteo buteo*的亚种提升为种（Rasmussen and Anderton, 2005; Lerner et al., 2008）。

237. 棕尾鵟 *Buteo rufinus* Cretzschmar, 1827

英文名 Long-legged hawk

种下单元 共2个亚种。国内仅分布有指名亚种（*B. r. rufinus*），神农架为该亚种。

分布 国内分布于内蒙古中部、宁夏、甘肃东南部、新疆、西藏南部、云南东部。国外分布于欧洲东南部至古北界中部、印度西北部、喜马拉雅山脉东部。

种群现状 不详。

讨论 汪正祥和蔡德军（2013）于湖北保康县五道峡自然保护区记录到该物种。但多本志书表明其已知分布地极为狭窄，仅在内蒙古中部、宁夏、甘肃、新疆、西藏、云南（段文科和张正旺，2017a；郑光美，2017）。该物种数量非常稀少，已被列入《国家重点保护野生动物名录》，为Ⅱ级保护动物（赵正阶，2001a）。同时，本书作者在近10年间的监测中，也未记录到该物种。综上，该物种在本区域的种群现状尚待进一步调查确定。

十七 鸮形目 STRIGIFORMES

（四十三）鸱鸮科 Strigidae

238. 领角鸮 *Otus lettia* Hodgson, 1836

英文名 Collared scops-owl

种下单元 共4个亚种：华南亚种（*O. l. erythrocampe*）、台湾亚种（*O. l. glabripes*）、滇

西亚种（*O. l. lettia*）和海南亚种（*O. l. umbratilis*），国内均有分布。神农架为华南亚种。

分布 国内华南亚种见于山西及以南、云南、贵州、四川以东地区；台湾亚种见于台湾；滇西亚种见于西藏东南部；海南亚种见于海南。国外分布于喜马拉雅山脉、中南半岛。

种群现状 易见。

239. 红角鸮 *Otus sunia* Hodgson, 1836

英文名 Oriental scops-owl

种下单元 共9个亚种。国内分布有3个亚种：台湾亚种（*O. s. japonicus*）、华南亚种（*O. s. malayanus*）和东北亚种（*O. s. stictonotus*）。神农架为华南亚种。

分布 国内台湾亚种见于台湾；华南亚种见于华东、华中、华南地区及云南、贵州、四川、重庆；东北亚种见于东北和华北地区、陕西、四川、重庆。国外分布于喜马拉雅山脉、南亚、中南半岛、马来半岛。

种群现状 易见。

讨论 别名东方角鸮、普通鸮、红角小鸮。

240. 雕鸮 *Bubo bubo* Linnaeus, 1758

英文名 Eurasian eagle-owl

种下单元 共17个亚种。国内分布有7个亚种：天山亚种（*B. b. hemachalanus*）、华南亚种（*B. b. kiautschensis*）、远东亚种（*B. b. turcomanus*）、东北亚种（*B. b. ussuriensis*）、北疆亚种（*B. b. yenisseensis*）、西藏亚种（*B. b. tibetanus*）、塔里木亚种（*B. b. tarimentsis*）。神农架为华南亚种。

分布 国内天山亚种见于内蒙古、宁夏、甘肃北部、新疆、西藏、青海、云南西部、四川西部；华南亚种见于华东、华中、华南地区及云南、贵州、四川、陕西、甘肃；远东亚种见于新疆；东北亚种见于东北和华北地区；北疆亚种见于新疆北部的阿尔泰山；西藏亚种见于甘肃西南部、西藏、青海、四川西部、云南西北部；塔里木亚种见于新疆西北部。国外分布于欧亚大陆。

种群现状 少见。

241. 黄腿渔鸮 *Ketupa flavipes* Hodgson, 1836

英文名 Tawny fish-owl

分布 国内分布于云南、贵州、四川、陕西、湖北及以南地区。国外分布于喜马拉雅山脉、中南半岛。

种群现状 不详。

讨论 别名黄脚渔鸮。该物种在神农架林区及其周边多个地区均被记录到。该鸟多栖息于河流、小溪、河谷等水域生境中，喜单独活动（段文科和张正旺，2017a）。其数量非常稀少，已被列入《国家重点保护野生动物名录》，为Ⅱ级保护动物（赵正阶，2001a）。另外，本书作者在近10年间的监测中，也未记录到该物种。综上，该物种在本区域的种群现状尚待进一步调查确定。

242. 灰林鸮 *Strix aluco* Linnaeus, 1758

英文名 Tawny owl

种下单元 共8个亚种。国内分布有3个亚种：河北亚种（*S. a. ma*）、华南亚种（*S. a. nivicola*）和台湾亚种（*S. a. yamadae*）。神农架为华南亚种。

分布 国内河北亚种分布于黑龙江、吉林、辽宁、北京、内蒙古东北部；华南亚种见于西藏东南部、云南、贵州、四川、华中、华东和华南地区；台湾亚种见于台湾。国外分布于中亚、西亚、欧洲、非洲。

种群现状 易见。

243. 褐林鸮 *Strix leptogrammica* Temminck, 1832

英文名 Brown wood-owl

种下单元 共14个亚种。国内分布有3个亚种：台湾亚种（*S. l. caligata*）、西藏亚种（*S. l. newarensis*）和华南亚种（*S. l. ticehursti*）。神农架为华南亚种。

分布 国内台湾亚种分布于海南和台湾；西藏亚种分布于西藏南部和东南部；华南亚种见于云南、贵州、四川、华中、华东和华南地区。国外分布于南亚和东南亚。

种群现状 地区性罕见。

讨论 周青春 (2015)、廖明尧 (2015) 于神农架林区记录到该物种。该鸟性机警而胆怯，常成对或单独活动，稍有声响，迅速飞离。该鸟数量稀少，已被列入《国家重点保护野生动物名录》，为Ⅱ级保护动物 (赵正阶, 2001a)。同时，本书作者在近10年间的监测中，也未记录到该物种。另外考虑到神农架处于该物种分布地的邻近地区及其本身习性 (段文科和张正旺, 2017a)。故其在本区域的种群数量应十分稀少。

244. 领鸺鹠 *Glaucidium brodiei* Burton, 1836

英文名 Collared owlet

种下单元 共4个亚种。国内分布有2个亚种：指名亚种 (*G. b. brodiei*) 和台湾亚种 (*G. b. pardalotum*)。神农架为指名亚种。

分布 国内指名亚种见于陕西南部、甘肃南部、河南以南地区；台湾亚种见于台湾。国外分布于喜马拉雅山脉及东南亚。

种群现状 易见。

245. 斑头鸺鹠 *Glaucidium cuculoides* Vigors, 1831

英文名 Asian barred owlet

种下单元 共8个亚种。国内分布有5个亚种：墨脱亚种 (*G. c. austerum*)、滇南亚种 (*G. c. brugeli*)、海南亚种 (*G. c. persimile*)、滇西亚种 (*G. c. rufescens*) 和华南亚种 (*G. c. whitelyi*)。神农架为华南亚种。

分布 国内墨脱亚种分布于西藏东南部；滇南亚种见于云南南部；海南亚种见于海南；滇西亚种见于云南西部；华南亚种见于云南、贵州、四川、河南及以南地区。国外分布于喜马拉雅山脉、中南半岛。

种群现状 易见。

246. 纵纹腹小鸮 *Athene noctua* Scopoli, 1769

英文名 Little owl

种下单元 共13个亚种。国内分布有4个亚种：青海亚种 (*A. n. impasta*)、西藏亚种 (*A. n. ludlowi*)、新疆亚种 (*A. n. orientalis*) 和普通亚种 (*A. n. plumipes*)。神农架为西藏亚种。

分布 国内青海亚种见于甘肃、青海、四川北部；西藏亚种见于新疆西南部、西藏南部和东部、云南西北部、四川西部、湖北西北部；新疆亚种见于新疆中部和北部；普通亚种见于东北及华北地区、陕西、甘肃南部、新疆西部和北部、江苏北部、台湾。国外分布于非洲、欧洲、西亚、中亚及东亚。

种群现状 不详。

讨论 该物种在神农架林区及其周边多个地区均被记录到，主要活动于农田、荒漠或树林中。其数量稀少，已被列入《国家重点保护野生动物名录》，为Ⅱ级保护动物 (赵正阶, 2001a)。同时，本书作者在近10年间的监测中也未记录到该物种，且神农架处于该物种分布地区的边缘 (段文科和张正旺, 2017a)。故该物种在本区域的种群现状尚待进一步调查确定。

247. 日本鹰鸮 *Ninox japonica* Temminck et Schlegel, 1844

英文名 Northern boobook

种下单元 共2个亚种：日本亚种 (*N. j. japonica*) 和台湾亚种 (*N. j. totogo*)，国内均有分布。神农架为日本亚种。

分布 国内日本亚种分布于东北、华北及华东地区；台湾亚种见于台湾。国外分布于东亚、菲律宾、印度尼西亚。

种群现状 地区性罕见。

讨论 周青春 (2015)、廖明尧 (2015) 于神农架林区记录到该物种。但多本志书表明其已知分布地邻近神农架（段文科和张正旺, 2017a; 郑光美, 2017）。同时，本书作者在近 10 年间的监测中也未记录到该物种故该物种。在本区域的种群数量应该十分稀少。

248. 鹰鸮 *Ninox scutulata* **Raffles, 1822**

英文名 Brown boobook
种下单元 共 9 个亚种。国内分布有 2 个亚种：华南亚种（*N. s. burmanica*）和西藏亚种（*N. s. lugubris*）。神农架为华南亚种。
分布 国内华南亚种见于河南南部、云南南部和西部、四川、湖南、安徽、江西、广东、香港、广西、海南；西藏亚种见于西藏东南部。国外分布于南亚、东南亚。
种群现状 罕见。
讨论 该物种在神农架林区及其周边多个地区均被记录到，但多本志书表明其已知分布地仅在河南、云南、四川、湖南、安徽、江西、广东、香港、广西和海南（段文科和张正旺, 2017a; 郑光美, 2017）。该物种数量稀少，已被列入《国家重点保护野生动物名录》，为 II 级保护动物（赵正阶, 2001a）。同时，本书作者在近 10 年间的监测中，也未记录到该物种。故该鸟在本区域的种群数量应较为稀少。

该物种最早有 11 个亚种，我国分布有 4 个亚种，后续多数学者认为原有的日本亚种（*N. s. japonica*）和台湾亚种（*N. s. totogo*）与鹰鸮特征差异较大，将此两个亚种独立为新种日本鹰鸮（*N. japonica*）（赵正阶, 2001a; 段文科和张正旺, 2017a; 郑光美, 2017）。

249. 短耳鸮 *Asio flammeus* **Pontoppidan, 1763**

英文名 Short-eared owl
种下单元 共 11 个亚种。国内仅分布有指名亚种（*A. f. flammeus*），神农架为该亚种。
分布 国内分布于各省（区、市）。国外分布于非洲北部、北美洲、南美洲、亚洲。
种群现状 少见。

250. 长耳鸮 *Asio otus* **Linnaeus, 1758**

英文名 Northern long-eared owl
种下单元 共 4 个亚种。国内仅分布有指名亚种（*A. o. otus*），神农架为该亚种。
分布 国内除海南外，见于各省（区、市）。国外分布于欧亚大陆、北美洲。
种群现状 易见。

（四十四）草鸮科 Tytonidae

251. 草鸮 *Tyto longimembris* **Jerdon, 1839**

英文名 Eastern grass-owl
种下单元 共 5 个亚种。国内分布有 2 个亚种：华南亚种（*T. l. chinensis*）和台湾亚种（*T. l. pithecops*）。神农架为华南亚种。
分布 国内华南亚种见于河北及以南、云贵及以东地区；台湾亚种见于台湾。国外分布于喜马拉雅山脉、东南亚到澳大利亚。
种群现状 地区性少见。
讨论 别名东方草鸮。

十八 咬鹃目 TROGONIFO-RMES

（四十五）咬鹃科 Trogonidae

252. 红头咬鹃 *Harpactes erythrocephalus* **Gould, 1834**

英文名 Red-headed trogon
种下单元 共 10 个亚种。国内有 5 个亚种：滇西亚种（*H. e. helenae*）、指名亚种（*H. e. erythrocephalus*）、滇东亚种（*H. e. intermedius*）、华南亚种（*H. e. yamakanensis*）和海南亚种（*H. e. hainanus*）。神农架为华南亚种。
分布 国内滇西亚种分布于西藏东南部、云南西北部和西部；指名亚种分布于云南西南部；滇东亚种分布于云南东南部；华南亚种分布于四川南部、湖北、江西、福建中部和西北部、广东北部、广西北部；海南亚种分布于海南。国外分布于喜马拉雅山脉、中南半岛、马来半岛。

种群现状 不详。

讨论 周青春（2015）、廖明尧（2015）于神农架林区记录到该物种。该鸟十分稀少，性孤僻而胆怯，多单独或成对活动（赵正阶，2001a），不易观察到。同时，本书作者自2008年在湖北神农架森林生态系统国家野外科学观测研究站暨中国科学院神农架生物多样性定位研究站开展动物监测以来的10年间，也未监测到该物种。故该物种在本区域的种群现状尚待进一步调查确定。

十九 犀鸟目 BUCEROTIFORMES

（四十六）戴胜科 Upupidae

253. 戴胜 *Upupa epops* Linnaeus, 1758

英文名 Common hoopoe

种下单元 共8个亚种。国内分布有2个亚种：普通亚种（*U. e. epops*）和华南亚种（*U. e. longirostris*）。神农架为普通亚种。

分布 国内普通亚种除海南外，分布于各省（区、市）；华南亚种分布于云南、广西西南部、海南。国外分布于亚洲、非洲、欧洲。

种群现状 常见。

二十 佛法僧目 CORACIIFORMES

（四十七）蜂虎科 Meropidae

254. 蓝喉蜂虎 *Merops viridis* Linnaeus, 1758

英文名 Blue-throated bee-eater

种下单元 共2个亚种。国内仅分布有指名亚种（*M. v. viridis*），神农架为该亚种。

分布 国内分布于河南、湖北、浙江以南地区。国外分布于东南亚。

种群现状 地区性罕见。

讨论 该物种喜栖息于灌丛、草地、农田、海岸、河谷等地，常单独或集小群活动（赵正阶，2001a）。周青春（2015）于神农架林区调查时记录到该物种。但多本志书表明神农架处于该物种分布地的邻近区域（段文科和张正旺，2017a；Birdlife International, 2018）。同时，本书作者在近10年间的监测中，也未记录到该物种。故该物种在本区域的种群数量应该十分稀少。

（四十八）佛法僧科 Coraciidae

255. 三宝鸟 *Eurystomus orientalis* Linnaeus, 1766

英文名 Oriental dollarbird

种下单元 共10个亚种。国内仅分布有普通亚种（*E. o. cyanicollis*），神农架为该亚种。

分布 国内分布除新疆、西藏、青海外，见于各省（区、市）。国外分布于东南亚和澳大利亚。

种群现状 少见。

（四十九）翠鸟科 Alcedinidae

256. 蓝翡翠 *Halcyon pileata* Boddaert, 1783

英文名 Black-capped kingfisher

分布 国内除新疆、西藏、青海外，分布于各省（区、市）。国外分布于东南亚。

种群现状 常见。

257. 普通翠鸟 *Alcedo atthis* Linnaeus, 1758

英文名 Common kingfisher

种下单元 共7个亚种。国内分布有2个亚种：指名亚种（*A. a. atthis*）和普通亚种（*A. a. bengalensis*）。神农架为普通亚种。

分布 国内指名亚种见于新疆北部和西部；普通亚种除新疆外，分布于各省（区、市）。国外分布于欧亚大陆、东南亚及北非。

种群现状　常见。

258. 冠鱼狗 *Megaceryle lugubris* Temminck, 1834

英文名　Crested kingfisher

种下单元　共 4 个亚种。国内分布有 2 个亚种：普通亚种（*M. l. guttulata*）和指名亚种（*M. l. lugubris*）。神农架为普通亚种。

分布　国内普通亚种见于甘肃和吉林以南、云南、贵州、四川及以东地区；指名亚种见于辽宁南部辽阳。国外分布于东亚、喜马拉雅山脉及中南半岛。

种群现状　易见。

259. 斑鱼狗 *Ceryle rudis* Linnaeus, 1758

英文名　Pied kingfisher

种下单元　共 4 个亚种。国内分布有 2 个亚种：普通亚种（*C. r. insignis*）和云南亚种（*C. r. leucomelanura*）。神农架为普通亚种。

分布　国内普通亚种见于华北、华东、华中及华南地区；云南亚种见于云南和广西。国外分布于非洲、南亚及东南亚。

种群现状　地区性少见。

讨论　该物种在神农架林区及其周边多个地区均被记录到。其喜欢栖息活动于河流、湖泊、运河等开阔水面，喜食鱼类（赵正阶，2001a；段文科和张正旺，2017a；Birdlife International，2018），不易见到。本书作者在近年来的监测中，也未记录到该物种，且神农架处于该物种分布地区的边缘。故该物种在本区域的种群数量应十分稀少。

二十一　啄木鸟目 PICIFOR-MES

（五十）拟啄木鸟科 Capitonidae

260. 大拟啄木鸟 *Psilopogon virens* Boddaert, 1783

英文名　Great barbet

种下单元　共 4 个亚种。国内分布有 2 个亚种：藏南亚种（*P. v. marshallorum*）和指名亚种（*P. v. virens*）。神农架为指名亚种。

分布　国内藏南亚种见于西藏南部；指名亚种见于湖北和江苏以南、云南、贵州、四川及以东地区。国外分布于喜马拉雅山脉、中南半岛。

种群现状　地区性少见。

讨论　Moyle（2004）根据分子分析的结果，将该物种由 *Megalaima* 归入 *Psilopogon*。周青春（2015）、朱兆泉和宋朝枢（1999）、肖文发等（2009）分别于神农架林区及重庆巫山县五里坡自然保护区记录到该物种。但该物种在我国数量稀少，常单独或成对活动（赵正阶，2001a）。同时，本书作者在近 10 年间的监测中也未记录到该物种，且神农架处于该物种的分布地区的边缘。故该鸟在本区域的种群数量应十分稀少。

（五十一）啄木鸟科 Picidae

261. 蚁䴕 *Jynx torquilla* Linnaeus, 1758

英文名　Eurasian wryneck

种下单元　共 4 个亚种。国内分布有 2 个亚种：指名亚种（*J. t. torquilla*）和西藏亚种（*J. t. himalayana*）。神农架为指名亚种。

分布　国内指名亚种分布于各省（区、市）；西藏亚种见于西藏南部。国外分布于欧洲、亚洲中部和北部、非洲、南亚、东南亚。

种群现状　少见。

262. 斑姬啄木鸟 *Picumnus innominatus* Burton, 1836

英文名　Speckled piculet

种下单元　共 3 个亚种：指名亚种（*P. i. innominatus*）、云南亚种（*P. i. malayorum*）和华南亚种（*P. i. chinensis*），国内均有分布。神农架为华南亚种。

分布　国内指名亚种见于西藏东部；云南亚

种见于云南西部和南部；华南亚种见于甘肃和河南以南、云南、贵州、四川以东地区。国外分布于南亚、中南半岛及马来半岛。

种群现状 易见。

263. 星头啄木鸟 *Dendrocopos canicapillus* Blyth, 1845

英文名 Grey-capped woodpecker

种下单元 共 10 个亚种。国内分布有 7 个亚种：东北亚种 (*D. c. doerriesi*)、华北亚种 (*D. c. scintilliceps*)、四川亚种 (*D. c. szetschuanensis*)、西南亚种 (*D. c. omissus*)、华南亚种 (*D. c. nagamichii*)、海南亚种 (*D. c. swinhoei*) 和云南亚种 (*D. c. obscurus*)。神农架为华北亚种。

分布 国内东北亚种见于东北地区、内蒙古；华北亚种见于华北、华东、华中地区及甘肃、宁夏；四川亚种见于陕西南部、宁夏、甘肃南部、四川北部和中部；西南亚种见于云南西北部和西部、四川中部和西南部、贵州北部；华南亚种见于云南、贵州和华南地区；海南亚种见于海南；云南亚种见于云南南部。国外分布于东北亚、喜马拉雅山脉及东南亚。

种群现状 易见。

264. 赤胸啄木鸟 *Dendrocopos cathpharius* Blyth, 1843

英文名 Crimson-breasted woodpecker

种下单元 共 6 个亚种。国内分布有 5 个亚种：指名亚种 (*D. c. cathpharius*)、西藏亚种 (*D. c. ludlowi*)、云南亚种 (*D. c. tenebrosus*)、湖北亚种 (*D. c. innixus*) 和西南亚种 (*D. c. pernyii*)。神农架为湖北亚种。

分布 国内指名亚种见于西藏南部和东南部；西藏亚种见于西藏东南部、云南西北部和西部；云南亚种见于云南南部和中部；湖北亚种见于陕西南部、四川东北部、重庆、湖北西部；西南亚种见于甘肃南部、云南、四川。国外分布于喜马拉雅山脉、缅甸。

种群现状 地区性少见。

讨论 该物种在神农架林区及其周边多个地区均被记录到。其种群数量在我国较少，性孤僻，除繁殖期成对外，多单独活动，不易看到 (赵正阶，2001a)。同时，神农架处于该物种的分布地区的边缘 (段文科和张正旺，2017a；郑光美，2017)。故其在本区域的种群数量应该较少。

265. 棕腹啄木鸟 *Dendrocopos hyperythrus* Vigors, 1831

英文名 Rufous-bellied woodpecker

种下单元 共 4 个亚种。国内分布有 3 个亚种：西藏亚种 (*D. h. marshalli*)、指名亚种 (*D.h. hyperythrus*) 和普通亚种 (*D. h. subrufinus*)。神农架为普通亚种。

分布 国内西藏亚种见于西藏西南部；指名亚种见于西藏南部和东部、青海南部、云南、四川；普通亚种见于东北、华北及云南、贵州、四川以东地区。国外分布于喜马拉雅山脉、中南半岛。

种群现状 地区性罕见。

讨论 该物种在神农架林区及其周边多个地区均被记录到，近期观鸟爱好者也有记录到该物种。其在神农架为旅鸟 (段文科和张正旺，2017a)，繁殖于黑龙江，迁徙时经过吉林、辽宁、湖北、陕西、安徽、江苏等省 (赵正阶，2001a)，而神农架地处全球三大鸟类迁徙区之"亚洲—大洋洲"区，是世界鸟类迁徙路径的重要位置之一，亦是中国三大鸟类迁徙通道之中线上的一个关键停歇点 (李孚允和杨若莉，1997)，故推测其可能是迁徙时被记录到。

266. 白背啄木鸟 *Dendrocopos leucotos* Bechstein, 1803

英文名 White-backed woodpecker

种下单元 共 11 个亚种。国内分布有 4 个亚种：指名亚种 (*D. l. leucotos*)、四川亚种 (*D. l. tangi*)、福建亚种 (*D. l. fohkiensis*) 和台湾亚种 (*D. l. insularis*)。神农架为四川亚种。

分布 国内指名亚种分布于黑龙江、吉林、辽宁、北京、河北北部、内蒙古东部、新疆北部；四川亚种分布于陕西南部、四川、重庆；

福建亚种分布于江西东北部、福建西北部；台湾亚种分布于台湾。国外分布从欧洲经俄罗斯中部到东亚。

种群现状 地区性罕见。

讨论 陈庆等（2015）于陕西镇坪县化龙山自然保护区八匹山目击到该物种。但神农架处于该物种已知分布地区的边缘（段文科和张正旺，2017a；郑光美，2017；Birdlife International，2018）。同时，本书作者在近年来的监测中，也未记录到该物种。故该鸟在本区域的种群数量应十分稀少。

267. 大斑啄木鸟 *Dendrocopos major* Linnaeus, 1758

英文名 Great spotted woodpecker

种下单元 共13个亚种。国内分布有8个亚种：北方亚种（*D. m. brevirostris*）、东北亚种（*D. m. japonicus*）、华北亚种（*D. m. cabanisi*）、乌拉山亚种（*D. m. wulashanicus*）、西北亚种（*D. m. beicki*）、西南亚种（*D. m. stresemanni*）、东南亚种（*D. m. mandarinus*）和海南亚种（*D. m. hainanus*）。神农架为东南亚种。

分布 国内北方亚种见于黑龙江、内蒙古；东北亚种见于东北地区；华北亚种见于辽宁至江苏、上海；乌拉山亚种见于内蒙古西部；西北亚种见于宁夏、甘肃、青海东部；西南亚种见于西南地区；东南亚种见于云南、贵州、湖北、安徽、江西、浙江；海南亚种见于海南。国外分布于欧亚大陆。

种群现状 常见。

268. 灰头绿啄木鸟 *Picus canus* Gmelin, 1788

英文名 Grey-headed woodpecker

种下单元 共8个亚种。国内分布有7个亚种：东北亚种（*P. c. jessoensis*）、青海亚种（*P. c. kogo*）、西南亚种（*P. c. sordidior*）、滇南亚种（*P. c. hessei*）、台湾亚种（*P. c. tancolo*）、华东亚种（*P. c. guerini*）和华南亚种（*P. c. sobrinus*）。神农架为华东亚种。

分布 国内东北亚种见于东北、河北、内蒙古东北部、宁夏；河北亚种见于华北地区、河南；青海亚种见于甘肃、西藏西南部、青海东部和南部、四川西北部；西南亚种见于西藏东部、云南西北部和西部、四川西北部；滇南亚种见于云南南部；台湾亚种见于海南、台湾；华东亚种见于北京、天津、河北、山东、河南、甘肃、山西、陕西、湖北、安徽、江西、江苏、上海、浙江；华南亚种见于华中、华南地区和云南东南部。国外分布从欧洲经俄罗斯中部到东亚。

种群现状 常见。

269. 栗啄木鸟 *Micropternus brachyurus* Vieillot, 1818

英文名 Rufous woodpecker

种下单元 共10个亚种。国内分布有3个亚种：云南亚种（*M. b. phaioceps*）、福建亚种（*M. b. fokiensis*）和海南亚种（*M. b. holroydi*）。神农架为福建亚种。

分布 国内云南亚种见于西藏东部、云南；福建亚种见于云南、贵州、四川以东地区；海南亚种见于海南。国外分布于南亚、东南亚。

种群现状 地区性罕见。

讨论 Benz等（2006）根据系统发育分析的结果，将该物种由 *Celeus* 归入 *Micropternus*。邝二虎等（2012）、肖文发等（2009）分别于湖北竹山县堵河源自然保护区和重庆巫山县五里坡自然保护区记录到该物种。神农架处于该物种已知分布地的邻近区域（赵正阶，2001a；段文科和张正旺，2017a；郑光美，2017）。同时，本书作者在近年来的监测中，也未记录到该物种。故该鸟在本区域的种群数量应该十分稀少。

二十二 隼形目 FALCONIFO-RMES

（五十二）隼科 Falconidae

270. 红脚隼 *Falco amurensis* Radde, 1863

英文名 Amur falcon

分布 国内除海南外，分布于各省（区、市）。国外分布于西伯利亚至朝鲜北部、印度、缅甸、非洲。

种群现状 少见。

讨论 别名阿穆尔隼。在神农架为旅鸟，可能是迁徙过程中被监测到。

271. 猎隼 *Falco cherrug* Gray, 1834

英文名 Saker falcon

种下单元 共4个亚种。国内分布有2个亚种：中亚亚种（*F. c. cherrug*）和中国亚种（*F. c. milvipes*）。神农架为中国亚种。

分布 国内中亚亚种见于新疆；中国亚种见于辽宁、山东及华北、西北、西南地区。国外分布于欧洲中部、非洲北部、印度北部、中亚至蒙古国。

种群现状 地区性罕见。

讨论 肖文发等（2009）于重庆巫山县五里坡自然保护区记录到该物种。该鸟数量在我国稀少，常栖息和活动于无林或树木稀少的旷野与多岩石山丘地带，我国已将其列入《国家重点保护野生动物名录》，为II级保护动物（赵正阶，2001a），不易见到。同时，本书作者在近10年间的监测中也未曾目击到该物种，且神农架处于该物种分布地区的边缘（段文科和张正旺，2017a）。故该鸟在本区域的种群数量应极为稀少。

272. 灰背隼 *Falco columbarius* Linnaeus, 1758

英文名 Merlin

种下单元 共9个亚种。国内分布有4个亚种：普通亚种（*F. c. insignis*）、新疆亚种（*F. c. lymani*）、太平洋亚种（*F. c. pacificus*）和西藏亚种（*F. c. pallidus*）。神农架为普通亚种。

分布 国内普通亚种分布于东北、华北、西北、西南、华南、华东地区；新疆亚种见于青海、新疆；太平洋亚种见于河北、内蒙古、福建；西藏亚种见于西藏南部。国外分布于世界各地。

种群现状 地区性少见。

讨论 该物种在神农架林区及其周边多个地区均被记录到。该鸟曾经在我国长江以南较为丰富（段文科和张正旺，2017a），但由于人口增加、森林砍伐等，其种群数量日益减少，我国已将其列入《国家重点保护野生动物名录》，属II级保护动物（赵正阶，2001a）。

该鸟性孤僻，十分机警，喜欢单独活动，不易见到。同时，本书作者在近年来的监测中也未记录到该物种，且神农架处于该物种分布地区的边缘。故该鸟在本区域的种群数量应较为稀少。

273. 游隼 *Falco peregrinus* Tunstall, 1771

英文名 Peregrine falcon

种下单元 共19个亚种。国内分布有5个亚种：普通亚种（*F. p. calidus*）、东方亚种（*F. p. japonensis*）、南方亚种（*F. p. peregrinator*）、新疆亚种（*F. p. peregrinus*）和云南亚种（*F. p. ernesti*）。神农架为南方亚种。

分布 国内普通亚种分布于东北、华北、西北、华东地区及河南、东部沿海地区；东方亚种见于山东、江苏、浙江、福建；南方亚种见于山东及南方地区；新疆亚种见于东北地区及新疆；云南亚种分布于云南南部。国外分布于世界各地。

种群现状 罕见。

讨论 该物种在神农架林区及其周边多个地区均被记录到。其数量在我国稀少，我国已将其列入《国家重点保护野生动物名录》，属II级保护动物（段文科和张正旺，2017a）。该鸟多活动于高空中，不易见到（赵正阶，2001a）。同时，本书作者自2008年在湖北神农架森林生态系统国家野外科学观测研究站暨中国科学院神农架生物多样性定位研究站开展动物监测以来的10年间，也未曾见到该物种。故该鸟在本区域的种群数量应较少。

274. 燕隼 *Falco subbuteo* Linnaeus, 1758

英文名 Eurasian hobby

种下单元 共 2 个亚种：指名亚种 (*F. s. subbuteo*) 和南方亚种 (*F. s. streichi*)，国内均有分布。神农架为南方亚种。

分布 国内指名亚种分布于东北、华北、西北地区及青藏高原；南方亚种分布于西南、华东、东南沿海地区。国外分布于非洲、古北界、喜马拉雅山脉、缅甸。

种群现状 少见。

275. 红隼 *Falco tinnunculus* Linnaeus, 1758

英文名 Common kestrel

种下单元 共 12 个亚种。国内分布有 2 个亚种：普通亚种 (*F. t. interstinctus*) 和指名亚种 (*F. t. tinnunculus*)。神农架为普通亚种。

分布 国内普通亚种分布于各省（区、市）；指名亚种分布于黑龙江、北京、内蒙古北部和新疆北部。国外分布于非洲、古北界、印度、东南亚。

种群现状 易见。

二十三 雀形目 PASSERIFORMES

(五十三) 八色鸫科 Pittidae

276. 仙八色鸫 *Pitta nympha* Temminck et Schlegel, 1850

英文名 Fairy pitta

种下单元 共 2 个亚种。国内仅分布有指名亚种 (*P. n. nympha*)，神农架为该亚种。

分布 国内分布于华北、甘肃以南及云南、贵州、四川以东地区。国外分布于东亚及印度尼西亚。

种群现状 地区性罕见。

讨论 周青春 (2015)、廖明尧 (2015) 于神农架林区记录到该物种。但多本志书表明其已知分布地仅在华北、甘肃以南及云南、贵州、四川以东地区（段文科和张正旺, 2017b；郑光美, 2017）。该鸟数量在我国稀少，主要分布于东部沿海区域，是珍贵的观赏鸟和食虫鸟，目前已经被 ICBP 列入《全球濒危鸟类红皮书》，我国已将其列入《国家重点保护野生动物名录》(赵正阶, 2001b)，较难见到。同时，本书作者在近 10 年间的监测中也未记录到该物种，且神农架处于该物种分布地区的边缘。故该物种在本区域的种群数量应较为稀少。

该鸟因具较高的观赏价值，存在人为饲养的情况，故不能排除神农架观察到的个体来源于人工养殖种群或宠物逃逸的可能。

(五十四) 黄鹂科 Oriolidae

277. 黑枕黄鹂 *Oriolus chinensis* Linnaeus, 1766

英文名 Black-naped oriole

种下单元 共 20 个亚种。国内仅分布有普通亚种 (*O. c. diffusus*)，神农架为该亚种。

分布 国内除新疆、西藏、青海外，分布于各省（区、市）。国外分布于东亚、南亚、东南亚。

种群现状 易见。

(五十五) 莺雀科 Vireonidae

278. 淡绿鵙鹛 *Pteruthius xanthochlorus* Gray, 1846

英文名 Green shrike-babbler

种下单元 共 4 个亚种。国内分布有 2 个亚种：指名亚种 (*P. x. xanthochlorus*) 和西南亚种 (*P. x. pallidus*)。神农架为西南亚种。

分布 国内指名亚种见于西藏东南部；西南亚种见于陕西南部、甘肃东南部、云南西部、四川、重庆、湖南、安徽。国外分布于巴基斯坦东北部至缅甸西部和北部。

种群现状 少见。

讨论 喻杰等 (2017) 于神农架林区记录到该物种，是湖北神农架鸟类新记录。

(五十六) 山椒鸟科 Campephagidae

279. 暗灰鹃䴗 *Lalage melaschistos* Hodgson, 1836

英文名 Black-winged cuckoo-shrike

种下单元 共 4 个亚种：指名亚种 (*L. m. melaschistos*)、西南亚种 (*L. m. avensis*)、普通亚种 (*L. m. intermedia*) 和海南亚种 (*L. m. saturata*)，国内均有分布。神农架为普通亚种。

分布 国内指名亚种见于西藏东南部、云南西北部；西南亚种见于西南地区；普通亚种见于华北、陕西南部、甘肃东南部、云南、贵州、四川、华东、华中及华南地区；海南亚种见于云南南部、海南。国外分布于印度、缅甸、泰国、老挝及越南。

种群现状 少见。

讨论 Jønsson 等 (2010) 通过分析其系统发育，将其由 *Coracina* 归入 *Lalage*。

280. 小灰山椒鸟 *Pericrocotus cantonensis* Swinhoe, 1861

英文名 Brown-rumped minivet

分布 国内分布于河南及以南、云南、贵州、四川及以东地区。国外分布于中南半岛。

种群现状 易见。

281. 灰山椒鸟 *Pericrocotus divaricatus* Raffles, 1822

英文名 Ashy minivet

种下单元 共 2 个亚种。国内仅分布有指名亚种 (*P. d. divaricatus*)，神农架为该亚种。

分布 国内除西北地区、西藏以外，分布于各省（区、市）。国外分布于印度、东南亚、东北亚。

种群现状 少见。

282. 长尾山椒鸟 *Pericrocotus ethologus* Bangs et Phillips, 1914

英文名 Long-tailed minivet

种下单元 共 7 个亚种。国内分布有 3 个亚种：指名亚种 (*P. e. ethologus*)、西藏亚种 (*P. e. laetus*) 和云南亚种 (*P. e. yvettae*)。神农架为指名亚种。

分布 国内指名亚种见于华北、西北、云南、贵州、四川地区和湖北中部、广西、台湾；西藏亚种见于西藏南部；云南亚种见于云南西部。国外分布于印度、喜马拉雅山脉及东南亚。

种群现状 易见。

(五十七) 卷尾科 Dicruridae

283. 发冠卷尾 *Dicrurus hottentottus* Linnaeus, 1766

英文名 Hair-crested drongo

种下单元 共 14 个亚种。国内分布有 2 个亚种：指名亚种 (*D. h. hottentottus*) 和普通亚种 (*D. h. brevirostris*)。神农架为普通亚种。

分布 国内指名亚种见于云南西部；普通亚种见于黑龙江、甘肃、陕西和华东、华中、华北地区。国外分布于印度、喜马拉雅山脉、东南亚。

种群现状 常见。

284. 灰卷尾 *Dicrurus leucophaeus* Vieillot, 1817

英文名 Ashy drongo

种下单元 共 13 个亚种。国内分布有 3 个亚种：普通亚种 (*D. l. leucogenis*)、西南亚种 (*D. l. hopwoodi*) 和华南亚种 (*D. l. salangensis*)。神农架为普通亚种或华南亚种。

分布 国内普通亚种见于甘肃和华北及以南、云南、贵州、四川及以东地区；西南亚种见于西南地区和广东西部、广西、海南；华南亚种分布于云南东部、贵州北部和中部、湖北、湖南、广东西北部、香港、澳门、广西东部、海南。国外分布于南亚、东南亚。

种群现状 易见。

285. 黑卷尾 *Dicrurus macrocercus* Vieillot, 1817

英文名 Black drongo

种下单元 共 7 个亚种。国内分布有 3 个亚种：藏南亚种 (*D. m. albirictus*)、台湾亚种 (*D. m. harterti*) 和普通亚种 (*D. m. cathoecus*)。神农架为普通亚种。

分布 国内藏南亚种见于西藏东南部；台湾亚种见于台湾；普通亚种除新疆、台湾外，见于全国各地。国外分布于南亚、东南亚。

种群现状 常见。

(五十八) 王鹟科 Monarchidae

286. 寿带 *Terpsiphone incei* Gould, 1852

英文名 Chinese paradise-flycatcher

分布 国内除内蒙古、青海、新疆外，分布于各省（区、市）。国外分布于南亚、东南亚。

种群现状 易见。

讨论 Fabre 等 (2012) 根据分子分析的结果，将该物种由 *Terpsiphone paradisi* 的普通亚种提升为种。

(五十九) 伯劳科 Laniidae

287. 牛头伯劳 *Lanius bucephalus* Temminck et Schlegel, 1844

英文名 Bull-headed shrike

种下单元 共 2 个亚种：指名亚种 (*L. b. bucephalus*) 和甘肃亚种 (*L. b. sicarius*)，国内均有分布。神农架为指名亚种。

分布 国内指名亚种分布于东北、华北、华东、华中及华南地区；甘肃亚种分布于北京、河北北部、甘肃中部和南部、四川中部和北部。国外分布于东北亚。

种群现状 少见。

288. 红尾伯劳 *Lanius cristatus* Linnaeus, 1758

英文名 Brown shrike

种下单元 共 14 个亚种。国内分布有 4 个亚种：指名亚种 (*L. c. cristatus*)、东北亚种 (*L. c. confusus*)、普通亚种 (*L. c. lucionensis*) 和日本亚种 (*L. c. superciliosus*)。神农架为指名亚种或普通亚种。

分布 国内指名亚种见于陕西、云南、贵州、四川及以东地区；东北亚种见于黑龙江、辽宁、河北北部、北京、内蒙古东北部、海南、台湾；普通亚种见于甘肃和吉林及以南、云南、贵州、四川及以东地区；日本亚种分布于华北、华中、华东及华南地区。国外分布于俄罗斯东部、蒙古国、东北亚、东南亚及南亚。

种群现状 常见。

289. 棕背伯劳 *Lanius schach* Linnaeus, 1758

英文名 Long-tailed shrike

种下单元 共 9 个亚种。国内分布有 5 个亚种：中亚亚种 (*L. s. erythronotus*)、西南亚种 (*L. s. tricolor*)、指名亚种 (*L. s. schach*)、台湾亚种 (*L. s. formosae*) 和海南亚种 (*L. s. hainanus*)。神农架为指名亚种。

分布 国内中亚亚种分布于新疆西部；西南亚种见于西藏东南部、云南；指名亚种见于天津、陕西南部、甘肃南部、新疆、云南、贵州、四川、河南及以南地区；台湾亚种见于台湾；海南亚种见于海南。国外分布于中亚东部、南亚及东南亚。

种群现状 常见。

290. 楔尾伯劳 *Lanius sphenocercus* Cabanis, 1873

英文名 Chinese gray shrike

种下单元 共 2 个亚种：指名亚种 (*L. s. sphenocercus*) 和西南亚种 (*L. s. giganteus*)，国内均有分布。神农架为指名亚种。

分布 国内指名亚种除新疆、西南地区外，见于各省（区、市）；西南亚种见于青海东部、西藏东北部、四川北部和西部。国外分布于俄罗斯远东地区、蒙古国及朝鲜半岛。

种群现状 地区性罕见。

讨论 周青春 (2015)、朱兆泉和宋朝枢 (1999) 均于神农架林区记录到该物种。该鸟虽然在我国分布范围较广，但种群数量并不多，较为少见，近年来更被部分省区列为省级野生保护动物（赵正阶，2001b）。同时，本书作者在近10年间的监测中也未记录到该物种，且神农架处于该物种分布地区的边缘。故其在本区域的种群数量应较少。

291. 灰背伯劳 *Lanius tephronotus* Vigors, 1831

英文名 Grey-backed shrike

种下单元 共2个亚种。国内仅分布有指名亚种（*L. t. tephronotus*），神农架为该亚种。

分布 国内见于西南、西北地区及内蒙古西部。国外分布于克什米尔、喜马拉雅山脉、南亚及中南半岛。

种群现状 少见。

292. 虎纹伯劳 *Lanius tigrinus* Drapiez, 1828

英文名 Tiger shrike

分布 国内除新疆、青海、海南外，分布于各省（区、市）。国外分布于东北亚、中南半岛及马来半岛。

种群现状 易见。

（六十）鸦科 Corvidae

293. 松鸦 *Garrulus glandarius* Linnaeus, 1758

英文名 Eurasian jay

种下单元 共34个亚种。国内分布有7个亚种：北疆亚种（*G. g. brandtii*）、北京亚种（*G. g. pekingensis*）、甘肃亚种（*G. g. kansuensis*）、西藏亚种（*G. g. interstinctus*）、云南亚种（*G. g. leucotis*）、普通亚种（*G. g. sinensis*）和台湾亚种（*G. g. taivanus*）。神农架为普通亚种。

分布 国内北疆亚种分布于黑龙江、内蒙古东北部、吉林、辽宁、新疆北部；北京亚种分布于北京、河北、山东东南部、山西、陕西、宁夏、甘肃东部、内蒙古东南部；甘肃亚种分布于甘肃西北部和西南部、青海；西藏亚种分布于西藏南部；云南亚种分布于云南南部；普通亚种分布于西北地区东部和华中、华南、云南、贵州、四川地区；台湾亚种仅分布于台湾。国外分布于东北亚、中南半岛、南亚、欧洲、北非。

种群现状 常见。

294. 灰喜鹊 *Cyanopica cyanus* Pallas, 1776

英文名 Asian azure-winged magpie

种下单元 共7个亚种。国内分布有6个亚种：指名亚种（*C. c. cyanus*）、兴安亚种（*C. c. pallescens*）、东北亚种（*C. c. stegmanni*）、华北亚种（*C. c. interposita*）、青海亚种（*C. c. kansuensis*）和长江亚种（*C. c. swinhoei*）。神农架为长江亚种。

分布 国内指名亚种分布于黑龙江、内蒙古东北部；兴安亚种分布于黑龙江北部；东北亚种分布于黑龙江、吉林、辽宁、内蒙古东北部；华北亚种分布于华北地区及河南、陕西、宁夏、甘肃南部和中部；青海亚种分布于甘肃西北部、青海东北部；长江亚种分布于甘肃西部、四川北部和华东、华中、华南地区。国外分布于俄罗斯东部、蒙古国、东北亚。

种群现状 地区性易见。

讨论 该物种喜欢在低海拔地区活动，较易被观察到。

295. 红嘴蓝鹊 *Urocissa erythroryncha* Boddaert, 1783

英文名 Red-billed blue magpie

种下单元 共5个亚种。国内分布有3个亚种：华北亚种（*U. e. brevivexilla*）、指名亚种（*U. e. erythroryncha*）和云南亚种（*U. e. alticola*）。神农架为指名亚种。

分布 国内华北亚种见于辽宁、华北地区；指名亚种见于陕西、宁夏和华东、华中、华南、云南、贵州、四川地区；云南亚种见于云南。国外分布于印度、尼泊尔、中南半岛。

种群现状 常见。

296. 灰树鹊 *Dendrocitta formosae* Swinhoe, 1863

英文名 Grey treepie

种下单元 共 8 个亚种。国内分布有 5 个亚种：云南亚种（*D. f. himalayana*）、四川亚种（*D. f. sapiens*）、华南亚种（*D. f. sinica*）、指名亚种（*D. f. formosae*）和海南亚种（*D. f. insulae*）。

分布 国内云南亚种分布于云南西部；四川亚种分布于四川西部；华南亚种分布于云南、贵州、四川、华东、华南地区；指名亚种分布于台湾；海南亚种见于海南。国外分布于喜马拉雅山脉、中南半岛。

种群现状 不详。

讨论 肖文发等（2009）、齐代华等（2009）分别于重庆巫山县五里坡自然保护区和巫溪县阴条岭自然保护区记录到该物种。该鸟多分布于长江以南区域（赵正阶，2001b；段文科和张正旺，2017b；Birdlife International，2018）。同时，本书作者在近 10 年间的监测中，也未记录到该物种。故该鸟在本区域的种群现状尚待进一步调查确定。

297. 喜鹊 *Pica pica* Linnaeus, 1758

英文名 Eurasian magpie

种下单元 共 10 个亚种。国内分布有 4 个亚种：新疆亚种（*P. p. bactriana*）、东北亚种（*P. p. leucoptera*）、青藏亚种（*P. p. bottanensis*）和普通亚种（*P. p. serica*）。神农架为普通亚种。

分布 国内新疆亚种分布于新疆、西藏西部；东北亚种见于内蒙古东北部；青藏亚种见于甘肃、西藏南部、青海、云南西北部、四川；普通亚种除新疆、西藏外，分布于各省（区、市）。国外分布于欧亚大陆、北非。

种群现状 常见。

298. 星鸦 *Nucifraga caryocatactes* Linnaeus, 1758

英文名 Northern nutcracker

种下单元 共 8 个亚种。国内分布有 6 个亚种：东北亚种（*N. c. macrorhynchos*）、华北亚种（*N. c. interdicta*）、新疆亚种（*N. c. rothschildi*）、西藏亚种（*N. c. hemispila*）、西南亚种（*N. c. macella*）和台湾亚种（*N. c. owstoni*）。神农架为西南亚种。

分布 国内东北亚种见于黑龙江、吉林、辽宁、北京、河北东北部、内蒙古东北部、新疆北部；华北亚种见于辽宁、北京、河北、山东、河南东北部、山西；新疆亚种分布于新疆；西藏亚种见于西藏；西南亚种见于山西南部、陕西、宁夏南部、甘肃西部和南部、西藏东南部、云南、四川和湖北；台湾亚种分布于台湾。国外分布于欧亚大陆。

种群现状 易见。

299. 红嘴山鸦 *Pyrrhocorax pyrrhocorax* Linnaeus, 1758

英文名 Red-billed chough

种下单元 共 8 个亚种。国内分布有 3 个亚种：青藏亚种（*P. p. himalayanus*）、疆西亚种（*P. p. centralis*）和北方亚种（*P. p. brachypus*）。神农架为北方亚种。

分布 国内青藏亚种见于甘肃、新疆南部、西藏、青海、云南西北部、四川；疆西亚种见于新疆西部；北方亚种见于辽宁、河南、湖北及华北、西北地区。国外分布于中亚、西亚、欧洲、北非。

种群现状 地区性罕见。

讨论 肖文发等（2009）于重庆巫山县五里坡自然保护区记录到该物种。但神农架处于该物种已知分布地的边缘地带（段文科和张正旺，2017b；Birdlife International，2018）。同时，本书作者在近 10 年间的监测中，也未记录到该物种。故该鸟在本区域的种群数量应较少。

300. 小嘴乌鸦 *Corvus corone* Linnaeus, 1758

英文名 Carrion crow

种下单元 共 2 个亚种。国内仅分布有普通亚种（*C. c. orientalis*），神农架为该亚种。

分布 国内除西南地区以外，分布于各省（区、市）。国外分布于欧洲西部和南部、中亚、蒙古国、西伯利亚及东北亚。

种群现状 地区性少见。

讨论 该物种在神农架林区及其周边多个地区均被记录到。其在神农架为旅鸟，但神农架处于该物种分布地区的边缘（段文科和张正旺，2017b；Birdlife International，2018）。同时，本书作者在近 10 年间的监测中，并未记录到该物种。故该鸟在本区域的种群数量应该十分稀少。

小嘴乌鸦与大嘴乌鸦较为相似，不易区分，与大嘴乌鸦相比，其体型较小，嘴较细短，常活动于河流、农田、村庄等生境中，有时会与大嘴乌鸦混群（赵正阶，2001b）。

301. 达乌里寒鸦 *Corvus dauuricus* Pallas, 1776

英文名 Daurian jackdaw

分布 国内除海南外，分布于各省（区、市）。国外分布于西伯利亚、蒙古国、朝鲜半岛、日本。

种群现状 地区性少见。

302. 秃鼻乌鸦 *Corvus frugilegus* Linnaeus, 1758

英文名 Rook

种下单元 共 2 个亚种：指名亚种（*C. f. frugilegus*）和普通亚种（*C. f. pastinator*），国内均有分布。神农架为普通亚种。

分布 国内指名亚种见于新疆西部；普通亚种除新疆、西藏、云南以外，分布于各省（区、市）。国外分布于欧亚大陆。

种群现状 地区性少见。

讨论 该物种在神农架林区及其周边多个地区均被记录到，但多本志书表明神农架处于该物种分布地区的边缘（段文科和张正旺，2017b；Birdlife International，2018）。同时，本书作者在近 10 年间的监测中，也未记录到该物种。故该鸟在本区域的种群数量应十分稀少。

303. 大嘴乌鸦 *Corvus macrorhynchos* Wagler, 1827

英文名 Large-billed crow

种下单元 共 11 个亚种。国内分布有 5 个亚种：西藏亚种（*C. m. intermedius*）、青藏亚种（*C. m. tibetosinensis*）、东北亚种（*C. m. mandschuricus*）、普通亚种（*C. m. colonorum*）和藏南亚种（*C. m. levaillantii*）。神农架为普通亚种。

分布 国内西藏亚种分布于西藏西南部、南部和西部；青藏亚种分布于西藏东南部、青海东部、云南西北部和西部、四川北部和西部；东北亚种分布于黑龙江、吉林、辽宁、河北北部、内蒙古北部；普通亚种分布于东北地区、宁夏和甘肃以南、云南、贵州、四川以东地区；藏南亚种见于西藏南部。国外分布于东北亚、南亚及东南亚。

种群现状 常见。

304. 白颈鸦 *Corvus pectoralis* Gould, 1836

英文名 Collared crow

分布 国内见于内蒙古、陕西和甘肃以南、云南、贵州、四川以东地区。国外分布于越南。

种群现状 易见。

（六十一）玉鹟科 Stenostiridae

305. 方尾鹟 *Culicicapa ceylonensis* Swainson, 1820

英文名 Grey-headed canary-flycatcher

种下单元 共 5 个亚种。国内仅分布有普通亚种（*C. c. calochrysea*），神农架为该亚种。

分布 国内分布于西部、华东、华中、华南地区。国外分布于喜马拉雅山脉、中南半岛。

种群现状 易见。

(六十二) 山雀科 Paridae

306. 火冠雀 *Cephalopyrus flammiceps* Burton, 1836

英文名 Fire-capped tit

种下单元 共 2 个亚种：指名亚种 (*C. f. flammiceps*) 和西南亚种 (*C. f. olivaceus*)，国内均有分布。神农架为西南亚种。

分布 国内指名亚种分布于西藏西南部；西南亚种分布于陕西南部、宁夏、甘肃东南部、西藏东南部、云南、四川、贵州西部、广西。国外分布于喜马拉雅山脉。

种群现状 地区性罕见。

讨论 由攀雀科 (Remizidae) 归入山雀科 (Paridae) (Johansson et al., 2013)。高学斌等 (未发表数据) 于湖北兴山县目击到该物种，是湖北省鸟类新记录。推测在神农架及其周边地区该物种可能有更为广泛的分布。

307. 煤山雀 *Periparus ater* Linnaeus, 1758

英文名 Coal tit

种下单元 共 21 个亚种。国内分布有 7 个亚种：指名亚种 (*P. a. ater*)、新疆亚种 (*P. a. rufipectus*)、西南亚种 (*P. a. aemodius*)、北京亚种 (*P. a. pekinensis*)、秦皇岛亚种 (*P. a. insularis*)、挂墩亚种 (*P. a. kuatunensis*) 和台湾亚种 (*P. a. ptilosus*)。神农架为西南亚种。

分布 国内指名亚种分布于黑龙江、吉林、辽宁、内蒙古中部和东部、新疆北部；新疆亚种分布于新疆中部和西部；西南亚种分布于陕西南部、宁夏、甘肃南部和西南部、西藏、云南北部、四川、贵州西部、湖北；北京亚种分布于辽宁南部、北京、天津、河北西部和北部、山东东部、山西；秦皇岛亚种分布于辽宁西部、河北东北部；挂墩亚种分布于安徽东南部、江西、浙江、福建西北部；台湾亚种分布于台湾。国外分布于欧洲、北非及地中海沿岸国家、西伯利亚及日本。

种群现状 易见。

讨论 Johansson 等 (2013) 根据系统发育的分析结果，将该物种由 *Parus* 归入 *Periparus*。

308. 黑冠山雀 *Periparus rubidiventris* Blyth, 1847

英文名 Rufous-vented tit

种下单元 共 4 个亚种。国内分布有 2 个亚种：西南亚种 (*P. r. beavani*) 和指名亚种 (*P. r. rubidiventris*)。神农架为西南亚种。

分布 国内西南亚种分布于陕西南部、甘肃、西藏南部和东南部、青海东南部、云南西北部、四川；指名亚种见于西藏东南部。国外分布于喜马拉雅山脉。

种群现状 易见。

讨论 Johansson 等 (2013) 根据系统发育的分析结果，将该物种由 *Parus* 归入 *Periparus*。

309. 黄腹山雀 *Pardaliparus venustulus* Swinhoe, 1870

英文名 Yellow-bellied tit

分布 中国特有种，分布于华南、华中、华东及西南部分地区，繁殖区位于东北地区，向南可至北京。

种群现状 常见。

讨论 Johansson 等 (2013) 根据系统发育的分析结果，将该物种由 *Parus* 归入 *Pardaliparus*。

310. 褐冠山雀 *Lophophanes dichrous* Blyth, 1844

英文名 Grey-crested tit

种下单元 共 4 个亚种。国内分布有 3 个亚种：指名亚种 (*L. d. dichrous*)、西南亚种 (*L. d. wellsi*) 和甘肃亚种 (*L. d. dichroides*)。神农架为甘肃亚种。

分布 国内指名亚种分布于西藏东南部；西南亚种分布于云南西北部、四川；甘肃亚种分布于陕西南部、甘肃、西藏北部、青海东部和南部、四川北部、湖北。国外分布于喜马拉雅山脉。

种群现状 地区性罕见。

讨论　Johansson 等（2013）根据系统发育的分析结果，将该物种由 *Parus* 归入 *Lophophanes*。刘三峡等（2016）于神农架林区记录到该物种，是湖北省鸟类新记录。考虑到神农架处于该物种分布地区的边缘，故其在本区域的种群数量应该十分稀少。

311. 红腹山雀 *Poecile davidi* Berezowski et Bianchi, 1891

英文名　Rusty-breasted tit

分布　中国特有种，主要分布于陕西南部、甘肃南部、四川、湖北西部。

种群现状　少见。

讨论　Johansson 等（2013）根据系统发育的分析结果，将该物种由 *Parus* 归入 *Poecile*。

312. 褐头山雀 *Poecile montanus* Conrad von Baldenstein, 1827

英文名　Willow tit

种下单元　共 4 个亚种。国内分布有 3 个亚种：西北亚种（*P. m. affinis*）、华北亚种（*P. m. stoetzneri*）和东北亚种（*P. m. baicalensis*）。神农架为华北亚种。

分布　国内西北亚种见于宁夏北部；华北亚种分布于河北北部、北京、河南、陕西南部、内蒙古东南部；东北亚种分布于黑龙江、吉林、辽宁东部、内蒙古东北部、新疆北部。国外分布于中亚。

种群现状　地区性少见。

讨论　由 *Parus* 归入 *Poecile*，原 *Parus sonarus* 各亚种并入本种（Johansson et al., 2013）。王玛丽等（2004）、高学斌等（未发表数据）分别于陕西镇坪县化龙山自然保护区和湖北兴山县记录到该物种。考虑到神农架处于该物种分布地区的边缘，故其在本区域的种群数量应较少。

313. 沼泽山雀 *Poecile palustris* Linnaeus, 1758

英文名　Marsh tit

种下单元　共 11 个亚种。国内分布有 4 个亚种：东北亚种（*P. p. brevirostris*）、华北亚种（*P. p. hellmayri*）、西北亚种（*P. p. hypermelaenus*）和西南亚种（*P. p. dejeani*）。神农架为西北亚种。

分布　国内东北亚种分布于黑龙江、吉林、辽宁、内蒙古东部和北部、新疆北部；华北亚种见于华东地区；西北亚种见于陕西南部、甘肃南部、湖北西部；西南亚种见于西南地区。国外不连续地分布于温带的欧洲及东亚。

种群现状　易见。

讨论　Johansson 等（2013）根据系统发育的分析结果，将该物种由 *Parus* 归入 *Poecile*。

314. 大山雀 *Parus cinereus* Linnaeus, 1758

英文名　Cinereous tit

种下单元　共 33 个亚种。国内分布有 5 个亚种：青藏亚种（*P. c. tibetanus*）、西南亚种（*P. c. subtibetanus*）、华北亚种（*P. c. minor*）、华南亚种（*P. c. commixtus*）和海南亚种（*P. c. hainanus*）。神农架为华北亚种。

分布　国内青藏亚种分布于西藏、青海南部、四川北部和西部；西南亚种分布于西藏东南部、云南、四川、贵州西部和西南部；华北亚种分布于华中、华东、华北及东北地区；华南亚种分布于华南地区；海南亚种见于海南。国外分布于古北界、印度、日本、东南亚至大巽他群岛。

种群现状　常见。

讨论　该鸟由 *Parus major* 的亚种提升为种（Päckert et al., 2005; Eck and Martens, 2006）。

315. 绿背山雀 *Parus monticolus* Vigors, 1831

英文名　Green-backed tit

种下单元　共 4 个亚种。国内分布有 3 个亚种：指名亚种（*P. m. monticolus*）、西南亚种（*P. m. yunnanensis*）和台湾亚种（*P. m. insperatus*）。神农架为西南亚种。

分布　国内指名亚种分布于西藏南部和东南部；西南亚种见于西南地区；台湾亚种见于

台湾。国外分布于巴基斯坦、喜马拉雅山脉南部、老挝中部、越南及缅甸。

种群现状 常见。

(六十三) 百灵科 Alaudidae

316. 凤头百灵 *Galerida cristata* Linnaeus, 1758

英文名 Crested lark

种下单元 共37个亚种。国内分布有2个亚种：新疆亚种（*G. c. magna*）和东北亚种（*G. c. leautungensis*）。神农架为东北亚种。

分布 国内新疆亚种分布于内蒙古西部、宁夏北部、甘肃西北部、新疆、青海东北部；东北亚种见于辽宁、北京、河北、山东、河南、山西、陕西、内蒙古东部、甘肃、西藏南部、青海、四川北部、湖北、江苏。国外分布于东亚、中亚、西亚、南欧及非洲。

种群现状 地区性少见。

讨论 周青春（2015）、廖明尧（2015）、王玛丽等（2004）分别于神农架林区和陕西镇坪县化龙山自然保护区记录到该物种。考虑到神农架处于该物种分布地区的边缘，故其在本区域的种群数量应该十分稀少。

凤头百灵是重要的观赏鸟类，善于鸣唱，声音婉转动听，存在人为饲养的情况（赵正阶，2001b）。神农架观察到的该物种个体不排除人工养殖种群或宠物逃逸的可能。

317. 云雀 *Alauda arvensis* Linnaeus, 1758

英文名 Eurasian skylark

种下单元 共13个亚种。国内分布有6个亚种：新疆亚种（*A. a. dulcivox*）、北方亚种（*A. a. kiborti*）、东北亚种（*A. a. intermedia*）、北京亚种（*A. a. pekinensis*）、萨哈林亚种（*A. a. lonnbergi*）和日本亚种（*A. a. japonica*）。神农架为东北亚种。

分布 国内新疆亚种见于新疆；北方亚种见于东北地区、河北、北京、内蒙古东北部、福建；东北亚种见于东北地区、内蒙古、甘肃、陕西、湖北、湖南及以东地区；北京亚种见于东北、华北地区；萨哈林亚种见于江苏；日本亚种见于江苏。国外分布于欧亚大陆、非洲。

种群现状 不详。

讨论 云雀（*Alauda arvensis*）和小云雀（*Alauda gulgula*）这2个物种形态特征非常相似，辨认难度较大。云雀在神农架是冬候鸟，而小云雀为留鸟（段文科和张正旺，2017b）。根据近期观鸟爱好者的拍摄记录可知，全年均能拍摄到该形态的鸟类，故夏季于神农架记录到的应为小云雀，而秋冬季的记录不能确定是2种中的哪个物种。故云雀在本区域内种群现状尚待进一步调查确定。

318. 小云雀 *Alauda gulgula* Franklin, 1831

英文名 Oriental skylark

种下单元 共8个亚种。国内分布有7个亚种：西藏亚种（*A. g. lhamarum*）、长江亚种（*A. g. weigoldi*）、西北亚种（*A. g. inopinata*）、西南亚种（*A. g. vernayi*）、华南亚种（*A. g. coelivox*）、台湾亚种（*A. g. wattersi*）和海南亚种（*A. g. sala*）。神农架为长江亚种。

分布 国内西藏亚种见于西藏西南部；长江亚种见于山东、陕西、甘肃东部、四川、湖北、安徽、江苏、上海；西北亚种见于陕西、宁夏、甘肃西北部和西南部、新疆、西藏、青海、四川；西南亚种见于云南西部和南部、贵州西部、四川西南部；华南亚种见于云南中部和东部、贵州、湖南南部、江西北部、浙江、福建、广东、香港、澳门、广西；台湾亚种见于台湾；海南亚种见于海南。国外分布于南亚、中亚及中南半岛。

种群现状 常见。

讨论 同云雀部分讨论。

(六十四) 扇尾莺科 Cisticolidae

319. 棕扇尾莺 *Cisticola juncidis* Rafinesque, 1810

英文名 Zitting cisticola

种下单元 共18个亚种。国内仅分布有普通亚种 (*C. j. tinnabulans*)，神农架为该亚种。

分布 国内分布于华中、华东和华南地区。国外分布于非洲、南欧、印度、日本、东南亚及澳大利亚北部。

种群现状 少见。

320. 山鹪莺 *Prinia crinigera* Hodgson, 1836

英文名 Striated prinia

种下单元 共6个亚种。国内分布有5个亚种：指名亚种 (*P. c. crinigera*)、西南亚种 (*P. c. catharia*)、滇东亚种 (*P. c. parvirostris*)、华南亚种 (*P. c. parumstriata*) 和台湾亚种 (*P. c. striata*)。神农架为西南亚种。

分布 国内指名亚种分布于西藏东南部；西南亚种分布于西南地区；滇东亚种见于云南；华南亚种见于华南地区；台湾亚种见于台湾。国外分布于阿富汗至印度北部、缅甸。

种群现状 易见。

321. 纯色山鹪莺 *Prinia inornata* Sykes, 1832

英文名 Plain prinia

种下单元 共10个亚种。国内分布有2个亚种：台湾亚种 (*P. i. flavirostris*) 和华南亚种 (*P. i. extensicauda*)。神农架为华南亚种。

分布 国内台湾亚种见于台湾；华南亚种见于华中、西南、华南地区。国外分布于印度、东南亚及爪哇。

种群现状 易见。

讨论 别名褐头鹪莺。

(六十五) 苇莺科 Acrocephalidae

322. 黑眉苇莺 *Acrocephalus bistrigiceps* Swinhoe, 1860

英文名 Black-browed reed-warbler

分布 国内分布于黑龙江、吉林、辽宁、北京、天津、山东、河北、河南、陕西、内蒙古中部和东北部、云南、湖北、湖南、安徽、江西、江苏、上海、浙江、福建、广东、澳门、广西、海南、台湾。国外繁殖于东北亚，冬季至印度、东南亚。

种群现状 地区性罕见。

讨论 近期观鸟爱好者喻杰先生在神农架国家公园记录到该物种。其在神农架为旅鸟 (段文科和张正旺，2017a)，而神农架地处全球三大鸟类迁徙区之"亚洲—大洋洲"区，是世界鸟类迁徙路径的重要位置之一，亦是中国三大鸟类迁徙通道之中线上的一个关键停歇点 (李孚允和杨若莉，1997)，故推测其可能是迁徙时被记录到。

323. 钝翅苇莺 *Acrocephalus concinens* Swinhoe, 1870

英文名 Blunt-winged warbler

种下单元 共3个亚种。国内仅分布有指名亚种 (*A. c. concinens*)，神农架为该亚种。

分布 国内分布于华北、华中、西南及东南地区。国外分布于中亚、印度、东南亚。

种群现状 罕见。

讨论 高学斌等 (未发表数据)、肖文发等 (2009) 分别于湖北兴山县和重庆巫山县五里坡自然保护区记录到该物种。该物种在我国分布较广，但种群数量并不丰富，较为少见 (赵正阶，2001b)。同时，本书作者在近10年间的监测中，也未记录到该物种。故该鸟在本区域的种群数量应较少。

324. 东方大苇莺 *Acrocephalus orientalis* Temminck et Schlegel, 1847

英文名 Oriental reed-warbler

分布 国内除西藏外，分布于各省 (区、市)。国外分布于东亚、印度、东南亚、新几内亚、澳大利亚。

种群现状 少见。

(六十六) 鳞胸鹪鹛科 Pnoepygidae

325. 小鳞胸鹪鹛 *Pnoepyga pusilla* Hodgson, 1845

英文名　Pygmy cupwing
种下单元　共 8 个亚种。国内仅分布有指名亚种 (*P. p. pusilla*)，神农架为该亚种。
分布　国内分布于中部及南方广大地区。国外分布于东南亚。
种群现状　少见。

(六十七) 蝗莺科 Locustellidae

326. 矛斑蝗莺 *Locustella lanceolata* Temminck, 1840

英文名　Lanceolated warbler
种下单元　共 2 个亚种。国内仅分布有普通亚种 (*L. l. lanceolata*)。
分布　国内分布于东北、华东和南方大部地区。国外分布于西伯利亚、古北界东部、东南亚。
种群现状　不详。
讨论　周青春 (2015) 和廖明尧 (2015) 于神农架林区记录到该物种。其在神农架为旅鸟 (段文科和张正旺，2017b；Birdlife International，2018)。同时，本书作者在近 10 年间的监测中，也未记录到该物种。故该鸟在本区域的种群现状尚待进一步调查确定。

327. 棕褐短翅蝗莺 *Locustella luteoventris* Hodgson, 1845

英文名　Brown grasshopper-warbler
分布　国内除西北、东北地区外，各省 (区、市) 均有分布。国外分布于喜马拉雅山脉及缅甸、越南。
种群现状　少见。
讨论　别名棕褐短翅莺。

328. 高山短翅蝗莺 *Locustella mandelli* W. E. Brooks, 1875

英文名　Russet grasshopper-warbler
种下单元　共 3 个亚种。国内分布有 2 个亚种：指名亚种 (*L. m. mandelli*) 和东南亚种 (*L. m. melanorhyncha*)。神农架为指名亚种。
分布　国内指名亚种分布于陕西南部、云南东北部、四川、贵州、湖南；东南亚种分布于江西、浙江、福建、广东、广西、台湾。国外分布于喜马拉雅山脉东部、印度东北部、菲律宾、爪哇、帝汶。
种群现状　少见。
讨论　别名高山短翅莺。肖文发等 (2009) 和齐代华等 (2009) 分别于神农架林区和重庆巫溪县阴条岭自然保护区记录到该物种。其已知分布地接近神农架 (段文科和张正旺，2017b)。近期观鸟爱好者喻杰先生在神农架林区拍摄到该物种。

329. 斑胸短翅蝗莺 *Locustella thoracica* Blyth, 1845

英文名　Spotted grasshopper-warbler
种下单元　共 4 个亚种。国内分布有 2 个亚种：指名亚种 (*L. t. thoracica*) 和西北亚种 (*L. t. przevalskii*)。
分布　国内指名亚种分布于西藏东南部、云南南部、四川北部、贵州东南部、湖北、江西、广西；西北亚种分布于陕西、宁夏、甘肃西北部、青海东北部、四川东北部。国外分布于中亚及喜马拉雅山脉至西伯利亚西部。
种群现状　不详。
讨论　别名斑胸短翅莺。该物种原本在国内分布有 3 个亚种，其中 Round 和 Loskot (1994) 根据原东北亚种与其他亚种在形态上、栖息地及鸣声上有较大差异，将其独立为一个新种。

该物种在神农架林区及其周边多个地区均被记录到，但神农架处于其已知分布地的邻近地区 (段文科和张正旺，2017b)。同时，本书作者在近 10 年间的监测中，也未记录到该物种。故该鸟在本区域的种群现状尚待进一步调查确定。

(六十八) 燕科 Hirundinidae

330. 淡色崖沙燕 *Riparia diluta* Sharpe et Wyatt, 1893

英文名　Pale sand martin

种下单元　共 6 个亚种。国内分布有 3 个亚种：新疆亚种 (*R. d. diluta*)、青藏亚种 (*R. d. tibetana*) 和福建亚种 (*R. d. fohkienensis*)。神农架为福建亚种。

分布　国内新疆亚种见于新疆、青海西北部；青藏亚种见于西藏东南部、青海和四川北部；福建亚种见于河南北部、陕西南部、甘肃南部、四川东部、重庆、贵州、湖北、江苏、浙江、福建、广东、香港、广西。国外分布于俄罗斯贝加尔湖以南、中亚、巴基斯坦、印度北部和尼泊尔。

种群现状　少见。

讨论　该物种与崖沙燕 (*Riparia riparia*) 形态特征较为相似，较易混淆，结合两者的已知分布范围及在神农架实地拍摄的照片信息，确认原神农架的崖沙燕记录应为该物种。

331. 家燕 *Hirundo rustica* Linnaeus, 1758

英文名　Barn swallow

种下单元　共 8 个亚种。国内分布有 4 个亚种：指名亚种 (*H. r. rustica*)、普通亚种 (*H. r. gutturalis*)、北方亚种 (*H. r. tytleri*) 和东北亚种 (*H. r. mandschurica*)。神农架为普通亚种。

分布　国内指名亚种分布于新疆、西藏西部；普通亚种分布于各省（区、市）；北方亚种分布于黑龙江南部、北京、河北、山东、内蒙古东北部、云南、贵州、四川、江苏东部、上海、福建、台湾；东北亚种分布于黑龙江。国外分布于世界各地。

种群现状　常见。

332. 岩燕 *Ptyonoprogne rupestris* Scopoli, 1769

英文名　Eurasian crag martin

分布　国内分布于整个西部及华北、东北地区。国外分布于非洲北部、南欧、西亚、中亚及南亚。

种群现状　不详。

讨论　肖文发等 (2009) 于重庆巫山县五里坡自然保护区记录到该物种。但神农架处于其已知分布地的邻近地区 (段文科和张正旺, 2017b)。同时，本书作者在近 10 年间的监测中，也未记录到该物种。故该燕在本区域的种群现状尚待进一步调查确定。

333. 烟腹毛脚燕 *Delichon dasypus* Bonaparte, 1850

英文名　Asian house martin

种下单元　共 10 个亚种。国内分布有 3 个亚种：指名亚种 (*D. d. dasypus*)、西南亚种 (*D. d. cashmeriensis*) 和福建亚种 (*D. d. nigrimentalis*)。神农架为西南亚种。

分布　国内指名亚种见于黑龙江、江苏东部、上海、福建中部；西南亚种见于北京、山西南部、陕西南部、甘肃西北部、宁夏、西藏南部、青海、云南西北部、四川、重庆、贵州东北部、湖北西部；福建亚种见于湖南、安徽、江西、浙江、福建、广东、香港、广西、台湾。国外分布于东亚及东南亚。

种群现状　少见。

334. 毛脚燕 *Delichon urbicum* Linnaeus, 1758

英文名　Northern house martin

种下单元　共 3 个亚种。国内分布有 2 个亚种：指名亚种 (*D. u. urbicum*) 和东北亚种 (*D. u. lagopodum*)。神农架为东北亚种。

分布　国内指名亚种分布于新疆、西藏西部；东北亚种分布于东北、华北、华东、华中地区及广东南部。国外分布于欧亚大陆及非洲。

种群现状　少见。

335. 金腰燕 *Cecropis daurica* Linnaeus, 1771

英文名　Red-rumped swallow

种下单元 共 10 个亚种。国内分布有 4 个亚种：指名亚种 (*C. d. daurica*)、青藏亚种 (*C. d. gephrya*)、西南亚种 (*C. d. nipalensis*) 和普通亚种 (*C. d. japonica*)。神农架为普通亚种。

分布 国内指名亚种分布于黑龙江、吉林、内蒙古东北部、新疆；青藏亚种分布于山东、宁夏、甘肃西部和南部、西藏南部和东部、青海东部和南部、云南西部和西北部、四川、江苏东部及福建东部；西南亚种见于西藏南部、云南西部及广西西北部；普通亚种见于西部除西藏以外地区。国外分布于欧亚大陆南部、非洲、大洋洲。

种群现状 常见。

(六十九) 鹎科 Pycnonotidae

336. 领雀嘴鹎 *Spizixos semitorques* Swinhoe, 1961

英文名 Collared finchbill

种下单元 共 2 个亚种：指名亚种 (*S. s. semitorques*) 和台湾亚种 (*S. s. cinereicapillus*)，国内均有分布。神农架为指名亚种。

分布 国内指名亚种分布于云南、贵州、四川、陕西南部、甘肃南部和华中、华东、华南地区；台湾亚种分布于台湾。国外分布于越南北部。

种群现状 常见。

讨论 别名绿鹦嘴鹎。

337. 白头鹎 *Pycnonotus sinensis* Gmelin, 1789

英文名 Light-vented bulbul

种下单元 共 4 个亚种。国内分布有 3 个亚种：指名亚种 (*P. s. sinensis*)、台湾亚种 (*P. s. formosae*) 和两广亚种 (*P. s. hainanus*)。神农架为指名亚种。

分布 国内指名亚种除黑龙江、吉林、新疆、西藏、台湾外，分布于各省（区、市）；台湾亚种见于台湾；两广亚种见于广东南部、广西西南部、海南。国外分布于韩国、越南、日本。

种群现状 常见。

338. 黄臀鹎 *Pycnonotus xanthorrhous* Anderson, 1869

英文名 Brown-breasted bulbul

种下单元 共 2 个亚种：指名亚种 (*P. x. xanthorrhous*) 和华南亚种 (*P. x. andersoni*)，国内均有分布。神农架为华南亚种。

分布 国内指名亚种分布于西藏东南部、云南西部、四川西部、广西北部；华南亚种分布于陕西、甘肃中部和南部及华东、华中、华南地区。国外分布于中南半岛。

种群现状 常见。

339. 绿翅短脚鹎 *Ixos mcclellandii* Horsfield, 1840

英文名 Mountain bulbul

种下单元 共 9 个亚种。国内分布有 3 个亚种：指名亚种 (*I. m. mcclellandii*)、云南亚种 (*I. m. similis*) 和华南亚种 (*I. m. holtii*)。神农架为华南亚种。

分布 国内指名亚种分布于西藏；云南亚种分布于云南、海南；华南亚种分布于华中、华南和西南地区。国外分布于印度、喜马拉雅山脉、中南半岛及马来西亚。

种群现状 易见。

340. 黑短脚鹎 *Hypsipetes leucocephalus* Gmelin, 1789

英文名 Black bulbul

种下单元 共 10 个亚种。国内分布有 9 个亚种：西藏亚种 (*H. l. psaroides*)、独龙亚种 (*H. l. ambiens*)、滇南亚种 (*H. l. concolor*)、四川亚种 (*H. l. leucothorax*)、丽江亚种 (*H. l. stresemanni*)、滇西亚种 (*H. l. sinensis*)、东南亚种 (*H. l. leucocephalus*)、台湾亚种 (*H. l. nigerrimus*) 和海南亚种 (*H. l. perniger*)。神农架为四川亚种或东南亚种。

分布 国内西藏亚种分布于西藏东南部；独龙亚种分布于云南西北部；滇南亚种分布于

云南西部和西南部；四川亚种分布于陕西南部、云南西部、四川西南部和中部、重庆、湖北；丽江亚种分布于云南北部；滇西亚种分布于云南西南部；东南亚种分布于云南南部和贵州及以东、河南及以南地区；台湾亚种分布于台湾；海南亚种分布于广西西南部、海南。国外分布于印度、喜马拉雅山脉及中南半岛。

种群现状 易见。

讨论 别名黑鸦。

（七十）柳莺科 Phylloscopidae

341. 黄腹柳莺 *Phylloscopus affinis* Tickell, 1833

英文名 Tickell's leaf warbler

种下单元 共 2 个亚种。国内仅分布有指名亚种（*P. a. affinis*），神农架为该亚种。

分布 国内分布于西藏西部和南部。国外分布于巴基斯坦北部至喜马拉雅山脉，越冬于印度、孟加拉国、缅甸北部。

种群现状 常见。

342. 棕眉柳莺 *Phylloscopus armandii* Milne-Edwards, 1865

英文名 Yellow-streaked warbler

种下单元 共 2 个亚种：指名亚种（*P. a. armandii*）和西南亚种（*P. a. perplexus*），国内均有分布。神农架为西南亚种。

分布 国内指名亚种见于辽宁、河北、北京、天津、陕西、内蒙古、宁夏、甘肃南部、西藏东部、青海、云南南部、四川、重庆、香港；西南亚种分布于西藏东南部、云南、四川西南部、重庆、贵州、湖北、湖南北部、江西、广西。国外分布于缅甸、中南半岛北部。

种群现状 少见。

343. 极北柳莺 *Phylloscopus borealis* Blasius, 1858

英文名 Arctic warbler

种下单元 共 2 个亚种。国内仅分布有指名亚种（*P. b. borealis*），神农架为该亚种。

分布 国内除海南外，分布于各省（区、市）。国外分布于欧洲北部、亚洲北部及阿拉斯加。

种群现状 少见。

344. 冠纹柳莺 *Phylloscopus claudiae* La Touche, 1922

英文名 Claudia's leaf warbler

分布 国内分布于北京、河北、山西东南部、陕西东南部、宁夏、甘肃南部、云南、四川北部、贵州、湖北、湖南、江西、福建、台湾。国外分布于巴基斯坦北部、喜马拉雅山脉、缅甸和中南半岛。

种群现状 少见。

345. 冕柳莺 *Phylloscopus coronatus* Temminck et Schlegel, 1847

英文名 Eastern crowned warbler

分布 国内除宁夏、青海、海南外，分布于各省（区、市）。国外分布于亚洲东北部、东南亚、苏门答腊及爪哇。

种群现状 少见。

346. 峨眉柳莺 *Phylloscopus emeiensis* Alström et Olsson, 1995

英文名 Emei leaf-warbler

分布 中国特有种，分布于陕西南部、云南中部和四川。

种群现状 地区性罕见。

讨论 高学斌等（未发表数据）于湖北兴山县调查时记录到该物种。但多本志书表明其已知分布地仅在陕西、云南和四川（段文科和张正旺，2017b；郑光美，2017）。该物种分布区狭窄，种群数量在我国稀少，属珍贵的稀有物种（赵正阶，2001b）。同时，本书作者在近年来的监测中也未记录到该物种，且神农架处于该物种分布地区的边缘。故其在本区域的种群数量应该十分稀少。

347. 褐柳莺 *Phylloscopus fuscatus* Blyth, 1842

英文名 Dusky warbler

种下单元 共 3 个亚种。国内分布有 2 个亚种：指名亚种 (*P. f. fuscatus*) 和西北亚种 (*P. f. robustus*)。神农架为指名亚种。

分布 国内指名亚种见于各省（区、市）；西北亚种分布于内蒙古中部和西部、甘肃、青海、四川北部。国外分布于亚洲北部、西伯利亚、蒙古国北部、东南亚、中南半岛、喜马拉雅山脉。

种群现状 少见。

348. 淡眉柳莺 *Phylloscopus humei* Brooks, 1878

英文名 Hume's leaf warbler

种下单元 共 2 个亚种：指名亚种 (*P. h. humei*) 和普通亚种 (*P. h. mandellii*)，国内均有分布。神农架为普通亚种。

分布 国内指名亚种分布于内蒙古、新疆；普通亚种分布于北京、河北、山西、陕西、宁夏、甘肃、西藏东南部、青海、云南北部、四川。国外分布于中亚、印度、东南亚。

种群现状 地区性罕见。

讨论 高学斌等（未发表数据）于湖北兴山县记录到该物种，但多本志书表明神农架处于该物种已知分布地的邻近区域（段文科和张正旺，2017b；郑光美，2017；Birdlife International，2018）。同时，本书作者在近 10 年间的监测中，也未记录到该物种。故该物种在本区域的种群数量应十分稀少。

349. 黄眉柳莺 *Phylloscopus inornatus* Blyth, 1842

英文名 Yellow-browed warbler

分布 国内除新疆外，分布于各省（区、市）。国外分布于亚洲北部、印度、东南亚及马来半岛。

种群现状 易见。

350. 甘肃柳莺 *Phylloscopus kansuensis* Meise, 1933

英文名 Gansu leaf warbler

分布 中国特有种，分布于甘肃西部和南部、青海西北部。

种群现状 不详。

讨论 王玛丽等（2004）于陕西镇坪县化龙山自然保护区正河垭记录到该物种。但多本志书表明其已知分布地仅在甘肃西部和南部、青海西北部（段文科和张正旺，2017b；郑光美，2017）。同时，本书作者在近 10 年间的监测中，也未记录到该物种。故该鸟在本区域的种群现状尚待进一步调查确定。

351. 乌嘴柳莺 *Phylloscopus magnirostris* Blyth, 1843

英文名 Large-billed leaf warbler

分布 国内分布于北京、山东、陕西、内蒙古中部、宁夏、甘肃、西藏南部和东南部、青海东部、云南、四川、重庆、湖北、湖南。国外分布于喜马拉雅山脉、缅甸东北部、印度。

种群现状 少见。

352. 白斑尾柳莺 *Phylloscopus ogilviegranti* La Touche, 1922

英文名 Kloss's leaf-warbler

种下单元 共 4 个亚种。国内分布有 2 个亚种：西南亚种 (*P. o. disturbans*) 和挂墩亚种 (*P. o. ogilviegranti*)。

分布 国内西南亚种分布于陕西、四川、重庆、贵州、湖南、广西；挂墩亚种分布于江西、福建、广东。国外分布于缅甸及中南半岛。

种群现状 不详。

讨论 肖文发等（2009）于重庆巫山县五里坡自然保护区调查时记录到该物种。该鸟主要分布于长江以南，且种群数量在我国不丰富（赵正阶，2001b）。同时，本书作者在近 10 年间的监测中，也未记录到该物种。故该物种在本区域的种群现状尚待进一步调查确定。

353. 双斑绿柳莺 *Phylloscopus plumbeitarsus* Sundevall, 1837

英文名 Two-barred warbler
分布 国内除新疆、西藏、台湾外，见于各省（区、市）。国外分布于东北亚、泰国及中南半岛。
种群现状 地区性罕见。
讨论 近期有观鸟爱好者于神农架林区记录到该物种。该鸟因为形态特征和暗绿柳莺极为相似，曾被作为暗绿柳莺的一个亚种（唐蟾蛛，1996；Svenson，1992）。有学者基于该种与暗绿柳莺繁殖地重叠但无中间类型，将其独立为新种，这一观点近年来得到了广泛认可（赵正阶，2001b；段文科和张正旺，2017b；郑光美，2017；Birdlife International，2018）。

354. 黄腰柳莺 *Phylloscopus proregulus* Pallas, 1811

英文名 Pallas's leaf warbler
分布 国内分布于各省（区、市）。国外分布于亚洲北部、印度、中南半岛北部。
种群现状 少见。

355. 橙斑翅柳莺 *Phylloscopus pulcher* Blyth, 1845

英文名 Buff-barred warbler
分布 国内分布于陕西南部、内蒙古西部、甘肃、西藏南部。国外分布于喜马拉雅山脉、缅甸、泰国北部。
种群现状 地区性罕见。
讨论 该鸟主要分布于海拔1500~4000 m的森林和灌丛中（赵正阶等，2001b）。高学斌等（未发表数据）于湖北兴山县调查时记录到该物种。但多本志书表明其已知分布地仅在陕西南部、内蒙古西部、甘肃及西藏南部（段文科和张正旺，2017b；郑光美，2017；Birdlife International，2018）。同时，本书作者在近10年间的监测中也未记录到该物种，且神农架处于该物种分布地区的边缘。故其在本区域的种群数量应该十分稀少。

356. 黑眉柳莺 *Phylloscopus ricketti* Slater, 1897

英文名 Sulphur-breasted warbler
分布 国内分布于河南、陕西、甘肃东南部、四川、贵州、重庆及南方大多数地区。国外分布于老挝中部和南部、越南北部、泰国北部和东部。
种群现状 少见。

357. 棕腹柳莺 *Phylloscopus subaffinis* Ogilvie-Grant, 1900

英文名 Buff-throated warbler
分布 国内分布于华中、华南及华东地区，越冬至南方沿海及西南地区。国外分布于缅甸北部及中南半岛北部的亚热带地区。
种群现状 少见。

358. 暗绿柳莺 *Phylloscopus trochiloides* Sundevall, 1837

英文名 Greenish warbler
种下单元 共4个亚种。国内分布有3个亚种：青藏亚种（*P. t. obscuratus*）、指名亚种（*P. t. trochiloides*）和新疆亚种（*P. t. viridanus*）。神农架为指名亚种。
分布 国内青藏亚种分布于内蒙古中部、宁夏、西藏东部和南部、青海、云南、海南；指名亚种分布于陕西南部、甘肃南部、西藏南部和东南部、青海东南部、云南、四川、湖北、江西；新疆亚种分布于新疆。国外分布于亚洲北部、喜马拉雅山脉、印度、东南亚。
种群现状 少见。

359. 云南柳莺 *Phylloscopus yunnanensis* Alström, Olsson et Colston, 1992

英文名 Chinese leaf warbler
分布 国内分布于辽宁、北京、天津、河北、河南、山西、陕西南部、甘肃南部、青海东部、云南、四川东部、重庆、湖北北部、江西、广东。国外分布于泰国西北部、老挝北部、缅甸中部。

种群现状 地区性少见。

讨论 该鸟在神农架为旅鸟（段文科和张正旺，2017b），在迁徙季节可能被观察到。

360. 栗头鹟莺 *Seicercus castaniceps* Hodgson, 1845

英文名 Chestnut-crowned warbler

种下单元 共 9 个亚种。国内分布有 3 个亚种：指名亚种（*S. c. castaniceps*）、蒙自亚种（*S. c. laurentei*）和华南亚种（*S. c. sinensis*）。神农架为华南亚种。

分布 国内指名亚种分布于西藏南部和东部、云南；蒙自亚种分布于云南南部、广西西南部；华南亚种见于华中和华南地区。国外分布于喜马拉雅山脉、东南亚、马来半岛及苏门答腊。

种群现状 少见。

361. 淡尾鹟莺 *Seicercus soror* Alström et Olsson, 1999

英文名 Plain-tailed warbler

分布 国内分布于北京、河北、河南南部、陕西南部、云南南部、四川、贵州、江西、上海、福建、广东和香港。国外分布于东南亚。

种群现状 少见。

362. 灰冠鹟莺 *Seicercus tephrocephalus* Anderson, 1871

英文名 Grey-crowned warbler

分布 国内分布于陕西南部、甘肃、云南、四川西部、贵州、湖北西部、湖南、广东。国外分布于印度东北部、缅甸西部和北部、越南北部。

种群现状 少见。

讨论 见比氏鹟莺部分。近期观鸟爱好者喻杰先生在神农架林区记录到该物种。

363. 比氏鹟莺 *Seicercus valentini* Hartert, 1907

英文名 Bianchi's warbler

种下单元 共 2 个亚种：指名亚种（*S. v. valentini*）和东南亚种（*S. v. latouchei*），国内均有分布。神农架为东南亚种。

分布 国内指名亚种分布于陕西南部、甘肃南部、云南南部、四川；东南亚种分布于贵州、湖北北部、湖南、江西、上海、浙江、福建、广东、香港、澳门、广西。国外分布于东南亚。

种群现状 少见。

讨论 由于分类系统的调整，IOC 鸟类名录将金眶鹟莺划分为多个独立的鸟种，包括金眶鹟莺、韦氏鹟莺、灰冠鹟莺、峨眉鹟莺、淡尾鹟莺和比氏鹟莺 (https://www.worldbirdnames.org/)。金眶鹟莺原本的华南亚种被提升为比氏鹟莺（*Seicercus valentini*），原本的云南亚种提升为灰冠鹟莺（*Seicercus tephrocephalus*）。故神农架记录的金眶鹟莺应为比氏鹟莺或灰冠鹟莺。另外，近期观鸟爱好者喻杰先生在神农架林区拍摄到比氏鹟莺。

（七十一）树莺科 Cettiidae

364. 棕脸鹟莺 *Abroscopus albogularis* Hodgson, 1854

英文名 Rufous-faced warbler

种下单元 共 3 个亚种。国内分布有 2 个亚种：指名亚种（*A. a. albogularis*）和江南亚种（*A. a. fulvifacies*）。神农架为江南亚种。

分布 国内指名亚种分布于西藏东南部、云南西南部；江南亚种分布于华中及华南地区，包括海南及台湾。国外分布于尼泊尔东部、缅甸、中南半岛北部。

种群现状 易见。

365. 黄腹树莺 *Horornis acanthizoides* Verreaux, 1871

英文名 Yellow-bellied bush-warbler

种下单元 共 2 个亚种：指名亚种（*H. a. acanthizoides*）和台湾亚种（*H. a. concolor*），国内均有分布。神农架为指名亚种。

分布 国内指名亚种见于华中、西南和华东地区；台湾亚种见于台湾。国外分布于喜马拉雅山脉至缅甸东部。

种群现状 少见。

讨论 Alström 等（2011b）根据系统发育的分析结果，将该物种由 *Cettia* 归入 *Horornis*。

366. 远东树莺 *Horornis canturians* Swinhoe, 1860

英文名 Korean bush-warbler

种下单元 共 2 个亚种：指名亚种（*H. c. canturians*）和东北亚种（*H. c. borealis*），国内均有分布。神农架为指名亚种。

分布 国内指名亚种分布于北京、山东、河南、山西、陕西、甘肃南部、云南、四川、重庆、贵州、湖北、湖南、安徽、江西、江苏、上海、浙江、福建、广东、广西、海南、台湾；东北亚种分布于黑龙江东部和南部、吉林、辽宁、北京、天津、河北、山东、内蒙古中部和东部、江苏、上海、福建和台湾。国外分布于东亚、印度东北部、东南亚。

种群现状 少见。

讨论 Alström 等（2011b）根据系统发育的分析结果，将该物种由 *Cettia* 归入 *Horornis*。

367. 短翅树莺 *Horornis diphone* Kittlitz, 1830

英文名 Japanese bush warbler

种下单元 共 5 个亚种。国内分布有 3 个亚种：萨哈林岛亚种（*H. d. sakhalinensis*）、台湾亚种（*H. d. cantans*）和琉球亚种（*H. d. riukiuensis*）。神农架为萨哈林岛亚种。

分布 国内萨哈林岛亚种见于华北、华中、华南、华东地区等；台湾亚种见于台湾；琉球亚种见于江苏。国外分布于东亚和东南亚地区。

种群现状 少见。

讨论 别名日本树莺。Alström 等（2011b）根据系统发育的分析结果，将该物种由 *Cettia* 归入 *Horornis*。

368. 强脚树莺 *Horornis fortipes* Hodgson, 1845

英文名 Brownish-flanked bush-warbler

种下单元 共 4 个亚种。国内分布有 3 个亚种：指名亚种（*H. f. fortipes*）、台湾亚种（*H. f. robustipes*）和华南亚种（*H. f. davidianus*）。神农架为华南亚种。

分布 国内指名亚种见于云南西部、西藏南部；台湾亚种见于台湾；华南亚种见于华中、华南、西南地区。国外分布于喜马拉雅山脉至东南亚及大巽他群岛。

种群现状 常见。

讨论 Alström 等（2011b）根据系统发育的分析结果，将该物种由 *Cettia* 归入 *Horornis*。

369. 棕顶树莺 *Cettia brunnifrons* Hodgson, 1845

英文名 Grey-sided bush-warbler

分布 国内分布于西藏南部、云南西部和西北部、四川。国外分布于喜马拉雅山脉至缅甸。

种群现状 不详。

讨论 周青春（2015）、朱兆泉和宋朝枢（1999）于神农架林区记录到该物种。但多本志书表明其已知分布地仅在西藏、云南和四川（赵正阶，2001b；段文科和张正旺，2017b；郑光美，2017；Birdlife International, 2018）。该物种在我国主要为留鸟，部分迁徙，在我国的数量较少。近年来，由于人口数量增加，人类对环境的破坏加剧，其种群数量锐减，更为少见（赵正阶，2001b）。同时，本书作者近 10 年间在神农架的监测中，也未记录到该物种。故该物种在本区域的种群现状尚待进一步调查确定。

370. 大树莺 *Cettia major* Horsfield et Moore, 1854

英文名 Chestnut-crowned bush-warbler

种下单元 共 2 个亚种。国内仅分布有指名亚种 (*C. m. major*)。

分布 国内分布于西藏东南部、云南西部和西北部、四川西部。国外分布于喜马拉雅山脉，迷鸟至泰国。

种群现状 不详。

讨论 周青春 (2015)、廖明尧 (2015) 于神农架林区调查时记录到该物种。但多本志书表明其已知分布地仅在西藏、云南和四川 (段文科和张正旺, 2017b; 郑光美, 2017)。其在我国种群数量日益减少，近几十年来，在原本的一些分布区域，包括西藏昌都及云南西北部均很难见到该物种 (赵正阶, 2001b)。同时，本书作者在近 10 年间的监测中，也未记录到该物种。故该鸟在本区域的种群现状尚待进一步调查确定。

(七十二) 长尾山雀科 Aegithalidae

371. 黑眉长尾山雀 *Aegithalos bonvaloti* Oustalet, 1891

英文名 Black-browed tit

种下单元 共 2 个亚种：西南亚种 (*A. b. bonvaloti*) 和川北亚种 (*A. b. obscuratus*)，国内均有分布。

分布 国内西南亚种分布于陕西、西藏东南部、云南、四川西部、贵州西北部；川北亚种分布于四川中部。国外分布于青藏高原东北部、缅甸西部和北部。

种群现状 不详。

讨论 肖文发等 (2009) 于重庆巫山县五里坡自然保护区记录到该物种。但多本志书表明其已知分布地仅在陕西、西藏东南部、云南、四川西部、贵州西北部和四川中部 (赵正阶, 2001b; 段文科和张正旺, 2017b; 郑光美, 2017; Birdlife International, 2018)。同时，本书作者在近 10 年间的监测中，也未记录到该物种。故该物种在本区域的种群现状尚待进一步调查确定。

372. 红头长尾山雀 *Aegithalos concinnus* Gould, 1855

英文名 Black-throated bushtit

种下单元 共 6 个亚种。国内分布有 3 个亚种：西藏亚种 (*A. c. iredalei*)、云南亚种 (*A. c. talifuensis*) 和指名亚种 (*A. c. concinnus*)。神农架为指名亚种。

分布 国内西藏亚种分布于西藏南部和东南部；云南亚种见于云南、贵州南部和西部、四川西南部；指名亚种见于华中、华南、东南地区及台湾。国外分布于喜马拉雅山脉、缅甸、中南半岛。

种群现状 常见。

373. 银脸长尾山雀 *Aegithalos fuliginosus* Verreaux, 1870

英文名 Sooty tit

分布 中国特有种，主要分布于河南、山西、陕西南部、宁夏、甘肃南部、四川、重庆、湖北西南部、湖南北部。

种群现状 少见。

374. 银喉长尾山雀 *Aegithalos glaucogularis* Gould, 1855

英文名 Silver-throated tit

种下单元 共 16 个亚种。国内分布有 2 个亚种：华北亚种 (*A. g. vinaceus*) 和长江亚种 (*A. g. glaucogularis*)。神农架为长江亚种。

分布 国内华北亚种见于华北和华中地区；长江亚种见于河南南部、山西南部、陕西南部、甘肃、湖北南部、湖南北部、安徽、江苏、上海、浙江。国外分布于整个欧洲及亚洲温带地区。

种群现状 易见。

讨论 由 *Aegithalos caudatus* 的亚种提升为种 (Harrap, 2008; Päckert et al., 2010)。

(七十三) 莺鹛科 Sylviidae

375. 金胸雀鹛 *Lioparus chrysotis* Blyth, 1845

英文名 Golden-breasted fulvetta

种下单元 共 6 个亚种。国内分布有 3 个亚种：滇西亚种 (*L. c. forresti*)、滇东亚种 (*L. c. amoenus*) 和西南亚种 (*L. c. swinhoii*)。神农架为西南亚种。

分布 国内滇西亚种分布于云南西北部；滇东亚种分布于云南东南部；西南亚种分布于陕西南部、甘肃南部、云南东北部、四川、贵州、湖北、湖南南部、广东、广西。国外分布于喜马拉雅山脉东部至缅甸东北部及越南北部。

种群现状 少见。

讨论 由 *Alcippe* 归入 *Lioparus* (Pasquet et al., 2006; Collar and Robson, 2007; Gelang et al., 2009)。

376. 褐头雀鹛 *Fulvetta cinereiceps* Verreaux, 1870

英文名 Grey-hooded fulvetta

种下单元 共 8 个亚种。国内分布有 7 个亚种：指名亚种 (*F. c. cinereiceps*)、甘肃亚种 (*F. c. fessa*)、台湾亚种 (*F. c. formosana*)、华中亚种 (*F. c. fucata*)、东南亚种 (*F. c. guttaticollis*)、老挝亚种 (*F. c. tonkinensis*) 和滇西亚种 (*F. c. manipurensis*)。神农架为指名亚种或华中亚种。

分布 国内指名亚种分布于云南东北部、四川、重庆、贵州西部、湖北西部；甘肃亚种分布于陕西南部、宁夏、甘肃、青海东部、四川东北部；台湾亚种分布于台湾；华中亚种分布于贵州北部、湖北中部、湖南、广西；东南亚种分布于江西、福建西北部、广东北部；老挝亚种分布于云南南部、广西；滇西亚种分布于云南西部和西北部。国外分布于印度东北部、缅甸西部和北部、越南北部。

种群现状 常见。

讨论 由 *Alcippe* 归入 *Fulvetta* (Pasquet et al., 2006; Collar and Robson, 2007; Gelang et al., 2009)。

377. 棕头雀鹛 *Fulvetta ruficapilla* Verreaux, 1870

英文名 Spectacled fulvetta

种下单元 共 3 个亚种：指名亚种 (*F. r. ruficapilla*)、西南亚种 (*F. r. sordidior*) 和云贵亚种 (*F. r. danisi*)，国内均有分布。神农架为指名亚种。

分布 国内指名亚种分布于陕西南部、甘肃南部、四川、重庆、湖北；西南亚种分布于西南地区；云贵亚种分布于云南东南部、贵州西南部。国外分布于老挝北部。

种群现状 少见。

讨论 由 *Alcippe* 归入 *Fulvetta* (Pasquet et al., 2006; Collar and Robson, 2007; Gelang et al., 2009)。

378. 山鹛 *Rhopophilus pekinensis* Swinhoe, 1868

英文名 Beijing hill-babbler

种下单元 共 3 个亚种：指名亚种 (*R. p. pekinensis*)、甘肃亚种 (*R. p. leptorhynchus*) 和新疆亚种 (*R. p. albosuperciliaris*)，国内均有分布。神农架为甘肃亚种。

分布 国内指名亚种分布于辽宁南部至宁夏贺兰山的黄河河谷地；甘肃亚种分布于陕西南部、甘肃、青海东部和东南部；新疆亚种分布于内蒙古西部、甘肃西部、新疆南部、青海西部。国外分布于朝鲜。

种群现状 地区性少见。

讨论 高学斌等 (未发表数据) 于湖北兴山县调查时记录到该物种。该鸟种群数量较少，特别是近几十年来，种群数量下降，在过去常见的地区也不易见到 (赵正阶，2001b)。同时，本书作者在近 10 年间的监测中也未记录到该物种，且神农架处于该物种分布地区的边缘。故该物种在本区域的种群数量应该十分稀少。

另外，该鸟较易驯养，鸣声动听，是很好的笼养鸟（赵正阶，2001b），故不排除神农架记录的个体为宠物鸟逃逸的可能。

379. 红嘴鸦雀 *Conostoma aemodium* Hodgson, 1842

英文名 Great parrotbill

分布 国内分布于陕西南部、甘肃南部、西藏南部、云南西部、四川、重庆、湖北。国外分布于不丹到缅甸。

种群现状 常见。

380. 三趾鸦雀 *Cholornis paradoxus* Verreaux, 1870

英文名 Three-toed parrotbill

种下单元 共 2 个亚种：指名亚种（*C. p. paradoxus*）和太白亚种（*C. p. taipaiensis*），国内均有分布。神农架为太白亚种。

分布 中国特有种，指名亚种分布于甘肃南部、四川、重庆；太白亚种分布于陕西南部、湖北。

种群现状 少见。

讨论 Penhallurick 和 Robson（2009）根据其系统发育分析结果，将该物种由 *Paradoxornis* 归入 *Cholornis*。

381. 白眶鸦雀 *Sinosuthora conspicillata* David, 1871

英文名 Spectacled parrotbill

种下单元 共 2 个亚种：指名亚种（*S. c. conspicillata*）和湖北亚种（*S. c. rocki*），国内均有分布。神农架为湖北亚种。

分布 中国特有种，指名亚种见于陕西南部、宁夏、甘肃、青海东北部、四川、重庆；湖北亚种见于湖北西部、湖南。

种群现状 少见。

讨论 Penhallurick 和 Robson（2009）根据其系统发育分析结果，将该物种由 *Paradoxornis* 归入 *Sinosuthora*。

382. 棕头鸦雀 *Sinosuthora webbiana* Gould, 1852

英文名 Vinous-throated parrotbill

种下单元 共 7 个亚种。国内分布有 6 个亚种：东北亚种（*S. w. mantschurica*）、河北亚种（*S. w. fulvicauda*）、指名亚种（*S. w. webbiana*）、长江亚种（*S. w. suffusa*）、云南亚种（*S. w. elisabethae*）和台湾亚种（*S. w. bulomacha*）。神农架为长江亚种。

分布 国内东北亚种见于黑龙江东部、吉林、辽宁、内蒙古东部；河北亚种见于北京、天津、河北、山东、河南北部；指名亚种见于江苏、上海、浙江；长江亚种见于陕西、山西、甘肃南部及华中、华南地区；云南亚种见于云南东南部；台湾亚种见于台湾。国外分布于东北亚。

种群现状 常见。

讨论 Penhallurick 和 Robson（2009）根据其系统发育分析结果，将该物种由 *Paradoxornis* 归入 *Sinosuthora*。

383. 黄额鸦雀 *Suthora fulvifrons* Hodgson, 1845

英文名 Fulvous parrotbill

种下单元 共 4 个亚种。国内分布有 3 个亚种：藏南亚种（*S. f. chayulensis*）、西南亚种（*S. f. albifacies*）和秦岭亚种（*S. f. cyanophrys*）。神农架为秦岭亚种。

分布 国内藏南亚种分布于西藏东南部；西南亚种见于云南西部和西北部、四川西南部；秦岭亚种见于陕西西南部、四川西部。国外分布于不丹、印度。

种群现状 地区性少见。

讨论 Penhallurick 和 Robson（2009）根据其系统发育分析结果，将该物种由 *Paradoxornis* 归入 *Suthora*。

高学斌等（未发表数据）于湖北兴山县记录到该物种。但多本志书表明其已知分布地仅在西藏、云南、四川和陕西（赵正阶，2001b；段文科和张正旺，2017b；郑光美，2017；Birdlife International, 2018）。同时，本书作者在近10年间的野外监测中也未记录到该物种，且神农架处于该物种分布地区的边缘。故该鸟在本区域的种群数量应该十分稀少。

384. 黑喉鸦雀 *Suthora nipalensis* Hodgson, 1838

英文名 Black-throated parrotbill
种下单元 共9个亚种。国内分布有2个亚种：滇西亚种（*S. n. poliotis*）和老挝亚种（*S. n. beaulieui*）。神农架为滇西亚种。
分布 国内滇西亚种分布于西藏东南部、云南西北部；老挝亚种分布于云南南部、广西西北部。国外分布于喜马拉雅山脉及马来半岛北部。
种群现状 少见。
讨论 Penhallurick 和 Robson (2009) 根据其系统发育分析结果，将该物种由 *Paradoxornis* 归入 *Suthora*。

385. 灰头鸦雀 *Psittiparus gularis* Gray, 1845

英文名 Grey-headed parrotbill
种下单元 共6个亚种。国内分布有3个亚种：华南亚种（*P. g. fokiensis*）、海南亚种（*P. g. hainanus*）和云南亚种（*P. g. laotianus*）。神农架为华南亚种。
分布 国内华南亚种分布于陕西南部、云南南部、四川、重庆、贵州、湖北、湖南、安徽、江西、江苏、上海、浙江、福建、广东、广西；海南亚种见于海南；云南亚种见于云南西南部。国外分布于不丹、马来半岛。
种群现状 地区性罕见。
讨论 Penhallurick 和 Robson (2009) 根据其系统发育分析结果，将该物种由 *Paradoxornis* 归入 *Psittiparus*。

该物种主要栖息于海拔1800 m以下的常绿阔叶林、次生林、竹林和灌丛中，在神农架林区周边多个县区均被记录到。近年来由于人为干扰等，该鸟仅在部分地区可观察到（赵正阶，2001b）。同时，本书作者在近10年间的监测中也未记录到该物种，且神农架处于该物种分布地区的边缘。故该鸟在本区域的种群数量应该十分稀少。

386. 点胸鸦雀 *Paradoxornis guttaticollis* David, 1871

英文名 Spot-breasted parrotbill
分布 国内分布于陕西南部、云南西部和西北部、四川西部、湖北、江西、浙江、福建、广东北部、广西。国外分布于马来半岛北部。
种群现状 地区性少见。
讨论 该物种主要栖息于海拔2000 m以下的竹林、草丛和灌丛中。高学斌等（未发表数据）于湖北兴山县调查时记录到该物种。该鸟在局部区域种群数量较为丰富（赵正阶，2001b），而神农架处于该物种分布地区的边缘，且本书作者在近10年间的监测中也未记录到该物种。故该鸟在本区域的种群数量应该十分稀少。

（七十四）绣眼鸟科 Zosteropidae

387. 栗耳凤鹛 *Yuhina castaniceps* Moore, 1854

英文名 Striated yuhina
种下单元 共6个亚种。国内分布有2个亚种：滇西亚种（*Y. c. plumbeiceps*）和华南亚种（*Y. c. torqueola*）。神农架为华南亚种。
分布 国内滇西亚种分布于云南西部；华南亚种见于云南东南部、陕西、四川、重庆、贵州、湖北、湖南、安徽、江西、上海、浙江、福建、广东、广西。国外分布于印度东北部及东南亚。
种群现状 少见。

388. 白领凤鹛 *Yuhina diademata* Verreaux, 1869

英文名 White-collared yuhina

种下单元 共 2 个亚种：缅越亚种 (*Y. d. ampelina*) 和指名亚种 (*Y. d. diademata*)，国内均有分布。神农架为指名亚种。

分布 国内缅越亚种分布于云南、贵州、广西西部；指名亚种分布于陕西南部、甘肃南部、四川、重庆、贵州、湖北、湖南西部、广西西部。国外分布于缅甸东北部和越南北部。

种群现状 易见。

389. 黑颏凤鹛 *Yuhina nigrimenta* Blyth, 1845

英文名 Black-chinned yuhina

分布 国内分布于西藏东南部、四川南部、贵州、湖北、湖南、福建、广东。国外分布于喜马拉雅山脉、印度东北部、缅甸北部、中南半岛北部。

种群现状 少见。

390. 红胁绣眼鸟 *Zosterops erythropleurus* Swinhoe, 1863

英文名 Chestnut-flanked white-eye

分布 国内除新疆、青海、海南、台湾外，见于各省（区、市）。国外分布于东亚和中南半岛。

种群现状 少见。

391. 暗绿绣眼鸟 *Zosterops japonicus* Temminck et Schlegel, 1845

英文名 Japanese white-eye

种下单元 共 8 个亚种。国内分布有 2 个亚种：普通亚种 (*Z. j. simplex*) 和海南亚种 (*Z. j. hainanus*)。神农架为普通亚种。

分布 国内普通亚种分布于华东、华中、西南、华南地区；海南亚种见于海南。国外分布于日本、缅甸和越南北部。

种群现状 常见。

（七十五）林鹛科 Timaliidae

392. 斑胸钩嘴鹛 *Erythrogenys gravivox* David, 1873

英文名 Black-streaked scimitar-babbler

种下单元 共 6 个亚种。国内分布有 5 个亚种：陕南亚种 (*E. g. gravivox*)、川西亚种 (*E. g. dedekensi*)、川东亚种 (*E. g. cowensae*)、川南亚种 (*E. g. decarlei*) 和云南亚种 (*E. g. odica*)。神农架为川东亚种。

分布 国内陕南亚种分布于河南西北部、山西南部、陕西南部、甘肃南部、四川北部；川西亚种分布于西藏东部、云南西北部、四川西部；川东亚种分布于四川东部、重庆、贵州北部、湖北西南部；川南亚种分布于西藏东南部、云南西北部、四川西南部；云南亚种分布于云南、贵州。国外分布于缅甸东北部、老挝北部。

种群现状 少见。

讨论 Dong 等 (2010a) 根据分子分析的结果，将该物种由 *Pomatorhinus* 归入 *Erythrogenys*。

393. 棕颈钩嘴鹛 *Pomatorhinus ruficollis* Hodgson, 1836

英文名 Streak-breasted scimitar-babbler

种下单元 共 14 个亚种。国内分布有 10 个亚种：藏南亚种 (*P. r. godwini*)、峨眉亚种 (*P. r. eidos*)、滇西亚种 (*P. r. similis*)、滇南亚种 (*P. r. albipectus*)、滇东亚种 (*P. r. reconditus*)、长江亚种 (*P. r. styani*)、中南亚种 (*P. r. hunanensis*)、东南亚种 (*P. r. stridulus*)、蒙自亚种 (*P. r. laurentei*) 和海南亚种 (*P. r. nigrostellatus*)。神农架为长江亚种或中南亚种。

分布 国内藏南亚种分布于西藏东南部；峨眉亚种分布于四川东部和中部；滇西亚种分布于云南西北部、四川西南部；滇南亚种分布于云南西南部；滇东亚种分布于云南东部、四川南部；长江亚种分布于河南南部、陕西南部、甘肃西部和东南部、四川东部、重庆、贵州北部、湖北西部、湖南北部、江苏南部、上海、浙江；中南亚种分布于四川东南部、贵州、重庆、湖北西南部、湖南、广西北部；东南亚种分布于江西、浙江、福建、广东北部；

蒙自亚种分布于云南；海南亚种分布于海南。国外分布于喜马拉雅山脉、缅甸、中南半岛北部。

种群现状 常见。

讨论 别名小钩嘴嘈鹛、小钩嘴嘈杂鸟、小钩嘴鹛、小眉、小偃月嘴嘈杂鸟。

394. 红头穗鹛 *Cyanoderma ruficeps* Blyth, 1847

英文名 Rufous-capped babbler

种下单元 共 7 个亚种。国内分布有 5 个亚种：指名亚种（*C. r. ruficeps*）、滇西亚种（*C. r. bhamoense*）、普通亚种（*C. r. davidi*）、海南亚种（*C. r. goodsoni*）和台湾亚种（*C. r. praecognitum*）。神农架为普通亚种。

分布 国内指名亚种分布于西藏东南部；滇西亚种分布于云南西部；普通亚种分布于河南、陕西南部、云南东部、四川、重庆、贵州、湖北、湖南、安徽、江西、浙江、福建、广东、广西；海南亚种分布于海南；台湾亚种分布于台湾。国外分布于喜马拉雅山脉东部、中南半岛北部。

种群现状 常见。

讨论 Moyle 等（2012）根据系统发育的分析结果，将该物种由 *Stachyris* 归入 *Cyanoderma*。

（七十六）幽鹛科 Pellorneidae

395. 褐顶雀鹛 *Schoeniparus brunneus* Gould, 1863

英文名 Dusky fulvetta

种下单元 共 5 个亚种：四川亚种（*S. b. weigoldi*）、湖北亚种（*S. b. olivaceus*）、华南亚种（*S. b. superciliaris*）、台湾亚种（*S. b. brunneus*）和海南亚种（*S. b. argutus*），国内均有分布。神农架为湖北亚种。

分布 中国特有种，四川亚种分布于甘肃中部、四川、重庆；湖北亚种分布于陕西南部、云南西北部、四川西部、重庆、贵州、湖北；华南亚种分布于湖南、安徽、江西、浙江、福建、广东、广西；台湾亚种分布于台湾；海南亚种分布于海南。

种群现状 少见。

讨论 由 *Alcippe* 归入 *Schoeniparus*（Pasquet et al., 2006; Collar and Robson, 2007; Gelang et al., 2009）。

396. 褐胁雀鹛 *Schoeniparus dubius* Hume, 1874

英文名 Rusty-capped fulvetta

种下单元 共 4 个亚种。国内分布有 2 个亚种：西南亚种（*S. d. genestieri*）和滇西亚种（*S. d. intermedius*）。神农架为西南亚种。

分布 国内西南亚种分布于云南、四川、重庆、贵州、湖北、湖南西部、广西；滇西亚种分布于云南西部和西北部。国外分布于中南半岛北部。

种群现状 地区性罕见。

讨论 由 *Alcippe* 归入 *Schoeniparus*（Pasquet et al., 2006; Collar and Robson, 2007; Gelang et al., 2009）。高学斌等（未发表数据）于湖北兴山县记录到该物种。但多本志书表明神农架处于该物种分布地区的边缘（段文科和张正旺，2017b）。同时，本书作者在近 10 年间的监测中，也未记录到该物种。故该物种在本区域的种群数量应该十分稀少。

397. 灰眶雀鹛 *Alcippe morrisonia* Swinhoe, 1863

英文名 Grey-cheeked fulvetta

种下单元 共 7 个亚种：湖北亚种（*A. m. davidi*）、云南亚种（*A. m. fraterculus*）、滇西亚种（*A. m. yunnanensis*）、滇东亚种（*A. m. schaefferi*）、东南亚种（*A. m. hueti*）、指名亚种（*A. m. morrisonia*）和海南亚种（*A. m. rufescentior*），国内均有分布。神农架为湖北亚种。

分布 国内湖北亚种分布于河南、陕西南部、甘肃东南部、云南东北部、四川、重庆、贵州、湖北西部、湖南、江西、广西北部；云南亚种分布于云南；滇西亚种分布于云南中部、四川西南部；滇东亚种分布于云南东南部、贵州西南部、广西中部；东南亚种分布于安徽、江西、浙江、福建、广东东北部、澳门、广西；指名亚种分布于台湾；海南亚种分布于海南。国外分布于中南半岛北部。

种群现状 易见。

(七十七) 噪鹛科 Leiothrichidae

398. 矛纹草鹛 *Babax lanceolatus* Verreaux, 1870

英文名 Chinese babax
种下单元 共4个亚种。国内分布有3个亚种：西南亚种 (*B. l. bonvaloti*)、指名亚种 (*B. l. lanceolatus*) 和华南亚种 (*B. l. latouchei*)。神农架为指名亚种。
分布 国内西南亚种分布于西藏东部、云南西北部、四川北部和西部；指名亚种分布于河南、陕西西南部、甘肃南部、云南、四川、重庆、贵州、湖北西部；华南亚种分布于云南、贵州南部、湖南西部、江西、福建、广东北部、广西。国外分布于印度东北部、缅甸西部。
种群现状 常见。

399. 白喉噪鹛 *Garrulax albogularis* Gould, 1836

英文名 White-throated laughingthrush
种下单元 共2个亚种。国内仅分布有峨眉亚种 (*G. a. eous*)，神农架为该亚种。
分布 国内见于陕西南部、甘肃东南部、青海南部、云南、四川北部、重庆、贵州、湖北西部和湖南西部。国外分布于喜马拉雅山脉和越南北部。
种群现状 常见。

400. 画眉 *Garrulax canorus* Linnaeus, 1758

英文名 Chinese hwamei
分布 国内分布于河南南部、陕西南部、甘肃南部、云南、四川、重庆、贵州、湖北、湖南、安徽、江西、江苏、上海、浙江、福建、广东、香港、澳门、广西。国外分布于东南亚。
种群现状 常见。

401. 灰翅噪鹛 *Garrulax cineraceus* Godwin-Austen, 1874

英文名 Western moustached laughingthrush
种下单元 共3个亚种。国内分布有2个亚种：西南亚种 (*G. c. strenuus*) 和华南亚种 (*G. c. cinereiceps*)。神农架为华南亚种。
分布 国内西南亚种分布于西藏东南部、云南西部、四川南部、广西西北部；华南亚种分布于陕西西南部、甘肃南部、云南东南部、四川、重庆、贵州、湖北、湖南、安徽、江西、江苏、浙江、上海、福建、广东、广西。国外分布于缅甸北部和印度东北部。
种群现状 易见。

402. 山噪鹛 *Garrulax davidi* Swinhoe, 1868

英文名 Plain laughingthrush
种下单元 共4个亚种：北方亚种 (*G. d. chinganicus*)、甘肃亚种 (*G. d. experrectus*)、四川亚种 (*G. d. concolor*) 和指名亚种 (*G. d. davidi*)，国内均有分布。神农架为指名亚种。
分布 中国特有种，北方亚种见于辽宁、河北北部、北京、天津、山东、内蒙古；甘肃亚种分布于甘肃西北部；四川亚种分布于青海东南部、四川中部和北部；指名亚种分布于河北南部、河南北部、山西、陕西、内蒙古中部、宁夏、甘肃东部、青海东北部。
种群现状 地区性少见。
讨论 肖文发等 (2009)、齐代华等 (2009) 分别于重庆巫山县五里坡自然保护区和巫溪县阴条岭自然保护区记录到该物种。但神农架处于该物种分布地区的边缘 (段文科和张正旺，2017b；郑光美，2017)，且本书作者在近10年间的监测中也未记录到该物种。故该鸟在本区域的种群数量应该十分稀少。

此外，该鸟鸣声婉转动听，是人们喜爱的笼养鸟类之一，市场上多有出售，很多地区存在人为养殖的情况，故不能排除神农架所观察到的个体来源于人工养殖种群或宠物逃逸的可能（赵正阶，2001b）。

403. 斑背噪鹛 *Garrulax lunulatus* Verreaux, 1870

英文名 Barred laughingthrush
种下单元 共 2 个亚种：指名亚种（*G. l. lunulatus*）和凉山亚种（*G. l. liangshanensis*），国内均有分布。神农架为指名亚种。
分布 中国特有种，指名亚种分布于陕西南部、甘肃南部、四川、重庆、湖北西部；凉山亚种分布于四川西南部。
种群现状 少见。

404. 大噪鹛 *Garrulax maximus* Verreaux, 1870

英文名 Giant laughingthrush
分布 中国特有种，分布于甘肃南部、西藏东部和东南部、青海东部、云南西北部、四川、重庆、湖北。
种群现状 地区性少见。
讨论 别名花背噪鹛。该物种主要栖息于海拔 2700~4200 m 的亚高山灌丛及林缘地带（赵正阶，2001b），在神农架林区及其周边多个地区均被记录到。大噪鹛在我国的种群数量较为丰富，但因其性胆怯且羞涩，并时常与其他噪鹛混群，常仅闻其声而不见其影，不易见到（赵正阶，2001b）。同时，本书作者在近 10 年间的监测中也未曾见到该物种，且神农架处于该物种分布地区的边缘。故该物种在本区域的种群数量应该十分稀少。

405. 小黑领噪鹛 *Garrulax monileger* Riley, 1930

英文名 Lesser necklaced laughingthrush
种下单元 共 10 个亚种。国内分布有 5 个亚种：指名亚种（*G. m. monileger*）、滇南亚种（*G. m. schauenseei*）、华南亚种（*G. m. melli*）、海南亚种（*G. m. schmackeri*）和广西亚种（*G. m. tonkinensis*）。神农架为华南亚种。
分布 国内指名亚种见于云南西部和西南部；滇南亚种见于云南南部；华南亚种见于湖北、湖南、安徽、江西、江苏、上海、浙江、福建、广东、广西；海南亚种见于海南；广西亚种见于广西。国外分布于喜马拉雅山脉、东南亚。
种群现状 易见。
讨论 神农架处于该物种分布地区的边缘。该物种是湖北省鸟类新记录（王冰鑫等，2016），由于该物种喜欢混群，很难鉴别。近期本书作者和观鸟爱好者喻杰先生在神农架林区同时记录到该物种。

406. 眼纹噪鹛 *Garrulax ocellatus* Vigors, 1831

英文名 Spotted laughingthrush
种下单元 共 4 个亚种。国内分布有 3 个亚种：指名亚种（*G. o. ocellatus*）、云南亚种（*G. o. maculipectus*）和四川亚种（*G. o. artemisiae*）。神农架为四川亚种。
分布 国内指名亚种分布于西藏南部和东南部；云南亚种分布于云南西部；四川亚种分布于陕西、甘肃南部、云南东北部、四川、重庆、贵州、湖北西部、湖南、广西北部。国外分布于喜马拉雅山脉、缅甸东北部。
种群现状 常见。

407. 黑领噪鹛 *Garrulax pectoralis* Gould, 1836

英文名 Greater necklaced laughingthrush
种下单元 共 4 个亚种。国内分布有 3 个亚种：滇南亚种（*G. p. robini*）、华南亚种（*G. p. picticollis*）和海南亚种（*G. p. semitorquatus*）。神农架为华南亚种。
分布 国内滇南亚种分布于云南南部；华南亚种见于陕西南部、甘肃东部、四川、重庆、贵州、湖北、湖南、安徽、江西、江苏、上海、浙江、福建、广东、香港、澳门、广西；海南亚种分布于海南。国外分布于喜马拉雅山脉、印度东北部。

种群现状　常见。

408. 黑脸噪鹛 *Garrulax perspicillatus* Gmelin, 1789

英文名　Masked laughingthrush

分布　国内分布于华中及南方大部分地区。国外分布于越南北部。

种群现状　常见。

409. 白颊噪鹛 *Garrulax sannio* Swinhoe, 1867

英文名　White-browed laughingthrush

种下单元　共 4 个亚种。国内分布有 3 个亚种：四川亚种 (*G. s. oblectans*)、云南亚种 (*G. s. comis*) 和指名亚种 (*G. s. sannio*)。神农架为指名亚种。

分布　国内四川亚种分布于陕西南部、甘肃南部、云南东北部、四川、贵州中部和北部；云南亚种分布于西藏东南部、云南、四川西南部；指名亚种分布于云南东南部、四川东部、重庆、贵州、湖北、湖南、安徽、江西、浙江、福建、广东、广西、海南。国外分布于印度东北部、缅甸北部和东部、中南半岛北部。

种群现状　常见。

410. 橙翅噪鹛 *Trochalopteron elliotii* Verreaux, 1870

英文名　Elliot's laughingthrush

种下单元　共 2 个亚种：指名亚种 (*T. e. elliotii*) 和昌都亚种 (*T. e. bonvalotii*)，国内均有分布。神农架为指名亚种。

分布　中国特有种，指名亚种分布于陕西南部、宁夏、甘肃、青海东部、云南西北部、四川、重庆、贵州、湖北、湖南南部；昌都亚种分布于西藏东部。

种群现状　常见。

讨论　Myole 等 (2012) 根据其系统发育分析结果，将该物种由 *Garrulax* 归入 *Trochalopteron*。

411. 斑胁姬鹛 *Cutia nipalensis* Hodgson, 1837

英文名　Himalayan cutia

种下单元　共 6 个亚种。国内分布有 2 个亚种：指名亚种 (*C. n. nipalensis*) 和滇南亚种 (*C. n. melanchima*)。神农架为指名亚种。

分布　国内指名亚种分布于西藏东南部、四川西南部、湖北；滇南亚种分布于云南。国外分布于喜马拉雅山脉至东南亚。

种群现状　不详。

讨论　谭刚平和谭明凤 (2001)、肖文发等 (2009) 分别于湖北巴东县和重庆巫山县五里坡自然保护记录到该物种。但该鸟在我国分布区较为狭窄，种群数量较少 (赵正阶, 2001b)，不易见到。同时，本书作者在近 10 年间的监测中，也未见到该物种。故该物种在本区域的种群现状尚待进一步调查确定。

412. 蓝翅希鹛 *Siva cyanouroptera* Hodgson, 1837

英文名　Blue-winged minla

种下单元　共 8 个亚种。国内仅分布有普通亚种 (*S. c. wingatei*)，神农架为该亚种。

分布　国内见于西藏东南部、云南、四川、重庆、贵州、湖北、湖南南部、广东、广西西南部、海南。国外分布于喜马拉雅山脉、印度东北部至东南亚。

种群现状　地区性少见。

讨论　Dong 等 (2010b) 根据分子分析的结果，将该物种由 *Minla* 归入 *Siva*。章波等 (2014a)、廖明尧 (2015) 于神农架林区记录到该物种。该鸟的种群数量在我国不丰富 (赵正阶, 2001b)，且神农架处于该物种已知分布地的边缘地区 (段文科和张正旺, 2017b；郑光美, 2017)，故不易见到。另外，本书作者在近 10 年间的监测中，也未记录到该物种。故该物种在本区域的种群数量应该十分稀少。

413. 红尾希鹛 *Minla ignotincta* Hodgson, 1837

英文名 Red-tailed minla

种下单元 共 6 个亚种。国内分布有 4 个亚种：指名亚种（*M. i. ignotincta*）、广西亚种（*M. i. sini*）、云南亚种（*M. i. mariae*）和西南亚种（*M. i. jerdoni*）。神农架为西南亚种。

分布 国内指名亚种分布于西藏东南部、云南西部；广西亚种分布于广西；云南亚种分布于云南东南部；西南亚种分布于云南、四川、重庆、贵州、湖北、湖南南部、广西。国外分布于喜马拉雅山脉东部至中南半岛北部。

种群现状 地区性少见。

讨论 别名火尾希鹛。周青春（2015）于神农架林区记录到该物种。该鸟喜栖息于海拔 1500~2500 m 的常绿阔叶林或混交林中，其种群数量在我国不丰富（赵正阶，2001b），且神农架处于该物种已知分布地的边缘地区（段文科和张正旺，2017b；郑光美，2017）。另外，本书作者在近 10 年间的监测中，也未记录到该物种。故该物种在本区域的种群数量应该十分稀少。

414. 红嘴相思鸟 *Leiothrix lutea* Scopoli, 1786

英文名 Red-billed leiothrix

种下单元 共 7 个亚种。国内分布有 4 个亚种：昌都亚种（*L. l. calipyga*）、云南亚种（*L. l. yunnanensis*）、指名亚种（*L. l. lutea*）和广东亚种（*L. l. kwangtungensis*）。神农架为指名亚种。

分布 国内昌都亚种分布于西藏东南部；云南亚种分布于云南西部和西北部；指名亚种分布于河南南部、陕西南部、甘肃南部、云南东北部、四川、重庆、贵州、湖北、湖南、安徽南部、江西、上海、浙江、福建；广东亚种分布于云南南部、广东、澳门、广西。国外分布于喜马拉雅山脉、印度东北部、缅甸西部和北部、越南北部。

种群现状 常见。

415. 黑头奇鹛 *Heterophasia desgodinsi* Oustalet, 1877

英文名 Black-headed sibia

种下单元 共 8 个亚种。国内仅分布有西南亚种（*H. d. desgodinsi*），神农架为该亚种。

分布 国内分布于陕西南部、云南、四川西南部、贵州、湖北、湖南、广西西部。国外分布于中南半岛北部。

种群现状 少见。

讨论 Collar 和 Robson（2007）根据系统发育的分析结果，将该物种由 *Heterophasia melanoleuca* 的亚种提升为种。

（七十八）旋木雀科 Certhiidae

416. 欧亚旋木雀 *Certhia familiaris* Linnaeus, 1758

英文名 Eurasian treecreeper

种下单元 共 9 个亚种。国内分布有 3 个亚种：北方亚种（*C. f. daurica*）、甘肃亚种（*C. f. bianchii*）和新疆亚种（*C. f. tianschanica*）。神农架为甘肃亚种。

分布 国内北方亚种分布于黑龙江、吉林、辽宁西南部、北京、河北北部、山东、内蒙古东北部、新疆北部；甘肃亚种分布于陕西南部、甘肃、青海东部和北部、湖北西部；新疆亚种分布于新疆。国外分布于欧亚大陆、喜马拉雅山脉、西伯利亚、朝鲜北部、日本。

种群现状 易见。

417. 高山旋木雀 *Certhia himalayana* Vigors, 1832

英文名 Bar-tailed treecreeper

种下单元 共 4 个亚种。国内分布有 2 个亚种：普通亚种（*C. h. yunnanensis*）和新疆亚种（*C. h. taeniura*）。神农架为普通亚种。

分布 国内普通亚种分布于陕西南部、甘肃南部、西藏东南部、青海东部、云南北部和西部、四川北部和西部、贵州西南部；新疆亚种分布于新疆西部。国外分布于中亚至阿富汗北部、喜马拉雅山脉、缅甸。

种群现状　少见。

讨论　周青春（2015）、朱兆泉和宋朝枢（1999）、湖北巴东金丝猴自然保护区科考组（2013）分别于神农架林区及湖北巴东县金丝猴自然保护区记录到该物种。但多本志书表明其已知分布地仅在陕西、甘肃、西藏、青海、云南、四川、贵州和新疆（赵正阶，2001b；段文科和张正旺，2017b；郑光美，2017）。同时，本书作者在近10年间的监测中也未记录到该物种，且神农架处于该物种分布地区的边缘。故该鸟在本区域的种群数量应该十分稀少。

（七十九）䴓科 Sittidae

418. 普通䴓 *Sitta europaea* Linnaeus, 1758

英文名　Eurasian nuthatch

种下单元　共23个亚种。国内分布有5个亚种：新疆亚种（*S. e. seorsa*）、东北亚种（*S. e. asiatica*）、黑龙江亚种（*S. e. amurensis*）、华东亚种（*S. e. sinensis*）和台湾亚种（*S. e. formosana*）。神农架为华东亚种。

分布　国内新疆亚种分布于新疆北部和东部；东北亚种分布于黑龙江西北部、内蒙古东北部；黑龙江亚种分布于黑龙江、吉林东部、辽宁南部、北京、河北东北部、内蒙古中部和东部；华东亚种分布于华东、华中、华南地区；台湾亚种分布于台湾。国外分布于古北界。

种群现状　常见。

419. 黑头䴓 *Sitta villosa* Verreaux, 1865

英文名　Snowy-browed nuthatch

种下单元　共2个亚种：指名亚种（*S. v. villosa*）和甘肃亚种（*S. v. bangsi*），国内均有分布。神农架为指名亚种。

分布　国内指名亚种分布于吉林东部、辽宁、北京、河北北部、山西、陕西南部、内蒙古中部和东部、宁夏北部、甘肃南部；甘肃亚种分布于甘肃、青海东部、四川西北部。国外边缘性分布于俄罗斯远东地区库页岛（萨哈林岛）及朝鲜。

种群现状　地区性罕见。

讨论　该物种在神农架林区及其周边多个地区均被记录到，但多本志书表明其已知分布地仅在吉林、辽宁、北京、河北北部、山西、陕西、内蒙古、宁夏、甘肃、青海和四川（赵正阶，2001b；段文科和张正旺，2017b；郑光美，2017）。同时，本书作者在近10年间的监测中也未记录到该物种，且神农架处于该物种分布地区的边缘。故其在本区域的种群数量应该十分稀少。

420. 红翅旋壁雀 *Tichodroma muraria* Linnaeus, 1766

英文名　Wallcreeper

种下单元　共2个亚种。国内仅分布有普通亚种（*T. m. nepalensis*），神农架为该亚种。

分布　国内分布于青藏高原、喜马拉雅山脉和西部、中部及北部地区，越冬见于华南和华东大部分地区。国外分布于西班牙、南欧至中亚、印度北部及蒙古国南部。

种群现状　少见。

讨论　自 Tichidromidae 归入 Sittidae（Dickinson and Christidis, 2014）。

（八十）鹪鹩科 Troglodytidae

421. 鹪鹩 *Troglodytes troglodytes* Linnaeus, 1758

英文名　Northern wren

种下单元　共44个亚种。国内分布有7个亚种：天山亚种（*T. t. tianschanicus*）、西藏亚种（*T. t. nipalensis*）、四川亚种（*T. t. szetschuanus*）、云南亚种（*T. t. talifuensis*）、东北亚种（*T. t. dauricus*）、普通亚种（*T. t. idius*）和台湾亚种（*T. t. taivanus*）。神农架为四川亚种。

分布　国内天山亚种分布于新疆西北部；西

藏亚种分布于西藏东南部、云南西北部；四川亚种分布于陕西南部、甘肃南部、西藏东部、青海东南部、云南东北部、四川、湖北；云南亚种分布于云南中部和西北部、贵州；东北亚种分布于黑龙江、吉林、辽宁、内蒙古东部；普通亚种除东北、西南地区、新疆、海南外，分布于各省（区、市）；台湾亚种分布于台湾。国外分布于世界多地。

种群现状 易见。

（八十一）河乌科 Cinclidae

422. 褐河乌 *Cinclus pallasii* Temminck, 1820

英文名 Brown dipper

种下单元 共 3 个亚种：中亚亚种（*C. p. tenuirostris*）、滇西亚种（*C. p. dorjei*）和指名亚种（*C. p. pallasii*），国内均有分布。神农架为指名亚种。

分布 国内中亚亚种分布于新疆西北部、西藏南部；滇西亚种分布于云南西北部；指名亚种除西藏外，分布于各省（区、市）。国外分布于中亚、喜马拉雅山脉、中南半岛及东北亚。

种群现状 常见。

（八十二）椋鸟科 Sturnidae

423. 八哥 *Acridotheres cristatellus* Linnaeus, 1766

英文名 Crested myna

种下单元 共 3 个亚种：指名亚种（*A. c. cristatellus*）、海南亚种（*A. c. brevipennis*）和台湾亚种（*A. c. formosanus*），国内均有分布。神农架为指名亚种。

分布 国内指名亚种分布于陕西南部、甘肃南部和华东、华中、华南及西南地区；海南亚种见于海南；台湾亚种分布于台湾。国外分布于东南亚。

种群现状 常见。

讨论 该鸟由于鸣声清脆，有着较高观赏价值（赵正阶，2001b），在神农架可能存在人为养殖的情况，部分观察到的物种可能是人为养殖逃逸的个体。

424. 北椋鸟 *Agropsar sturninus* Pallas, 1776

英文名 Purple-backed starling

分布 国内除新疆、西藏、青海外，分布于各省（区、市）。国外分布于俄罗斯、蒙古国、朝鲜、东南亚。

种群现状 少见。

讨论 由 *Sturnus* 归入 *Agropsar*（Lovette et al., 2008; Zuccon et al., 2008）。

425. 灰椋鸟 *Spodiopsar cineraceus* Temminck, 1835

英文名 White-cheeked starling

分布 国内除西藏外，分布于各省（区、市）。国外分布于俄罗斯中部、蒙古国、朝鲜半岛、日本。

种群现状 易见。

讨论 由 *Sturnus* 归入 *Spodiospar*（Lovette et al., 2008; Zuccon et al., 2008）。

426. 丝光椋鸟 *Spodiopsar sericeus* Gmelin, 1789

英文名 Red-billed starling

分布 国内分布于北京、天津、东北地区南部、陕西南部、云南南部、四川中部和东部及华东、华中、华南地区。国外分布于东南亚。

种群现状 易见。

讨论 由 *Sturnus* 归入 *Spodiospar*（Lovette et al., 2008; Zuccon et al., 2008）。

427. 灰背椋鸟 *Sturnia sinensis* Gmelin, 1788

英文名 White-shouldered starling

分布 国内分布于云南东南部、四川西南部、贵州南部、湖北、湖南南部、江西、浙江、福建、广东、香港、澳门、广西、海南、台湾。国外分布于中南半岛。

种群现状 不详。

讨论 由 *Sturnus* 归入 *Sturnia* (Lovette et al., 2008; Zuccon et al., 2008)。周青春 (2015)、廖明尧 (2015)、汪正祥 (2012) 分别于神农架林区及湖北竹溪县八卦山自然保护区记录到该物种。但该物种种群数量在我国较少。同时，本书作者在近10年间的监测中，也未记录到该物种。故其在本区域的种群现状仍需进一步调查确定。

(八十三) 鸫科 Turdidae

428. 橙头地鸫 *Geokichla citrina* Latham, 1790

英文名 Orange-headed thrush

种下单元 共11个亚种。国内分布有4个亚种：云南亚种 (*G. c. innotata*)、安徽亚种 (*G. c. courtoisi*)、海南亚种 (*G. c. aurimacula*) 和两广亚种 (*G. c. melli*)。神农架为两广亚种。

分布 国内云南亚种分布于云南西南部；安徽亚种分布于河南南部、陕西、安徽、江苏、浙江；海南亚种分布于海南；两广亚种分布于重庆、贵州、湖北、湖南、江西、广东、香港、澳门、广西。国外分布于巴基斯坦、东南亚、大巽他群岛。

种群现状 地区性少见。

讨论 周青春 (2015)、朱兆泉和宋朝枢 (1999) 于神农架林区记录到该物种。但该鸟近年来在各个地区都很少见，属于稀有鸟类之一 (赵正阶, 2001b)。同时，本书作者在近10年间的监测中，也未记录到该物种。故该物种在本区域的种群数量应较少。

429. 白眉地鸫 *Geokichla sibirica* Pallas, 1776

英文名 Siberian thrush

种下单元 共2个亚种：华南亚种 (*G. s. davisoni*) 和指名亚种 (*G. s. sibirica*)，国内均有分布。神农架为指名亚种。

分布 国内华南亚种分布于贵州、江苏东部、浙江、福建西北部、广西、台湾；指名亚种除宁夏、新疆、西藏、青海外，分布于各省 (区、市)。国外分布于西伯利亚、蒙古国、朝鲜、日本、泰国、柬埔寨、印度、马来西亚、印度尼西亚。

种群现状 不详。

讨论 由 *Zoothera* 归入 *Geokichla* (Voelker and Klicka, 2008; Voelker and Outlaw, 2008)。该物种在神农架林区及其周边多个地区均被记录到，但其种群数量在我国稀少，不易见到 (赵正阶, 2001b)。同时，本书作者在近10年间的监测中，也未见到该物种。故该鸟在本区域的种群现状尚待进一步调查确定。

430. 虎斑地鸫 *Zoothera aurea* Holandre, 1825

英文名 White's thrush

种下单元 共4个亚种。国内分布有2个亚种：远东亚种 (*Z. a. toratugumi*) 和普通亚种 (*Z. a. aurea*)。神农架为普通亚种。

分布 国内远东亚种分布于台湾；普通亚种除西藏外，分布于各省 (区、市)。国外分布于欧洲、西伯利亚东南部、东南亚、印度、菲律宾和澳大利亚等地。

种群现状 易见。

讨论 由 *Zoothera dauma* 的亚种提升为种 (Rasmussen and Anderton, 2005)。

431. 淡背地鸫 *Zoothera mollissima* Blyth, 1842

英文名 Alpine thrush

种下单元 共2个亚种：指名亚种 (*Z. m. mollissima*) 和云南亚种 (*Z. m. whiteheadi*)，国内均有分布。神农架为指名亚种。

分布 国内指名亚种分布于西藏、四川、云南等；云南亚种分布于云南、西藏南部。国外分布于南亚、东南亚。

种群现状 地区性罕见。

讨论 别名光背地鸫。近期观鸟爱好者于神农架林区记录到该物种，但多本志书表明神农架处于该物种已知分布地的边缘地带（赵正阶，2001b；段文科和张正旺，2017b；郑光美，2017）。同时，本书作者在近10年间的监测中，也未记录到该物种。故该物种在本区域的种群数量应较少。

432. 灰翅鸫 *Turdus boulboul* Latham, 1790

英文名 Grey-winged blackbird
分布 国内分布于陕西南部、甘肃南部、云南东南部、四川、贵州、湖北、湖南、广东、广西。国外分布于巴基斯坦、印度、尼泊尔、老挝、越南、缅甸和泰国。
种群现状 地区性少见。
讨论 湖北省鸟类新记录。本书作者利用红外相机在湖北兴山县拍到其照片数十张。该鸟在我国现存种群数量较少，是稀有鸟类，应当加强保护（赵正阶，2001b）。近期观鸟爱好者喻杰先生在神农架林区也记录到该物种。

433. 乌灰鸫 *Turdus cardis* Temminck, 1831

英文名 Japanese thrush
分布 国内分布于南方特别是东南地区。国外分布于日本、中南半岛北部。
种群现状 少见。

434. 斑鸫 *Turdus eunomus* Temminck, 1831

英文名 Dusky thrush
分布 国内分布于东北及华北地区、山东、江苏、江西、湖北、湖南、陕西、四川、甘肃、青海、新疆、贵州、云南、广东、福建、海南、台湾等。国外分布于东北亚。
种群现状 常见。

435. 灰背鸫 *Turdus hortulorum* Sclater, 1863

英文名 Grey-backed thrush
分布 国内除宁夏、西藏、青海外，见于各省（区、市）。国外分布于俄罗斯西伯利亚东南部和远东地区、朝鲜。
种群现状 易见。

436. 棕背黑头鸫 *Turdus kessleri* Przewalski, 1876

英文名 White-backed thrush
分布 国内分布于西藏、甘肃、青海东南部、四川、云南西北部等。国外分布于印度。
种群现状 不详。
讨论 别名棕背鸫。周青春（2015）、廖明尧（2015）于神农架林区记录到该物种。但多本志书表明其已知分布地仅在西藏、甘肃、青海东南部、四川、云南（赵正阶，2001b；段文科和张正旺，2017b；郑光美，2017；Birdlife International，2018）。该鸟性机警而沉静，常单独或成对活动，一般很少鸣叫，当遇到危险时会发出大声刺耳的惊叫。其在我国的种群数量并不丰富，不易见到。本书作者在近10年间的监测中，也未见到该物种。故该物种在本区域的种群现状尚待进一步调查确定。

437. 乌鸫 *Turdus mandarinus* Bonaparte, 1850

英文名 Chinese blackbird
种下单元 共7个亚种。国内分布有2个亚种：普通亚种（*T. m. mandarinus*）和四川亚种（*T. m. sowerbyi*）。神农架为普通亚种。
分布 国内普通亚种分布于辽宁以南的广大地区；四川亚种分布于四川南部、甘肃中部。国外分布于欧洲、非洲北部、土耳其至巴基斯坦、印度北部及不丹。
种群现状 常见。
讨论 由 *Turdus merula* 的亚种提升为种（Collar, 2005; Rasmussen and Anderton, 2005; Nylander et al., 2008）。

438. 宝兴歌鸫 *Turdus mupinensis* Laubmann, 1920

英文名 Chinese thrush
分布 中国特有种，国内分布于北京、河北、山东、山西、陕西、内蒙古东部、甘肃、青海东部、云南、贵州、四川、重庆、湖北、湖南、安徽、江西、浙江、广东、广西。
种群现状 易见。

439. 红尾斑鸫 *Turdus naumanni* Temminck, 1820

英文名 Naumann's thrush
分布 国内除西藏、海南外，见于各省（区、市）。国外分布于西伯利亚东部等地。
种群现状 偶见。
讨论 近期观鸟爱好者在神农架林区拍摄到该物种。该鸟在神农架为旅鸟（段文科和张正旺，2017a），而神农架地处全球三大鸟类迁徙区之"亚洲—大洋洲"区，是世界鸟类迁徙路径的重要位置之一，推测其可能是在迁徙路过时被观测到。

440. 白眉鸫 *Turdus obscurus* Gmelin, 1789

英文名 Eyebrowed thrush
分布 国内除西藏外，见于各省（区、市）。国外分布于俄罗斯、朝鲜、日本、越南、老挝、泰国、柬埔寨、印度、尼泊尔、孟加拉国、马来西亚、菲律宾、印度尼西亚、加里曼丹岛等。
种群现状 罕见。
讨论 该鸟栖息于海拔 1200 m 以上的森林中。近期观鸟爱好者在神农架林区观察到该物种。该鸟在神农架是旅鸟，推测可能是迁徙路过时被记录到。

441. 白腹鸫 *Turdus pallidus* Gmelin, 1789

英文名 Pale thrush
分布 国内分布于东北及华北地区、宁夏、甘肃、青海、四川、陕西、江苏、湖北、湖南、贵州、云南、广西、福建、海南、香港和台湾等。国外分布于俄罗斯西伯利亚和远东地区、朝鲜、日本、东南亚、印度、尼泊尔、孟加拉国、苏门答腊和加里曼丹岛等。
种群现状 少见。

442. 灰头鸫 *Turdus rubrocanus* Hodgson, 1846

英文名 Chestnut thrush
种下单元 共 2 个亚种：西南亚种（*T. r. gouldii*）和指名亚种（*T. r. rubrocanus*），国内均有分布。神农架为西南亚种。
分布 国内西南亚种分布于陕西南部、宁夏、甘肃、西藏东部、云南西部、贵州北部、四川西部、重庆、湖北西部；指名亚种分布于西藏南部、四川北部和西部。国外分布于巴基斯坦、印度、阿富汗、不丹、缅甸。
种群现状 易见。

443. 赤颈鸫 *Turdus ruficollis* Pallas, 1776

英文名 Red-throated thrush
分布 国内分布于北部、西部、华中、西南地区。国外分布于亚洲中北部及西北部。
种群现状 不详。
讨论 该物种在神农架林区及其周边多个地区均被记录到。该鸟在神农架为旅鸟，每年春季4~5月和秋季9~10月迁徙（赵正阶，2001b），由于神农架地处全球三大鸟类迁徙区之"亚洲—大洋洲"区，是世界鸟类迁徙路径的重要位置之一，亦是中国三大鸟类迁徙通道之中线上的一个关键停歇点（李孚允和杨若莉，1997），推测其可能是迁徙时被记录到。

（八十四）鹟科 Muscicapidae

444. 蓝歌鸲 *Larvivora cyane* Pallas, 1776

英文名 Siberian blue robin
种下单元 共 2 个亚种：指名亚种（*L. c. cyane*）和东南亚种（*L. c. bochaiensis*），国内均有分布。神农架为指名亚种。
分布 国内指名亚种除新疆、青海外，见于各省（区、市）；东南亚种分布于浙江和福建。国外分布于西伯利亚、朝鲜、日本、中南半岛、马来西亚、印度尼西亚、印度、缅甸。
种群现状 少见。
讨论 由 *Luscinia* 归入 *Larvivora* (Sangster et al., 2010)。

445. 红喉歌鸲 *Calliope calliope* Pallas, 1776

英文名 Siberian rubythroat
分布 国内除西藏外，见于各省（区、市）。国外分布于东北亚、印度、东南亚。
种群现状 少见。

446. 金胸歌鸲 *Calliope pectardens* David, 1871

英文名 Firethroat
分布 国内分布于中部及西南地区，见于陕西、四川、重庆、云南、西藏等。国外分布于印度东北部及缅甸东北部。
种群现状 地区性罕见。
讨论 由 *Luscinia* 归入 *Calliope* （Sangster et al., 2010）。周青春（2015）、廖明尧（2015）于神农架林区记录到该物种。但多本志书表明其已知分布地仅在陕西、四川、重庆、云南、西藏等（赵正阶，2001b；段文科和张正旺，2017b；郑光美，2017）。该鸟分布区较为狭窄，种群数量极为稀少，不易见到，已被鸟类生活国际数据库（http://www.birdlife.org）列入《世界濒危鸟类名录》。本书作者在近10年间的监测中，也并未见到该物种。故该鸟在本区域的种群数量应较少。

447. 白腹短翅鸲 *Luscinia phoenicuroides* Gray, 1846

英文名 White-bellied redstart
种下单元 共2个亚种：普通亚种（*L. p. ichangensis*）和指名亚种（*L. p. phoenicuroides*），国内均有分布。神农架为普通亚种。
分布 国内普通亚种分布于北京、河北北部、山东、河南、山西、陕西南部、宁夏南部、甘肃、青海东部、云南、四川、重庆、贵州、湖北西部；指名亚种分布于宁夏、甘肃、青海、陕西、湖北、四川、贵州、云南、西藏、河北。国外分布于喜马拉雅山脉、缅甸、中南半岛北部、泰国西北部。
种群现状 少见。

讨论 由 *Hodgsonius* 归入 *Luscinia* （Sangster et al., 2010）。

448. 蓝喉歌鸲 *Luscinia svecica* Linnaeus, 1758

英文名 Bluethroat
种下单元 共10个亚种。国内分布有5个亚种：指名亚种（*L. s. svecica*）、北疆亚种（*L. s. saturatior*）、新疆亚种（*L. s. kobdensis*）、青海亚种（*L. s. przevalskii*）和藏西亚种（*L. s. abbotti*）。神农架为指名亚种。
分布 国内指名亚种除新疆、海南外，见于各省（区、市）；北疆亚种见于新疆；新疆亚种见于新疆西部；青海亚种见于陕西、宁夏北部、甘肃西部、青海东北部、云南西南部；藏西亚种见于西藏西部。国外分布于欧洲、非洲北部、俄罗斯、阿拉斯加、亚洲中部、伊朗、印度等。
种群现状 罕见。
讨论 周青春（2015）于神农架林区记录到该物种。该鸟羽色鲜艳，鸣声清脆悦耳，是人们喜欢的观赏鸟类（赵正阶，2001b），常被捕捉用于出售和观赏，存在大量养殖的情况，不排除所记录到的个体来自人工养殖种群或宠物逃逸的可能。同时，本书作者在近10年间的监测中，也未记录到该物种。故该物种在本区域的种群数量应较少。

449. 金色林鸲 *Tarsiger chrysaeus* Hodgson, 1845

英文名 Golden bush-robin
种下单元 共2个亚种。国内仅分布有指名亚种（*T. c. chrysaeus*），神农架为该亚种。
分布 国内分布于甘肃东南部、青海东南部、陕西秦岭、四川北部和中部、云南西北部、西藏南部等。国外分布于巴基斯坦、印度、尼泊尔、缅甸、泰国及越南北部。
种群现状 地区性少见。
讨论 该物种在神农架林区及其周边多个地

区均被记录到，但多本志书表明其已知分布地仅在甘肃、青海、陕西、四川、云南和西藏（赵正阶，2001b；段文科和张正旺，2017b；郑光美，2017）。该鸟性胆怯、善于隐藏，不易被观察到（赵正阶，2001b；Birdlife International，2018）。同时，本书作者在近10年间的监测中也未观察到该物种，且神农架处于该物种分布地区的边缘。故该鸟在本区域的种群数量应该十分稀少。

该鸟主要以昆虫为食，是重要的农林益鸟，但目前其种群数量较为稀少，应加强保护力度。

450. 红胁蓝尾鸲 *Tarsiger cyanurus* Pallas, 1773

英文名 Orange-flanked bush-robin

分布 国内除西藏外，分布于各省（区、市）。国外分布于东北亚、喜马拉雅山脉和东南亚。

种群现状 少见。

讨论 原 *Tarsiger cyanurus* 的西南亚种提升为种（Rasmussen and Anderton, 2005）。

451. 白眉林鸲 *Tarsiger indicus* Vieillot, 1817

英文名 White-browed bush-robin

种下单元 共3个亚种：指名亚种（*T. i. indicus*）、西南亚种（*T. i. yunnanensis*）和台湾亚种（*T. i. formosanus*），国内均有分布。神农架为西南亚种。

分布 国内指名亚种分布于西藏东南部；西南亚种分布于四川西北部及西部、云南西北部、甘肃南部；台湾亚种见于台湾。国外分布于印度东北部、尼泊尔、缅甸东北部、越南西北部等。

种群现状 地区性罕见。

讨论 刘三峡等（2017）于神农架林区拍到该物种，是湖北省鸟类新记录。此外，本书作者近10年间于湖北兴山县也目击到该物种。该鸟性胆怯而安静，喜欢隐藏在灌丛及林下，较难观察到。每个亚种在我国的数量均较少，需加强保护（赵正阶，2001b）。

452. 蓝短翅鸫 *Brachypteryx montana* Horsfield, 1821

英文名 Javan shortwing

种下单元 共14个亚种。国内分布有3个亚种：西南亚种（*B. m. cruralis*）、华南亚种（*B. m. sinensis*）和台湾亚种（*B. m. goodfellowi*）。神农架为华南亚种。

分布 国内西南亚种分布于西藏东南部、云南西北部和南部、四川南部的峨眉山；华南亚种分布于贵州、广西、湖南、陕西、福建等；台湾亚种分布于台湾。国外分布于菲律宾、大巽他群岛、菲洛勒斯岛、喜马拉雅山脉等。

种群现状 少见。

453. 鹊鸲 *Copsychus saularis* Linnaeus, 1758

英文名 Oriental magpie-robin

种下单元 共8个亚种。国内分布有2个亚种：云南亚种（*C. s. erimelas*）和华南亚种（*C. s. prosthopellus*）。神农架为华南亚种。

分布 国内云南亚种分布于西藏东南部、云南、江西；华南亚种分布于河南、陕西、甘肃、云南、四川、重庆、贵州、湖北、湖南、安徽、江苏、江西、上海、浙江、福建、广东、香港、澳门、广西。国外分布于印度、巴基斯坦、尼泊尔、不丹、孟加拉国、缅甸、越南、泰国、老挝、柬埔寨、斯里兰卡、马来西亚、菲律宾和印度尼西亚等南亚和东南亚地区。

种群现状 常见。

454. 北红尾鸲 *Phoenicurus auroreus* Pallas, 1776

英文名 Daurian redstart

种下单元 共2个亚种：指名亚种（*P. a. auroreus*）和青藏亚种（*P. a. leucopterus*），国内均有分布。神农架为指名亚种。

分布 国内指名亚种除新疆、西藏、青海外，分布于各省（区、市）；青藏亚种见于陕西南部、宁夏、甘肃、西藏东南部、青海东南部、云南西北部、四川西北部。国外分布于俄罗斯东部、西伯利亚南部、蒙古国、朝鲜、印度阿萨姆、缅甸、泰国北部、老挝、越南、日本。
种群现状 常见。

455. 黑喉红尾鸲 *Phoenicurus hodgsoni* Moore, 1854

英文名 Hodgson's redstart
分布 国内分布于西南地区。国外分布于尼泊尔、不丹、印度、缅甸北部及喜马拉雅山脉。
种群现状 少见。

456. 赭红尾鸲 *Phoenicurus ochruros* Gmelin, 1774

英文名 Black redstart
种下单元 共5个亚种。国内分布有3个亚种：北疆亚种（*P. o. phoenicuroides*）、普通亚种（*P. o. rufiventris*）和南疆亚种（*P. o. xerophilus*）。神农架为普通亚种。
分布 国内北疆亚种分布于新疆、西藏西部；普通亚种见于华北、西北、西南、华中和华南地区；南疆亚种分布于青海、新疆南部。国外分布于欧洲、北非和西亚。
种群现状 地区性少见。
讨论 周青春（2015）、朱兆泉和宋朝枢（1999）于神农架林区记录到该物种。该鸟喜单独活动，喜活动于林下、灌丛和溪谷等生境（赵正阶，2001b），不易见到。考虑到神农架处于该物种分布地区的边缘，且本书作者在近10年间的监测中也未记录到该物种。故该鸟在本区域的种群数量应该十分稀少。

457. 蓝额红尾鸲 *Phoenicuropsis frontalis* Vigors, 1832

英文名 Blue-fronted redstart
分布 国内分布于青海、宁夏、甘肃、陕西、湖北、四川、贵州、云南和西藏等。国外分布于阿富汗西北部、巴基斯坦、克什米尔、尼泊尔、不丹、印度阿萨姆、缅甸北部。
种群现状 少见。

讨论 由 *Phoenicurus* 归入 *Phoenicuropsis*（Sangster et al., 2010）。

458. 白喉红尾鸲 *Phoenicuropsis schisticeps* Gray, 1846

英文名 White-throated redstart
分布 国内分布于青海、甘肃、陕西、四川、云南、西藏等。国外分布于尼泊尔、印度阿萨姆、孟加拉国、缅甸北部。
种群现状 少见。
讨论 由 *Phoenicurus* 归入 *Phoenicuropsis*（Sangster et al., 2010）。

459. 红尾水鸲 *Rhyacornis fuliginosa* Vigors, 1831

英文名 Plumbeous water redstart
种下单元 共2个亚种：指名亚种（*R. f. fuliginosa*）和台湾亚种（*R. f. affinis*），国内均有分布。神农架为指名亚种。
分布 国内指名亚种见于西藏南部、华南大部分地区、青海、甘肃、陕西、山西、山东、河南等；台湾亚种见于台湾。国外分布于欧亚大陆及非洲北部、阿拉伯半岛。
种群现状 常见。

460. 白顶溪鸲 *Chaimarrornis leucocephalus* Vigors, 1831

英文名 White-capped water redstart
分布 国内分布于华南及西南地区、宁夏、甘肃、青海、山西、陕西、河南、安徽、浙江、湖南等。国外分布于亚洲中部、巴基斯坦、印度北部、尼泊尔、不丹、孟加拉国、缅甸、泰国等。
种群现状 易见。

461. 紫啸鸫 *Myophonus caeruleus* Scopoli, 1786

英文名 Blue whistling thrush
种下单元 共6个亚种。国内分布有3个亚种：西藏亚种（*M. c. temminckii*）、西南亚种

(*M. c. eugenei*) 和指名亚种 (*M. c. caeruleus*)。神农架为指名亚种。

分布　国内西藏亚种见于西藏南部及东南部；西南亚种见于西南地区；指名亚种见于华北、华中、华东、华南地区。国外分布于中亚、阿富汗、巴基斯坦、印度至东南亚。

种群现状　常见。

462. 白尾蓝地鸲 *Myiomela leucurum* Hodgson, 1845

英文名　White-tailed robin

种下单元　共 3 个亚种。国内分布有 2 个亚种：指名亚种 (*M. l. leucurum*) 和台湾亚种 (*M. l. montium*)。神农架为指名亚种。

分布　国内指名亚种见于西南至东南沿海地区；台湾亚种见于台湾。国外分布于尼泊尔、不丹、孟加拉国、印度、缅甸、泰国、越南、老挝、柬埔寨、马来西亚等。

种群现状　少见。

讨论　由 *Cinclidium* 归入 *Myiomela* (Sangster et al., 2010)。

463. 蓝大翅鸲 *Grandala coelicolor* Hodgson, 1843

英文名　Grandala

分布　国内分布于西藏南部及东南部、云南西北部、青海东部、甘肃西部、四川西部等。国外分布于喜马拉雅山脉。

种群现状　地区性罕见。

讨论　苏化龙等 (2007) 于湖北秭归县记录到该物种。近期观鸟爱好者在神农架林区拍摄到该物种，但多本志书表明其已知分布地仅在西藏、云南、青海、甘肃、四川 (赵正阶, 2001b; 段文科和张正旺, 2017b; 郑光美, 2017)。同时，本书作者在近 10 年间的监测中，也未记录到该物种，故该鸟在本区域应较为罕见。

464. 白额燕尾 *Enicurus leschenaulti* Vieillot, 1818

英文名　White-crowned forktail

种下单元　共 6 个亚种。国内分布有 2 个亚种：中国亚种 (*E. l. sinensis*) 和印度亚种 (*E. l. indicus*)。神农架为中国亚种。

分布　国内中国亚种分布于长江流域及以南的广大地区；印度亚种分布于西藏东南部、云南南部。国外分布于印度东北部、孟加拉国、缅甸、泰国、老挝、越南、马来西亚、印度尼西亚。

种群现状　常见。

讨论　经查阅原文献后证实，原中文名为黑背燕尾的物种根据其拉丁学名分类，实际上为白额燕尾。

465. 斑背燕尾 *Enicurus maculatus* Vigors, 1831

英文名　Spotted forktail

种下单元　共 4 个亚种。国内分布有 3 个亚种：云南亚种 (*E. m. guttatus*)、华南亚种 (*E. m. maculatus*) 和指名亚种 (*E. m. bacatus*)。神农架为云南亚种。

分布　国内云南亚种见于西藏西部、云南、四川中部、湖南；华南亚种见于西藏南部；指名亚种见于江西、福建、广东。国外分布于印度、缅甸、尼泊尔、越南等。

种群现状　不详。

讨论　周青春 (2015)、廖明尧 (2015) 于神农架林区记录到该物种。但多本志书表明其已知分布地仅在西藏、云南、四川、湖南、江西、福建、广东 (赵正阶, 2001b; 段文科和张正旺, 2017b; 郑光美, 2017)。同时，本书作者在近 10 年间的监测中，也未记录到该物种。故该鸟在本区域的种群现状尚待进一步调查确定。

466. 灰背燕尾 *Enicurus schistaceus* Hodgson, 1836

英文名　Slaty-backed forktail

分布　国内分布于湖南南部、福建东部和西北部、广东北部和南部、广西瑶山、四川、云南及贵州。国外分布于印度、尼泊尔、缅甸、泰国北部、老挝、越南。

种群现状　常见。

467. 小燕尾 *Enicurus scouleri* Vigors, 1832

英文名　Little forktail
分布　国内分布于甘肃、陕西、四川、云南、西藏、长江以南地区。国外分布于阿富汗、孟加拉国、不丹、印度、哈萨克斯坦、吉尔吉斯斯坦、缅甸、尼泊尔、巴基斯坦、塔吉克斯坦、越南。
种群现状　常见。

468. 灰林䳭 *Saxicola ferreus* Gray, 1846

英文名　Grey bushchat
种下单元　共 2 个亚种：指名亚种 (*S. f. ferreus*) 和普通亚种 (*S. f. haringtoni*)，国内均有分布。神农架为普通亚种。
分布　国内指名亚种分布于西藏南部、云南；普通亚种分布于甘肃、陕西、长江流域，一直往南到东南沿海地区，东至华中地区。偶见于台湾。国外分布于阿富汗、巴基斯坦及中国新疆附近各邻国。
种群现状　易见。

469. 黑喉石䳭 *Saxicola maurus* Linnaeus, 1766

英文名　Siberian stonechat
种下单元　共 24 个亚种。国内分布有 3 个亚种：东北亚种 (*S. m. stejnegeri*)、青藏亚种 (*S. m. przewalskii*) 和新疆亚种 (*S. m. maurus*)。神农架为东北亚种或青藏亚种。
分布　国内东北亚种分布于东部；青藏亚种见于新疆南部、青海、甘肃、陕西、四川至西南地区；新疆亚种分布于新疆北部及西部。国外分布于欧洲西部和南部、亚洲大部分地区、非洲及附近岛屿。
种群现状　易见。

470. 白喉矶鸫 *Monticola gularis* Swinhoe, 1863

英文名　White-throated rock-thrush

分布　国内分布于东北、华北及东部和南部沿海地区。国外分布于古北界东北部、东南亚、日本。
种群现状　不详。
讨论　高学斌等（未发表数据）于湖北兴山县记录到该物种。但多本志书表明神农架处于其已知分布地的邻近地区（赵正阶，2001b；段文科和张正旺，2017b；郑光美，2017）。同时，本书作者在近 10 年间的监测中，也未记录到该物种。故该鸟在本区域的种群现状尚待进一步调查确定。

471. 栗腹矶鸫 *Monticola rufiventris* Jardine et Selby, 1833

英文名　Chestnut-bellied rock-thrush
分布　国内分布于西藏南部及东南部、四川、湖北西部、福建、云南、贵州、广西和广东等。国外分布于巴基斯坦、印度、孟加拉国北部。
种群现状　少见。

472. 蓝矶鸫 *Monticola solitarius* Linnaeus, 1758

英文名　Blue rock-thrush
种下单元　共 5 个亚种。国内分布有 3 个亚种：藏西亚种 (*M. s. longirostris*)、华南亚种 (*M. s. pandoo*) 和华北亚种 (*M. s. Philippensis*)。神农架为华南亚种。
分布　国内藏西亚种分布于西南地区、湖北、福建、广西和广东等；华南亚种分布于西南及华南地区、甘肃、陕西、湖北、湖南、江苏、浙江、福建、新疆及台湾等；华北亚种分布于东北、华北、华东地区和河南、四川、云南、贵州、广东、海南及台湾等。国外分布于欧亚大陆、菲律宾、东南亚、马来半岛、苏门答腊和加里曼丹岛。
种群现状　常见。

473. 北灰鹟 *Muscicapa dauurica* Pallas, 1811

英文名　Asian brown flycatcher

种下单元 共 5 个亚种。国内分布有 2 个亚种：指名亚种 (*M. d. dauurica*) 和云南亚种 (*M. d. siamensis*)。神农架为指名亚种。
分布 国内指名亚种除山东、四川、重庆外，见于各省 (区、市)；云南亚种见于云南。国外分布于俄罗斯东南部、蒙古国、南亚、东南亚。
种群现状 少见。

474. 棕尾褐鹟 *Muscicapa ferruginea* Hodgson, 1845

英文名 Ferruginous flycatcher
分布 国内分布于陕西南部、宁夏、甘肃南部、西藏东南部、云南、四川南部、贵州、福建、广东、香港、海南、台湾。国外分布于中亚、西亚、喜马拉雅山脉、欧洲及非洲北部。
种群现状 地区性罕见。
讨论 周青春 (2015)、湖北巴东金丝猴自然保护区科考组 (2013)、陈庆等 (2015) 分别于神农架林区、湖北巴东县金丝猴自然保护区、陕西镇坪县记录到该物种。但神农架处于该物种分布地区的边缘 (段文科和张正旺，2017b)，且本书作者在近 10 年间的监测中也未记录到该物种。同时，该物种在我国数量较少，目前除其已知分布地的局部地区外，其他地区均很少见，原来有记录的分布区近年来也很难发现该物种 (赵正阶，2001b)。故其在本区域的种群数量应该十分稀少。

475. 灰纹鹟 *Muscicapa griseisticta* Swinhoe, 1861

英文名 Grey-streaked flycatcher
分布 国内分布于东北、华北、华东、华中、华南地区和云南西北部。国外分布于俄罗斯东南部、菲律宾、新几内亚和印度尼西亚。
种群现状 不详。
讨论 别名灰斑鹟、斑胸鹟。该物种主要栖息于海拔 1100~2200 m 的针阔混交林、针叶林、次生林等生境中。周青春 (2015)、廖明尧 (2015) 于神农架林区记录到该物种。该鸟每年 5 月初至中旬迁至东北繁殖，9 月末至 10 月进行南迁。神农架地处全球三大鸟类迁徙区之"亚洲—大洋洲"区，是世界鸟类迁徙路径的重要位置之一，亦是中国三大鸟类迁徙通道之中线上的一个关键停歇点 (李孚允和杨若莉，1997)，故推测在本区域的记录可能是在迁徙时被监测到的个体。

476. 褐胸鹟 *Muscicapa muttui* Layard, 1854

英文名 Brown-breasted flycatcher
分布 国内分布于甘肃东南部、云南、四川、贵州、湖北、澳门、广西。国外分布于印度、斯里兰卡、缅甸、泰国。
种群现状 地区性少见。
讨论 张立影等 (2012)、陈庆等 (2015) 分别于神农架林区和陕西镇坪县化龙山自然保护区牛头店目击到该物种。该物种在我国数量不丰富，目前已被鸟类生活国际数据库 (http://www.birdlife.org) 列入《世界濒危鸟类名录》，不易见到 (赵正阶，2001b)。近期有观鸟爱好者在神农架国家公园内记录到该物种。

477. 乌鹟 *Muscicapa sibirica* Gmelin, 1789

英文名 Dark-sided flycatcher
种下单元 共 4 个亚种。国内分布有 3 个亚种：指名亚种 (*M. s. sibirica*)、西南亚种 (*M. s. rothschildi*) 和藏南亚种 (*M. s. cacabata*)。神农架为指名亚种。
分布 国内指名亚种见于东北及华北地区、陕西、云南东部、四川东部、上海、浙江、福建、广东、香港、澳门、广西、海南、台湾；西南亚种见于甘肃南部、西藏东南部、青海南部、云南西部和南部、四川、贵州；藏南亚种见于西藏南部。国外分布于俄罗斯东南部、蒙古国、喜马拉雅山脉及东南亚。
种群现状 少见。

478. 红喉姬鹟 *Ficedula albicilla* Pallas, 1811

英文名 Red-throated flycatcher

分布　国内除西藏外，分布于各省（区、市）。国外分布于欧亚大陆北部，越冬于南亚、东南亚。

种群现状　少见。

479. 锈胸蓝姬鹟 *Ficedula sordida* Verreaux, 1871

英文名　Slaty-backed flycatcher

分布　国内分布于北京、山西、甘肃南部、西藏南部、青海南部、云南、四川、湖北西部、香港。国外分布于喜马拉雅山脉、中南半岛。

种群现状　不详。

讨论　Zuccon 和 Ericson（2010）认为侏蓝仙鹟（*Muscicapella hodgsoni*）属于 *Ficedula*，将其改名为 *Ficedula hodgsonii* Verraux, 1871，但与锈胸蓝姬鹟的学名重复，依据命名法则，Zuccon（2011）将锈胸蓝姬鹟的种名改为 *Ficedula sordida* Godwin-Austen, 1874。

薛慕光等（1965）于湖北巴东县记录到该物种。该物种种群数量不丰富（赵正阶，2001b），且神农架处于该物种分布地区的边缘（段文科和张正旺，2017b）。同时，本书作者在近 10 年间的监测中，也未记录到该物种。故该鸟在本区域的种群现状尚待进一步调查确定。

480. 橙胸姬鹟 *Ficedula strophiata* Hodgson, 1837

英文名　Rufous-gorgeted flycatcher

种下单元　共 2 个亚种。国内仅分布有指名亚种（*F. s. strophiata*），神农架为该亚种。

分布　国内分布于陕西南部、甘肃南部、西藏东部、云南、四川、贵州、湖北西部、广东、香港、广西、海南。国外分布于喜马拉雅山脉、中南半岛。

种群现状　少见。

481. 白眉蓝姬鹟 *Ficedula superciliaris* Jerdon, 1840

英文名　Ultramarine flycatcher

种下单元　共 2 个亚种。国内仅分布有西南亚种（*F. s. aestigma*），神农架为该亚种。

分布　国内见于西藏东南部、云南西部、四川、广西中部。国外分布于阿富汗、喜马拉雅山脉、印度、缅甸、泰国。

种群现状　地区性罕见。

讨论　2019 年 6 月 8 日，观鸟爱好者在湖北省神农架林区 209 国道天燕观景台（31°43′02″N, 110°27′14″E，海拔 1790 m）观察到附近峡谷中有 1 只雄性白眉蓝姬鹟在锐齿槲栎（*Quercus aliena* var. *acuteserrata*）树枝上跳跃、停留，并拍摄到该鸟的清晰照片，此次记录是白眉蓝姬鹟在湖北省分布的首次正式报道。

482. 灰蓝姬鹟 *Ficedula tricolor* Hodgson, 1845

英文名　Slaty-blue flycatcher

种下单元　共 4 个亚种。国内分布有 2 个亚种：藏东亚种（*F. t. minuta*）和西南亚种（*F. t. diversa*）。神农架为西南亚种。

分布　国内藏东亚种见于西藏东南部；西南亚种见于陕西南部、宁夏南部、甘肃南部、云南、四川、重庆、贵州。国外分布于喜马拉雅山脉、中南半岛北部。

种群现状　地区性少见。

讨论　该物种在神农架林区及其周边多个地区被记录到。该物种种群数量在我国并不丰富（赵正阶，2001b），且神农架处于该物种分布地区的边缘（段文科和张正旺，2017b），故该鸟在本区域的种群数量应该十分稀少。

作者等于 2019 年 6 月 15 日在湖北省神农架国家公园猴子石保护站白云湾（31°27′11.38″N, 110°11′33″E，海拔 2552.48 m）发现并拍摄到该物种。

483. 白眉姬鹟 *Ficedula zanthopygia* Hay, 1845

英文名　Yellow-rumped flycatcher

分布　国内除宁夏、新疆、西藏外，见于各省

（区、市）。国外分布于俄罗斯东南部、蒙古国、东亚、马来半岛、印度尼西亚。

种群现状 少见。

484. 白腹蓝鹟 *Cyanoptila cyanomelana* Temminck, 1829

英文名 Blue-and-white flycatcher

种下单元 共 2 个亚种：指名亚种 (*C. c. cyanomelana*) 和东北亚种 (*C. c. intermedia*)，国内均有分布。神农架为东北亚种。

分布 国内指名亚种见于黑龙江、河北；东北亚种见于黑龙江东部、吉林、辽宁、河北、山东、贵州、湖北、江苏、浙江、福建、广东、香港、广西、海南、台湾。国外分布于东北亚及越南、老挝、菲律宾、马来西亚、印度尼西亚。

种群现状 少见。

485. 铜蓝鹟 *Eumyias thalassinus* Swainson, 1838

英文名 Verditer flycatcher

种下单元 共 2 个亚种。国内仅分布有指名亚种 (*E. t. thalassinus*)，神农架为该亚种。

分布 国内见于山东、陕西、西藏南部、云南、四川、重庆、贵州、湖北、湖南、江西、上海、浙江、福建、广东、香港、澳门、广西、台湾。国外分布于南亚、东南亚。

种群现状 易见。

486. 中华仙鹟 *Cyornis glaucicomans* Thayer et Bangs, 1909

英文名 Chinese blue-flycatcher

分布 国内见于陕西南部、云南东南部和西部、四川、重庆、贵州、湖北西部、湖南、江西、广东、广西。国外分布于南亚及喜马拉雅山脉、中南半岛。

种群现状 少见。

讨论 由蓝喉仙鹟 (*Cyornis rubeculoides*) 的西南亚种提升为种 (Zhang et al., 2016)，故推测2016年以前神农架记载的蓝喉仙鹟应为现在的中华仙鹟。

487. 棕腹大仙鹟 *Niltava davidi* La Touche, 1907

英文名 Fujian niltava

分布 国内分布于陕西南部、云南、四川、重庆、贵州北部、江西、福建西北部、广东、香港、澳门、广西、海南。国外分布于中南半岛。

种群现状 少见。

488. 棕腹仙鹟 *Niltava sundara* Hodgson, 1837

英文名 Rufous-bellied niltava

种下单元 共 3 个亚种。国内分布有 2 个亚种：指名亚种 (*N. s. sundara*) 和西南亚种 (*N. s. denotata*)。神农架为西南亚种。

分布 国内指名亚种见于云南南部、西藏南部；西南亚种见于陕西南部、甘肃东南部、云南、四川、重庆、贵州、湖北西部、广东。国外分布于喜马拉雅山脉、中南半岛。

种群现状 少见。

（八十五）戴菊科 Regulidae

489. 戴菊 *Regulus regulus* Linnaeus, 1758

英文名 Goldcrest

种下单元 共 14 个亚种。国内分布有 5 个亚种：新疆亚种 (*R. r. tristis*)、北方亚种 (*R. r. coatsi*)、青藏亚种 (*R. r. sikkimensis*)、云南亚种 (*R. r. yunnanensis*) 和东北亚种 (*R. r. japonensis*)。神农架为东北亚种。

分布 国内新疆亚种见于青海、新疆；北方亚种见于新疆；青藏亚种见于甘肃南部、西藏、青海；云南亚种见于陕西南部、甘肃南部、西藏东南部、云南西部、四川和贵州；东北亚种分布于东北、华北、华东地区及台湾。国外分布于古北界、欧洲至西伯利亚及日本，包括中亚、喜马拉雅山脉。

种群现状 常见。

(八十六) 太平鸟科 Bombycillidae

490. 太平鸟 *Bombycilla garrulus* Linnaeus, 1758

英文名 Bohemian waxwing
种下单元 共 3 个亚种。国内仅分布有普通亚种 (*B. g. centralasiae*)，神农架为该亚种。
分布 国内分布于东北、华北、西北、华中及华东地区。国外分布于全北界。
种群现状 不详。
讨论 周青春 (2015)、朱兆泉和宋朝枢 (1999) 于神农架林区记录到该物种。该鸟羽色鲜艳，具有较高的观赏价值，常被捕猎作为笼养鸟类 (赵正阶, 2001b)。故不排除所记录到的个体来源于人工养殖种群或宠物逃逸的可能。

491. 小太平鸟 *Bombycilla japonica* Siebold, 1824

英文名 Japanese waxwing
分布 国内除西北地区、西藏外，分布于各省 (区、市)。国外分布于东北亚。
种群现状 不详。
讨论 该物种在神农架林区及其周边多个地区被记录到。该鸟主要见于春秋季和冬季，种群数量在我国不丰富。其羽色艳丽，具有较高的观赏价值，常被捕猎作为笼养鸟类 (赵正阶, 2001b)。故不排除本区域记录到的个体来源于人工养殖种群或宠物逃逸的可能。

(八十七) 啄花鸟科 Dicaeidae

492. 纯色啄花鸟 *Dicaeum concolor* Jerdon, 1840

英文名 Nilgiri flowerpecker
种下单元 共 7 个亚种。国内分布有 3 个亚种：西南亚种 (*D. c. olivaceum*)、台湾亚种 (*D. c. uchidai*) 和海南亚种 (*D. c. minullum*)。
分布 国内西南亚种见于湖南、四川东部及长江以南地区；台湾亚种见于台湾；海南亚种见于海南。国外分布于印度西南部、尼泊尔中部至印度东北部、东南亚及大巽他群岛。
种群现状 不详。
讨论 肖文发等 (2009) 于重庆巫山县五里坡自然保护区记录到该物种。该鸟主要栖息于海拔 1500 m 以下的常绿阔叶林、次生林、果园等地。本书作者在近 10 年间的监测中，也未记录到该物种。该物种具有较高的观赏价值，时常被人工饲养作为宠物鸟。故不排除所记录到的个体来源于人工养殖种群或宠物逃逸的可能。

493. 红胸啄花鸟 *Dicaeum ignipectus* Blyth, 1843

英文名 Fire-breasted flowerpecker
种下单元 共 8 个亚种。国内分布有 2 个亚种：指名亚种 (*D. i. ignipectus*) 和台湾亚种 (*D. i. formosum*)。神农架为指名亚种。
分布 国内指名亚种见于华中、华南地区及西藏东南部；台湾亚种见于台湾。国外分布于喜马拉雅山脉、印度东北部至东南亚。
种群现状 少见。

(八十八) 花蜜鸟科 Nectariniidae

494. 叉尾太阳鸟 *Aethopyga christinae* Swinhoe, 1869

英文名 Hainan sunbird
种下单元 共 3 个亚种。国内分布有 2 个亚种：华南亚种 (*A. c. latouchii*) 和指名亚种 (*A. c. christinae*)。神农架为华南亚种。
分布 国内华南亚种分布于华南地区；指名亚种见于海南。国外分布于越南北部和老挝中部。
种群现状 地区性少见。
讨论 该物种在神农架林区及其周边多个地区均被记录到。该鸟在我国分布较广，但种群数量并不丰富，考虑到神农架处于该物种分

布地区的边缘 (段文科和张正旺, 2017b), 且本书作者在近 10 年间的监测中也未记录到该物种。故该鸟在本区域的种群数量应该十分稀少。

495. 蓝喉太阳鸟 *Aethopyga gouldiae* Vigors, 1831

英文名 Gould's sunbird
种下单元 共 4 个亚种。国内分布有 2 个亚种：指名亚种 (*A. g. gouldiae*) 和西南亚种 (*A. g. dabryii*)。神农架为西南亚种。
分布 国内指名亚种见于西藏东南部；西南亚种见于陕西南部、甘肃东南部、云南、四川、重庆、贵州、湖北西部、湖南南部、广西中部。国外分布于喜马拉雅山脉、中南半岛。
种群现状 常见。

(八十九) 岩鹨科 Prunellidae

496. 领岩鹨 *Prunella collaris* Scopoli, 1769

英文名 Alpine accentor
种下单元 共 9 个亚种。国内分布有 6 个亚种：新疆亚种 (*P. c. rufilata*)、藏西亚种 (*P. c. whymperi*)、西南亚种 (*P. c. nipalensis*)、青海亚种 (*P. c. tibetana*)、东北亚种 (*P. c. erythropygia*) 和台湾亚种 (*P. c. fennelli*)。神农架为西南亚种。
分布 国内新疆亚种见于新疆；藏西亚种见于西藏西部；西南亚种见于陕西南部、甘肃、西藏、云南西北部、四川；青海亚种见于甘肃西北部、青海东部和南部；东北亚种见于东北地区和北京、天津、河北、山西、陕西南部、内蒙古东北部、四川、重庆；台湾亚种见于台湾。国外分布于中亚、西亚、喜马拉雅山脉、欧洲和北非。
种群现状 地区性罕见。
讨论 汪正祥 (2012) 于湖北竹溪县八卦山自然保护区记录到该物种。但该鸟属高寒山区鸟类，主要栖息于海拔 1500~5000 m 的中高山山顶苔原、草地等荒漠寒冷地带。同时，本书作者在近 10 年间的监测中也未记录到该物种，且神农架处于该物种分布地区的边缘 (段文科和张正旺, 2017b)。故该物种在本区域的种群数量应较少。

497. 栗背岩鹨 *Prunella immaculata* Hodgson, 1845

英文名 Maroon-backed accentor
分布 国内分布于陕西南部、甘肃南部、西藏、云南西北部、青海南部、四川。国外分布于喜马拉雅山脉。
种群现状 地区性罕见。
讨论 陈庆等 (2015) 于陕西镇坪县化龙山自然保护区八仙保护站记录到该物种。但多本志书表明其已知分布地仅在陕西、甘肃、西藏、云南、青海和四川 (段文科和张正旺, 2017b; 郑光美, 2017)。同时, 本书作者在近 10 年间的监测中也未记录到该物种, 且神农架处于该物种分布地区的边缘, 其本身种群数量在我国较少, 不易见到 (赵正阶, 2001b)。故该鸟在本区域的种群数量应该十分稀少。

498. 棕胸岩鹨 *Prunella strophiata* Blyth, 1843

英文名 Rufous-breasted accentor
种下单元 共 2 个亚种。国内仅分布有指名亚种 (*P. s. strophiata*), 神农架为该亚种。
分布 国内见于陕西南部、甘肃、西藏、青海、云南西北部、四川、贵州北部、湖北西部。国外分布于阿富汗、喜马拉雅山脉北部。
种群现状 地区性罕见。
讨论 周青春 (2015)、朱兆泉和宋朝枢 (1999)、陈庆等 (2015) 分别于神农架林区及陕西镇坪县记录到该物种。但多本志书表明神农架处于该物种已知分布地的邻近地区 (赵正阶, 2001b; 段文科和张正旺, 2017b)。同时, 本书作者在近 10 年间的监测中, 也未记录到该物种, 但近期有观鸟爱好者记录到该物种。故其在本区域应较为罕见。

(九十) 梅花雀科 Estrildidae

499. 斑文鸟 *Lonchura punctulata* Linnaeus, 1758

英文名 Scaly-breasted munia

种下单元 共 11 个亚种。国内分布有 3 个亚种：云南亚种 (*L. p. yunnanensis*)、藏南亚种 (*L. p. subundulata*) 和华南亚种 (*L. p. topela*)。神农架为华南亚种。

分布 国内云南亚种见于西藏东南部、云南、四川西南部；藏南亚种见于西藏东南部；华南亚种见于华南地区，包括海南岛和台湾。国外分布于巴基斯坦、印度、斯里兰卡、菲律宾、东南亚、大巽他群岛及苏拉威西岛。

种群现状 少见。

500. 白腰文鸟 *Lonchura striata* Linnaeus, 1766

英文名 White-rumped munia

种下单元 共 6 个亚种。国内分布有 2 个亚种：华南亚种 (*L. s. swinhoei*) 和云南亚种 (*L. s. subsquamicollis*)。神农架为华南亚种。

分布 国内华南亚种分布于南方大部分地区，包括台湾；云南亚种见于云南西部和南部、西藏东南部、海南。国外分布于印度、斯里兰卡、东南亚及苏门答腊。

种群现状 易见。

(九十一) 雀科 Passeridae

501. 山麻雀 *Passer cinnamomeus* Temminck, 1836

英文名 Russet sparrow

种下单元 共 4 个亚种。国内分布有 3 个亚种：指名亚种 (*P. c. rutilans*)、西藏亚种 (*P. c. cinnamomeus*) 和西南亚种 (*P. c. intensior*)。神农架为指名亚种。

分布 国内指名亚种见于河北以南、青海以东广大地区；西藏亚种见于西藏南部和东南部；西南亚种见于云南、四川、重庆、贵州。国外分布于阿富汗东北部、印度东北部、喜马拉雅山脉、缅甸北部、老挝北部、越南西北部、库页岛 (萨哈林岛) 南部、千岛群岛南部、日本。

种群现状 常见。

502. 麻雀 *Passer montanus* Linnaeus, 1758

英文名 Eurasian tree sparrow

种下单元 共 10 个亚种。国内分布有 7 个亚种：指名亚种 (*P. m. montanus*)、普通亚种 (*P. m. saturatus*)、新疆亚种 (*P. m. dilutus*)、青藏亚种 (*P. m. tibetanus*)、甘肃亚种 (*P. m. kansuensis*)、藏南亚种 (*P. m. hepaticus*) 和云南亚种 (*P. m. malaccensis*)。神农架为普通亚种。

分布 国内指名亚种见于黑龙江、吉林东部、辽宁东南部、内蒙古东北部；普通亚种见于华东、华中及东南地区，包括台湾；新疆亚种见于甘肃西北部、新疆、青海东北部；青藏亚种见于青海西南部、西藏东部和南部、四川西部；甘肃亚种见于甘肃西部、内蒙古北部、青海北部和东部；藏南亚种见于西藏东南部；云南亚种见于云南和海南。国外分布于欧洲、中东、中亚和东亚、喜马拉雅山脉及东南亚。

种群现状 常见。

讨论 别名树麻雀。

(九十二) 鹡鸰科 Motacillidae

503. 山鹡鸰 *Dendronanthus indicus* Gmelin, 1789

英文名 Forest wagtail

分布 国内除新疆外，见于各省 (区、市)。国外分布于印度、东亚和东南亚。

种群现状 易见。

504. 白鹡鸰 *Motacilla alba* Linnaeus, 1758

英文名 White wagtail

种下单元 共 12 个亚种。国内分布有 7 个亚种：西方亚种 (*M. a. dukhunensis*)、新疆亚种

(*M. a. personata*)、东北亚种 (*M. a. baicalensis*)、灰背眼纹亚种 (*M. a. ocularis*)、西南亚种 (*M. a. alboides*)、普通亚种 (*M. a. leucopsis*) 和黑背眼纹亚种 (*M. a. lugens*)。神农架为新疆亚种、东北亚种或普通亚种。

分布 国内西方亚种见于宁夏、青海东北部、新疆西北部、四川中部和西部；新疆亚种见于甘肃西北部、新疆、西藏西南部、湖北西部；东北亚种除新疆外，见于各省（区、市）；灰背眼纹亚种除西藏外，见于各省（区、市）；西南亚种见于华北、西部地区；普通亚种见于各省（区、市）；黑背眼纹亚种见于东北、华北、华东地区及广东、台湾。国外分布于欧亚大陆及非洲。

种群现状 常见。

505. 灰鹡鸰 *Motacilla cinerea* Tunstall, 1771

英文名 Gray wagtail

种下单元 共 6 个亚种。国内仅分布有普通亚种 (*M. c. robusta*)，神农架为该亚种。

分布 国内普通亚种分布于全国各地。国外分布于欧亚大陆和非洲。

种群现状 常见。

506. 黄头鹡鸰 *Motacilla citreola* Pallas, 1776

英文名 Citrine wagtail

种下单元 共 3 个亚种：新疆亚种 (*M. c. werae*)、指名亚种 (*M. c. citreola*) 和西南亚种 (*M. c. calcarata*)，国内均有分布。神农架为指名亚种。

分布 国内新疆亚种见于甘肃西北部、新疆、西藏南部；指名亚种除新疆外，见于各省（区、市）；西南亚种见于甘肃南部、新疆西部、西藏、青海、云南东部与南部、四川、贵州。国外分布于欧亚大陆。

种群现状 易见。

507. 黄鹡鸰 *Motacilla tschutschensis* Gmelin, 1789

英文名 Eastern yellow wagtail

种下单元 共 4 个亚种：极北亚种 (*M. t. plexa*)、台湾亚种 (*M. t. taivana*)、阿拉斯加亚种 (*M. t. tschutschensis*) 和东北亚种 (*M. t. macronyx*)，国内均有分布。神农架为极北亚种或阿拉斯加亚种。

分布 国内极北亚种见于黑龙江、内蒙古东北部、四川、湖北；台湾亚种分布于台湾东部；阿拉斯加亚种见于北京、江苏；东北亚种分布于东部和南部大部分地区。国外分布于欧亚大陆、非洲、大洋洲及北美洲西部。

种群现状 易见。

讨论 由 *Motacilla flava* 的亚种提升为种 (Alström et al., 2003)。

508. 红喉鹨 *Anthus cervinus* Pallas, 1811

英文名 Red-throated pipit

分布 国内除宁夏、青海、西藏外，见于各省（区、市）。国外分布于欧亚大陆北部、南亚、东南亚、非洲。

种群现状 少见。

509. 树鹨 *Anthus hodgsoni* Richmond, 1907

英文名 Olive-backed pipit

种下单元 共 3 个亚种。国内分布有 2 个亚种：东北亚种 (*A. h. yunnanensis*) 和指名亚种 (*A. h. hodgsoni*)。神农架为东北亚种。

分布 国内东北亚种除陕西、西藏外，分布于各省（区、市）；指名亚种见于山西、陕西南部、宁夏、甘肃、西藏东部和南部、青海、云南、贵州、四川、江西、上海、浙江、广东北部、台湾。国外分布于俄罗斯、南亚、东南亚、东北亚及蒙古国。

种群现状 常见。

510. 田鹨 *Anthus richardi* Vieillot, 1818

英文名 Richard's pipit

种下单元 共 5 个亚种。国内分布有 3 个亚种：东北亚种 (*A. r. richardi*)、新疆亚种 (*A. r. centralasiae*) 和华南亚种 (*A. r. sinensis*)。神农架为东北亚种。

分布　国内东北亚种除西藏、台湾外，分布于各省（区、市）；新疆亚种见于甘肃、内蒙古西部、新疆西部和北部、青海西部；华南亚种见于陕西、甘肃、云南、贵州、四川和华东、华中、华南地区。国外分布于俄罗斯、南亚和东南亚。
种群现状　常见。

511. 粉红胸鹨 *Anthus roseatus* Blyth, 1847

英文名　Rosy pipit
分布　国内分布于华北和西部地区、湖北、江西东北部。国外分布于蒙古国、巴基斯坦、印度、尼泊尔、缅甸、老挝。
种群现状　易见。

512. 黄腹鹨 *Anthus rubescens* Tunstall, 1771

英文名　Buff-bellied pipit
种下单元　共 4 个亚种。国内仅分布有东北亚种（*A. r. japonicus*），神农架为该亚种。
分布　国内除宁夏、青海、西藏外，分布于各省（区、市）。国外分布于俄罗斯东部、东亚。
种群现状　少见。

513. 水鹨 *Anthus spinoletta* Linnaeus, 1758

英文名　Water pipit
种下单元　共 3 个亚种。国内仅分布有新疆亚种（*A. s. coutellii*），神农架为该亚种。
分布　国内分布于华北和西部地区、湖北、江西东北部、福建西北部、海南。国外分布于蒙古国、巴基斯坦、印度、尼泊尔、缅甸、老挝。
种群现状　少见。

514. 山鹨 *Anthus sylvanus* Blyth, 1845

英文名　Upland pipit
分布　国内分布于陕西南部、云南、四川、重庆、贵州和华东、华中及华南地区。国外分布于喜马拉雅山脉。
种群现状　易见。

（九十三）燕雀科 Fringillidae

515. 燕雀 *Fringilla montifringilla* Linnaeus, 1758

英文名　Brambling
分布　国内除宁夏、西藏、青海外，分布于各省（区、市）。国外分布于古北界北部。
种群现状　常见。

516. 锡嘴雀 *Coccothraustes coccothraustes* Linnaeus, 1758

英文名　Hawfinch
种下单元　共 6 个亚种。国内分布有 2 个亚种：指名亚种（*C. c. coccothraustes*）和日本亚种（*C. c. japonicus*）。神农架为指名亚种。
分布　国内指名亚种除西藏、云南、海南外，见于各省（区、市）；日本亚种见于福建。国外分布于欧亚大陆的温带地区。
种群现状　易见。

517. 黑尾蜡嘴雀 *Eophona migratoria* Hartert, 1903

英文名　Chinese grosbeak
种下单元　共 2 个亚种：指名亚种（*E. m. migratoria*）和长江亚种（*E. m. sowerbyi*），国内均有分布。神农架 2 个亚种均有分布。
分布　国内指名亚种除宁夏、新疆、西藏、青海、海南外，见于各省（区、市）；长江亚种见于云南、四川、重庆、贵州、湖北、湖南、江西、福建、广东、香港、广西。国外分布于西伯利亚东部、朝鲜、日本南部。
种群现状　易见。

518. 黑头蜡嘴雀 *Eophona personata* Temminck et Schlegel, 1848

英文名　Japanese grosbeak
种下单元　共 10 个亚种。国内分布有 2 个亚种：指名亚种（*E. p. personata*）和东北亚种（*E. p. magnirostris*）。神农架为东北亚种。
分布　国内指名亚种分布于福建西北部，极

少至台湾；东北亚种分布于东北的长白山及小兴安岭，经华东地区至南方越冬。国外分布于西伯利亚东部、朝鲜及日本。
种群现状 少见。

519. 灰头灰雀 *Pyrrhula erythaca* Blyth, 1862

英文名 Grey-headed bullfinch
种下单元 共 3 个亚种。国内分布有 2 个亚种：台湾亚种（*P. e. owstoni*）和指名亚种（*P. e. erythaca*）。神农架为指名亚种。
分布 国内台湾亚种见于台湾；指名亚种见于河北、河南、陕西南部、山西南部、宁夏、甘肃南部、西藏东部、青海东部、云南、四川、贵州、重庆、湖北。国外分布于喜马拉雅山脉。
种群现状 易见。

520. 褐灰雀 *Pyrrhula nipalensis* Hodgson, 1836

英文名 Brown bullfinch
种下单元 共 5 个亚种。国内分布有 3 个亚种：指名亚种（*P. n. nipalensis*）、华南亚种（*P. n. ricketti*）和台湾亚种（*P. n. uchidai*）。神农架为华南亚种。
分布 国内指名亚种分布于西藏东南部、云南西北部；华南亚种见于陕西、云南、江西、福建西北部、广东北部；台湾亚种见于台湾。国外分布于喜马拉雅山脉至中南半岛北部、马来半岛。
种群现状 地区性少见。
讨论 龙大学（2010）、陈庆等（2015）于陕西镇坪县化龙山自然保护区上竹保护站八匹山保护点、鸡心岭、浪河、牛头店镇红星村、上竹乡瞎马洞、八匹山和曾家镇红星村目击并拍到该物种，是陕西省鸟类新记录。近期观鸟爱好者喻杰先生在神农架林区拍摄到该物种。

521. 暗胸朱雀 *Procarduelis nipalensis* Hodgson, 1836

英文名 Dark-breasted rosefinch
种下单元 共 3 个亚种。国内仅分布有指名亚种（*P. n. nipalensis*），神农架为该亚种。
分布 国内分布于甘肃东南部、西藏南部和东部、云南西北部和东南部、四川、重庆。国外分布于喜马拉雅山脉、缅甸北部、越南西北部。
种群现状 地区性少见。
讨论 由 *Carpodacus* 归入 *Procarduelis*（Zuccon et al., 2012）。该物种在神农架林区及其周边多个地区均被记录到，多本志书表明神农架处于该物种已知分布地的邻近地区（段文科和张正旺，2017b），且该物种的种群数量在我国较少，不常见（赵正阶，2001b）。同时，本书作者在近 10 年间的监测中，也未记录到该物种。故该物种在本区域的种群数量应该十分稀少。

522. 棕朱雀 *Carpodacus edwardsii* Verreaux, 1871

英文名 Dark-rumped rosefinch
种下单元 共 2 个亚种：藏南亚种（*C. e. rubicunda*）和指名亚种（*C. e. edwardsii*），国内均有分布。神农架为指名亚种。
分布 国内藏南亚种分布于西藏南部；指名亚种见于甘肃南部、云南西部和西北部、四川、重庆。国外分布于喜马拉雅山脉。
种群现状 不详。
讨论 肖文发等（2009）于重庆巫山县五里坡自然保护区调查时记录到该物种。但其除在四川局部地区较为常见外，其他地区均十分稀少，很难见到（赵正阶，2001b），且神农架处于该物种已知分布地的邻近地区（赵正阶，2001b；段文科和张正旺，2017b；郑光美，2017；Birdlife International，2018）。同时，本书作者在近 10 年间的监测中，也未记录到该物种。故该鸟在本区域的种群现状尚待进一步调查确定。

523. 普通朱雀 *Carpodacus erythrinus* Pallas, 1770

英文名 Common rosefinch

种下单元 共 5 个亚种。国内分布有 2 个亚种：普通亚种 (*C. e. roseatus*) 和东北亚种 (*C. e. grebnitskii*)。神农架为普通亚种。

分布 国内普通亚种广布于新疆西北部及西部、整个青藏高原至宁夏、湖北及西南地区的热带山地；东北亚种分布于黑龙江、吉林、辽宁、北京、天津、河北、山东、河南、山西、内蒙古东北部、贵州、湖南、安徽、江西、江苏、上海、浙江、福建、广东、香港、台湾。国外分布于欧亚北部及中亚的高山、喜马拉雅山脉、印度、中南半岛北部。

种群现状 常见。

讨论 在高海拔地区较为常见。

524. 酒红朱雀 *Carpodacus vinaceus* Verreaux, 1871

英文名 Vinaceous rosefinch

分布 国内见于河南、陕西南部、宁夏、甘肃南部、云南、四川、重庆、贵州、湖北西部、湖南西部。国外分布于喜马拉雅山脉。

种群现状 常见。

讨论 该鸟栖息于海拔 3000 m 以下的针叶林、混交林和竹林等生境中，在高海拔地区较为常见（赵正阶，2001b）。其色彩鲜明，较易饲养，存在人为养殖作为笼养观赏鸟的情况。

525. 金翅雀 *Chloris sinica* Linnaeus, 1766

英文名 Oriental greenfinch

种下单元 共 6 个亚种。国内分布有 3 个亚种：台湾亚种 (*C. s. kawarahiba*)、指名亚种 (*C. s. sinica*) 和乌苏里亚种 (*C. s. ussuriensis*)。神农架为指名亚种。

分布 国内台湾亚种分布于台湾；指名亚种广布于东部、中部及华南地区；乌苏里亚种分布于黑龙江、吉林、辽宁、河北北部、内蒙古东北部。国外分布于西伯利亚东南部、库页岛（萨哈林岛）、蒙古国、朝鲜半岛、日本、越南。

种群现状 常见。

讨论 别名东方金翅雀。由 *Carduelis* 归入 *Chloris* (Sangster et al., 2011; Zuccon et al., 2012)。

526. 红交嘴雀 *Loxia curvirostra* Linnaeus, 1758

英文名 Red crossbill

种下单元 共 19 个亚种。国内分布有 4 个亚种：东北亚种 (*L. c. japonica*)、新疆亚种 (*L. c. tianschanica*)、青藏亚种 (*L. c. himalayensis*) 和指名亚种 (*L. c. curvirostra*)。神农架为东北亚种。

分布 国内东北亚种分布于东北地区至江苏的丘陵地带、陕西南部、河南、山东；新疆亚种分布于新疆西部；青藏亚种分布于西藏南部、青海、云南西北部和东南部、四川；指名亚种见于青海。国外分布于全北界及东南亚的温带针叶林。

种群现状 地区性罕见。

讨论 陈庆等 (2015) 于陕西镇坪县化龙山自然保护区八匹马山目击到该物种，但多本志书表明神农架处于该物种已知分布地的邻近地区（赵正阶，2001b；段文科和张正旺，2017b；郑光美，2017）。同时，本书作者在近 10 年间的监测中，也未记录到该物种。故该鸟在本区域的种群数量应十分稀少。

红交嘴雀在我国分布广泛，其羽毛鲜明，嘴型较为独特，具有较高的观赏价值，是珍贵的观赏鸟类之一（赵正阶，2001b）。该鸟存在人为捕猎和人工养殖的情况，不排除本区域所观察到的红交嘴雀来源于人工养殖种群或宠物逃逸的可能。

527. 黄雀 *Spinus spinus* Linnaeus, 1758

英文名 Eurasian siskin

分布 国内除宁夏、西藏和云南外，见于各省（区、市）。国外不连贯地分布于欧洲、中东及东亚。

种群现状 少见。

(九十四) 鹀科 Emberizidae

528. 凤头鹀 *Melophus lathami* Gray, 1831

英文名 Crested bunting

分布 国内分布于陕西南部、西藏东部、云南、四川、重庆、长江中下游及东南沿海地区。国外分布于印度、喜马拉雅山脉、中南半岛北部。

种群现状 易见。

529. 黄胸鹀 *Emberiza aureola* Pallas, 1773

英文名 Yellow-breasted bunting

种下单元 共 2 个亚种：指名亚种 (*E. a. aureola*) 和东北亚种 (*E. a. ornata*)，国内均有分布。神农架 2 个亚种均有分布。

分布 国内指名亚种除西藏、海南外，见于各省（区、市）；东北亚种除新疆、西藏、青海、云南外，见于各省（区、市）。国外分布于西伯利亚和东南亚。

种群现状 常见。

530. 黄眉鹀 *Emberiza chrysophrys* Pallas, 1776

英文名 Yellow-browed bunting

分布 国内分布自东北、华北地区起，西至四川东部和贵州东部，南至广东、福建和台湾。国外分布于俄罗斯贝加尔湖以北。

种群现状 少见。

531. 三道眉草鹀 *Emberiza cioides* Brandt, 1843

英文名 Meadow bunting

种下单元 共 5 个亚种。国内分布有 4 个亚种：指名亚种 (*E. c. cioides*)、天山亚种 (*E. c. tarbagataica*)、东北亚种 (*E. c. weigoldi*) 和普通亚种 (*E. c. castaneiceps*)。神农架为普通亚种。

分布 国内指名亚种分布于西北地区的阿尔泰山及青海东部；天山亚种分布于天山；东北亚种分布于东北大部分地区；普通亚种分布于华中及华东地区。国外分布于西伯利亚南部、蒙古国、日本。

种群现状 常见。

532. 黄喉鹀 *Emberiza elegans* Temminck, 1835

英文名 Yellow-throated bunting

种下单元 共 3 个亚种：指名亚种 (*E. e. elegans*)、东北亚种 (*E. e. ticehursti*) 和西南亚种 (*E. e. elegantula*)，国内均有分布。神农架为东北亚种或西南亚种。

分布 国内指名亚种见于四川中部、福建、台湾；东北亚种分布于东北、华北、西北、西南、长江中下游和东南沿海地区；西南亚种见于河北南部、陕西南部、西南地区、湖北、湖南。国外分布于朝鲜和西伯利亚东南部。

种群现状 常见。

533. 栗耳鹀 *Emberiza fucata* Pallas, 1776

英文名 Chestnut-eared bunting

种下单元 共 3 个亚种：指名亚种 (*E. f. fucata*)、西南亚种 (*E. f. arcuata*) 和挂墩亚种 (*E. f. kuatunensis*)，国内均有分布。神农架为指名亚种。

分布 国内指名亚种分布于东北地区；西南亚种分布于华中、西南地区；挂墩亚种分布于福建西北部、广东和台湾。国外分布于喜马拉雅山脉西部、蒙古国东部及西伯利亚东部、朝鲜、日本南部及中南半岛北部。

种群现状 地区性少见。

讨论 别名赤胸鹀。该鸟在神农架为旅鸟，神农架是中国三大鸟类迁徙通道之中线上的一个关键停歇点（李孚允和杨若莉，1997），其大九湖湿地更是重要的鸟类迁徙"中转站"和"补给中心"，故推测该物种可能在迁徙时被记录到。

534. 灰眉岩鹀 *Emberiza godlewskii* Taczanowski, 1874

英文名 Godlewski's bunting

种下单元 共 5 个亚种：指名亚种 (*E. g. godlewskii*)、新疆亚种 (*E. g. decolorata*)、青

藏亚种（*E. g. khamensis*）、云南亚种（*E. g. yunnanensis*）和华北亚种（*E. g. omissa*），国内均有分布。神农架为华北亚种。

分布 国内指名亚种分布于青海西部、甘肃、宁夏及内蒙古西部；新疆亚种分布于新疆；青藏亚种分布于西藏东南部、青海南部及四川西部；云南亚种分布于云南北部、西藏东南部至四川中部；华北亚种分布于四川北部、东部直至黑龙江南部。国外分布于俄罗斯外贝加尔地区、蒙古国、印度东北部、缅甸东北部。

种群现状 少见。

讨论 别名戈氏岩鹀。

535. 小鹀 *Emberiza pusilla* Pallas, 1776

英文名 Little bunting

分布 国内除西藏外，分布于各省（区、市）。国外分布于欧洲极北部及亚洲北部、印度东北部及东南亚。

种群现状 常见。

536. 田鹀 *Emberiza rustica* Pallas, 1776

英文名 Rustic bunting

种下单元 共 2 个亚种。国内仅分布有指名亚种（*E. r. rustica*），神农架为该亚种。

分布 国内分布于东北、华北、西北、西南及长江中下游和东南沿海地区。国外分布于欧亚大陆北部的泰加林。

种群现状 少见。

537. 栗鹀 *Emberiza rutila* Pallas, 1776

英文名 Chestnut bunting

分布 国内除新疆、西藏、青海、海南外，见于各省（区、市）。国外分布于西伯利亚南部及俄罗斯贝加尔湖以东的东西伯利亚东南部、泰加林带的南部、东南亚。

种群现状 少见。

538. 蓝鹀 *Emberiza siemsseni* Martens, 1906

英文名 Slaty bunting

分布 中国特有种，分布于陕西南部、甘肃南部、四川、重庆、贵州、安徽、湖南、湖北、浙江、福建、广东、广西。

种群现状 少见。

讨论 由 *Latoucheornis* 归入 *Emberiza*（Alström et al., 2008）。

539. 灰头鹀 *Emberiza spodocephala* Pallas, 1776

英文名 Black-faced bunting

种下单元 共 3 个亚种：指名亚种（*E. s. spodocephala*）、日本亚种（*E. s. personata*）和西北亚种（*E. s. sordida*），国内均有分布。神农架为指名亚种或西北亚种。

分布 国内指名亚种除新疆、西藏外，见于各省（区、市）；日本亚种偶见越冬于华东及东南沿海地区；西北亚种见于西北、西南、长江中下游及东南沿海地区。国外分布于西伯利亚、日本。

种群现状 易见。

哺乳纲 MAMMALIA

二十四 劳亚食虫目 EULIPOTYPHLA

(九十五) 猬科 Erinaceidae

540. 东北刺猬 *Erinaceus amurensis* **Schrenk, 1859**

英文名 Amur hedgehog
分布 国内主要分布于东部地区，包括东北、华东和东南地区。国外分布于朝鲜、韩国、俄罗斯。
种群现状 易见。

541. 侯氏猬 *Mesechinus hughi* **Thomas, 1908**

英文名 Hugh's hedgehog
分布 中国特有种，主要分布于陕西、甘肃、湖北、四川、重庆。
种群现状 地区性罕见。
讨论 别名秦岭短棘猬。王玛丽等 (2004) 于陕西镇坪县化龙山自然保护区记录到该物种。但多本志书表明神农架处于该物种已知分布地的边缘地区 (Smith 和解焱, 2009; 蒋志刚等, 2015b)。同时，本书作者在近 10 年间的监测中，也未记录到该物种。故其在本区域的种群数量应十分稀少。

(九十六) 鼹科 Talpidae

542. 长吻鼩鼹 *Uropsilus gracilis* **Thomas, 1911**

英文名 Gracile shrew mole
分布 国内分布于湖北、湖南、陕西、四川、贵州、重庆、云南。国外分布于缅甸。
种群现状 地区性罕见。
讨论 别名多齿鼩鼹。该物种喜栖息于海拔 3000~4000 m 的落叶针叶林 (Smith 和解焱, 2009)。杨其仁等 (1988a, 1988b)、李义明等 (2003) 分别于神农架林区大龙潭、千家坪和东溪地区记录到该物种。但神农架处于该物种已知分布地的边缘地区 (Smith 和解焱, 2009; 蒋志刚等, 2015b)。同时，本书作者在近 10 年间的监测中，也未记录到该物种。故其在本区域的种群数量应十分稀少。

543. 长尾鼩鼹 *Scaptonyx fusicaudus* **Minle-Edwards, 1872**

英文名 Long-tailed mole
分布 国内分布于陕西、四川、湖北、湖南、重庆、贵州、云南。国外分布于越南和缅甸。
种群现状 地区性罕见。
讨论 该物种多生活于海拔 2000~4100 m 的山地针叶林中 (Smith 和解焱, 2009)。肖文发等 (2009) 和王玛丽等 (2004) 分别于重庆巫山县五里坡自然保护区、陕西镇坪县化龙山自然保护区记录到该物种。但神农架处于该物种已知分布地的边缘地区 (Smith 和解焱, 2009; 蒋志刚等, 2015b)。同时，本书作者在近 10 年间的监测中，也未记录到该物种。故其在本区域的种群数量应十分稀少。

544. 甘肃鼹 *Scapanulus oweni* **Thomas, 1912**

英文名 Gansu mole
分布 中国特有种，主要分布于陕西、甘肃、湖北、重庆、四川。
种群现状 偶见。

545. 长吻鼹 *Euroscaptor longirostris* Milne-Edwards, 1870

英文名 Long-nosed mole
分布 国内分布于湖南、陕西、四川、重庆、福建、广西、贵州、云南。国外分布于越南。
种群现状 偶见。

(九十七) 鼩鼱科 Soricidae

546. 小纹背鼩鼱 *Sorex bedfordiae* Thomas, 1911

英文名 Lesser striped shrew
分布 国内分布于陕西、甘肃、青海、四川、云南。国外分布于缅甸、尼泊尔。
种群现状 不详。
讨论 该物种在我国生活于海拔 2135~4270 m 的高山地带 (Smith 和解焱, 2009)。周青春 (2015)、廖明尧 (2015) 均于神农架林区记录到该物种。但多本志书表明其已知分布地仅在陕西、甘肃、青海、四川、云南 (王应祥, 2003; Smith 和解焱, 2009; 蒋志刚等, 2015b)。同时，本书作者在近 10 年间的监测中，也未记录到该物种。故其在本区域的种群现状尚待进一步调查确定。

该物种之前曾被认为是纹背鼩鼱 (*Sorex cylindricauda*) 的一个亚种 (Hoffmann, 1987)，故推测神农架 1987 年前记录的小纹背鼩鼱 (*S. bedfordiae*) 应为纹背鼩鼱。

547. 纹背鼩鼱 *Sorex cylindricauda* Milne-Edwards, 1872

英文名 Stripe-backed shrew
分布 中国特有种，分布于陕西、甘肃、四川和云南。
种群现状 不详。
讨论 该物种在神农架林区及其周边多个地区均被记录到，但其已知分布地仅在陕西、甘肃、四川和云南 (王应祥, 2003; Smith 和解焱, 2009; 蒋志刚等, 2015b)。同时，本书作者在近 10 年间的监测中，也未记录到该物种。故该物种在本区域的种群现状尚待进一步调查确定。

一直以来，该物种由于与小纹背鼩鼱 (*Sorex bedfordiae*) 形态特征相似，两者较易混淆，鉴定时较难区分这 2 个物种的生物学特征 (Smith 和解焱, 2009)。

548. 淡灰黑齿鼩鼱 *Blarinella griselda* Thomas, 1912

英文名 Indochinese short-tailed shrew
分布 国内分布于四川、陕西、湖北、甘肃、贵州、云南、台湾。国外分布于越南。
种群现状 不详。
讨论 别名甘肃川鼩。本书作者在近 10 年间的监测中，并未记录到该物种。故该物种在本区域的种群现状需进一步调查确定。

与川鼩属 (*Blarinella*) 的其他两个种相比，该物种的形态特征处于适中状态 (Smith 和解焱, 2009)，分布范围也处于过渡区域，故被认为是川鼩 (*Blarinella quadraticauda*) 和狭颅黑齿鼩鼱 (*Blarinella wardi*) 的过渡物种。有研究认为该物种与狭颅黑齿鼩鼱是川鼩的亚种 (Hoffmann, 1987)，但也有证据证明这 3 个物种是独立的 (Jiang et al., 2003)。

549. 川鼩 *Blarinella quadraticauda* Milne-Edwards, 1872

英文名 Asiatic short-tailed shrew
分布 中国特有种，分布于陕西、甘肃、四川、贵州、重庆、云南。
种群现状 偶见。
讨论 别名黑齿鼩鼱。

550. 川西缺齿鼩鼱 *Chodsigoa hypsibia* de Winton, 1899

英文名 De Winton's shrew
分布 中国特有种，主要分布于北京、四川、云南、甘肃、西藏、陕西。
种群现状 地区性罕见。
讨论 别名川西长尾鼩。吴家炎和李贵辉

119

(1982) 于陕西镇坪县化龙山自然保护区实地考察时记录到该物种。但多本志书表明神农架处于该物种已知分布地的边缘地区（Smith 和解焱, 2009; 蒋志刚等, 2015b）。同时, 本书作者在近 10 年间的监测中, 也未记录到该物种。故其在本区域的种群数量应十分稀少。

551. 霍氏缺齿鼩鼱 *Chodsigoa hoffmanni* Chen, He et Jiang, 2017

英文名 Hoffmann's long-tailed shrew

分布 分布于云南、湖北。

种群现状 不详。

讨论 该物种是 Chen 等 (2017) 于云南省发现的新种。我们近期在湖北兴山县记录到该物种, 此次记录是该物种在湖北省分布的首次记录。其在神农架的种群现状需要进一步调查确定。

552. 微尾鼩 *Anourosorex squamipes* Milne-Edwards, 1872

英文名 Mole-shrew

分布 国内分布于陕西、甘肃、湖北、重庆、四川、贵州、广东、云南。国外分布于印度、老挝、缅甸、泰国、越南。

种群现状 偶见。

讨论 别名四川短尾鼩、短尾鼩。

553. 喜马拉雅水麝鼩 *Chimarrogale himalayica* Gray, 1842

英文名 Himalayan water shrew

分布 国内分布于北京、河北、山西、陕西、宁夏、浙江、福建、广东、广西、江苏、湖北、贵州、四川、青海、西藏、云南、台湾。国外分布于印度、老挝、缅甸、尼泊尔、越南。

种群现状 偶见。

讨论 别名喜马拉雅水鼩。

554. 蹼足鼩 *Nectogale elegans* Milne-Edwards, 1870

英文名 Elegant water shrew

分布 国内分布于四川、云南、西藏、陕西、甘肃、青海。国外分布于印度、缅甸、尼泊尔。

种群现状 不详。

讨论 该鼩是唯一一种完全水栖的鼩鼱, 喜活动于小溪、河流、池塘等水域生境 (Smith 和解焱, 2009)。李义明等 (2003) 于神农架林区东溪捕获到该物种。但多本志书表明神农架是其已知分布地的邻近区域 (王应祥, 2003; Smith 和解焱, 2009; 蒋志刚等, 2015b)。同时, 本书作者在近 10 年间的监测中, 也未记录到该物种。故该物种在本区域的种群现状尚待进一步调查确定。

555. 灰麝鼩 *Crocidura attenuata* Milne-Edwards, 1872

英文名 Gray shrew

分布 国内分布于广西、云南、湖南、陕西、江苏、浙江、安徽、福建、江西、湖北、广东、海南、四川、贵州、西藏、甘肃、香港、重庆。国外分布于柬埔寨、印度、老挝、马来西亚、缅甸、菲律宾、泰国、越南。

种群现状 少见。

556. 白尾梢麝鼩 *Crocidura fuliginosa* Blyth, 1855

英文名 Southeast Asian shrew

种下单元 共 2 个亚种。国内仅分布有云南亚种 (*C. f. dracula*), 神农架为该亚种。

分布 国内分布于四川、湖北、云南、广西、贵州、西藏、陕西、重庆。国外分布于柬埔寨、印度、老挝、马来西亚、缅甸、泰国、越南。

种群现状 地区性罕见。

讨论 别名长尾大麝鼩。该物种在神农架林区及其周边多个县区均被记录到, 但神农架处于该物种已知分布地的边缘地区 (Smith 和解焱, 2009; 蒋志刚等, 2015b)。同时, 本书作者在近 10 年间的监测中, 也未记录到该物种。故该物种在本区域的种群数量应十分稀少。

557. 山东小麝鼩 *Crocidura shantungensis* Miller, 1901

英文名　Asian lesser white-toothed shrew
种下单元　共 2 个亚种：华北亚种 (*C. s. shantungensis*) 和台湾亚种 (*C. s. quelpartis*)，国内均有分布。神农架为华北亚种。
分布　国内分布于台湾、黑龙江、辽宁、吉林、内蒙古、四川、贵州、湖北、陕西、甘肃、青海、河北、北京、山东、山西、安徽、浙江、江苏、宁夏。国外分布于日本、朝鲜、俄罗斯。
种群现状　少见。
讨论　山东小麝鼩 (*Crocidura shantungensis*) 和格氏小麝鼩 (*Crocidura gmelini*) 长期以来被作为小麝鼩 (*C. suaveolens*) 的亚种。Hoffmann (1996) 将山东小麝鼩独立出来，成为一个独立种，并对格氏小麝鼩使用更早的名字 gemlini。这个观点随后被 Jiang 和 Hoffmann (2011) 修订，他们认为山东小麝鼩和格氏小麝鼩都是独立种。神农架所记录到的小麝鼩 (*C. suaveolens*) 根据其分布范围，实为山东小麝鼩 (*C. shantungensis*)。

558. 台湾灰麝鼩 *Crocidura tanakae* Kuroda, 1938

英文名　Taiwanese gray shrew
分布　国内分布于台湾、贵州、湖南、四川、云南、湖北。国外分布于越南、菲律宾、老挝。
种群现状　地区性罕见。
讨论　近期本书作者于湖北兴山县捕获到该物种标本 5 只 (雷博宇等, 2019)，标本采集地生境包括农田、落叶阔叶林、常绿阔叶林和灌丛。形态学特征和分子证据均证明其为台湾灰麝鼩 (*Crocidura tanakae*)。此次发现地是该物种分布地区的最北缘，不仅扩大了该物种在我国的分布范围，而且增加了对其生物地理分布的认识。

559. 西南中麝鼩 *Crocidura vorax* G. M. Allen, 1923

英文名　Voracious shrew
分布　国内分布于四川、贵州、云南、湖南。国外分布于印度、老挝、泰国、越南。
种群现状　不详。
讨论　鄢二虎等 (2012) 于湖北竹山县堵河源自然保护区记录到该物种。但多本志书表明神农架邻近其已知分布区 (王应祥, 2003; Smith 和解焱, 2009; 蒋志刚等, 2015b)。同时，本书作者在近 10 年间的监测中，也未记录到该物种。故该物种在本区域的种群现状尚待进一步调查确定。

西南中麝鼩曾被认为是中麝鼩 (*C. russula*)、古氏麝鼩 (*C. gueldenstaedtii*) 或黑袍麝鼩 (*C. pullata*) 的亚种 (Smith 和解焱, 2009), 故神农架林区及其周边多个地区记录的中麝鼩 (*C. russula*) 有可能为西南中麝鼩 (*C. vorax*)。

二十五　翼手目 CHIROPTERA

(九十八) 菊头蝠科 Rhinolophidae

560. 中菊头蝠 *Rhinolophus affinis* Horsfield, 1823

英文名　Intermediate horseshoe bat
种下单元　共 9 个亚种。国内分布有 3 个亚种：喜马拉雅亚种 (*R. a. himalayanus*)、华南亚种 (*R. a. macrurus*) 和海南亚种 (*R. a. hainanus*)。神农架为喜马拉雅亚种。
分布　国内分布于陕西、江苏、浙江、安徽、湖南、四川、贵州、云南、广西、福建、香港、重庆、广东。国外分布于孟加拉国、不丹、柬埔寨、印度、印度尼西亚、老挝、马来西亚、缅甸、尼泊尔、新加坡、泰国、越南。
种群现状　偶见。

561. 小菊头蝠 *Rhinolophus blythi* Andersen, 1918

英文名 Least horseshoe bat

种下单元 共 9 个亚种。国内分布有 4 个亚种：四川亚种（*R. b. szechwanus*）、福建亚种（*R. b. calidus*）、海南亚种（*R. b. parcus*）和清迈亚种（*R. b. lakkhanae*）。神农架为四川亚种。

分布 国内分布于江苏、湖北、湖南、浙江、安徽、江西、贵州、四川、云南、广西、海南、福建、重庆、广东。国外分布于柬埔寨、印度、印度尼西亚、日本、老挝、马来西亚、缅甸、尼泊尔、泰国、越南。

种群现状 偶见。

讨论 别名菲菊头蝠。

562. 马铁菊头蝠 *Rhinolophus ferrumequinum* Schreber, 1774

英文名 Greater horseshoe bat

种下单元 共 7 个亚种。国内分布有 2 个亚种：尼泊尔亚种（*R. f. tragatus*）和日本亚种（*R. f. nippon*）。神农架为日本亚种。

分布 国内分布于吉林、辽宁、河北、北京、山东、河南、陕西、上海、浙江、安徽、江西、四川、甘肃、贵州、云南、广西、福建、重庆。国外广布于欧洲、亚洲、非洲等。

种群现状 地区性罕见。

讨论 该物种在菊头蝠属中是分布最北的种类，其栖息地较为广泛（Smith 和解焱, 2009）。周青春（2015）、王玛丽等（2004）分别于神农架林区及陕西镇坪县化龙山自然保护区记录到该物种。但多本志书表明神农架处于该物种分布地区的边缘（王应祥, 2003；Smith 和解焱, 2009; 蒋志刚等, 2015b）。同时，本书作者在近 10 年间的监测中，也未记录到该物种。故本区域该物种的种群数量应较少。

563. 大耳菊头蝠 *Rhinolophus macrotis* Blyth, 1844

英文名 Big-eared horseshoe bat

种下单元 共 6 个亚种。国内分布有 2 个亚种：四川亚种（*R. m. episcopus*）和福建亚种（*R. m. caldwelli*）。神农架为四川亚种。

分布 国内分布于陕西、浙江、江西、四川、贵州、广西、云南、福建、重庆、广东。国外分布于孟加拉国、印度、印度尼西亚、老挝、马来西亚、缅甸、尼泊尔、巴基斯坦、菲律宾、泰国、越南。

种群现状 偶见。

564. 皮氏菊头蝠 *Rhinolophus pearsoni* Horsfield, 1851

英文名 Pearson's horseshoe bat

种下单元 共 2 个亚种：指名亚种（*R. p. pearsoni*）和华南亚种（*R. p. chinensis*），国内均有分布。神农架为指名亚种。

分布 国内分布于浙江、陕西、西藏、安徽、湖南、江西、四川、贵州、云南、广西、广东、福建、重庆。国外分布于孟加拉国、不丹、印度、老挝、马来西亚、缅甸、尼泊尔、泰国、越南。

种群现状 偶见。

565. 中华菊头蝠 *Rhinolophus sinicus* Andersen, 1905

英文名 Chinese horseshoe bat

种下单元 共 2 个亚种：华南亚种（*R. s. sinicus*）和云南亚种（*R. s. septentrionalis*），国内均有分布。神农架为华南亚种。

分布 国内分布于南部大多数地区。国外分布于印度、缅甸、尼泊尔、越南。

种群现状 常见。

讨论 我国鲁氏菊头蝠（*Rhinolophus rouxi*）的核型与国外同种明显不同，原鲁氏菊头蝠中华亚种被提升为种，即中华菊头蝠（*R. sinicus*）(Wu et al., 2004)，蒋志刚等（2015a）支持这一建议。根据其分布区域特性，本区域记载的鲁氏菊头蝠（*R. rouxii*）多应为中华菊头蝠。

(九十九) 蹄蝠科 Hipposideridae

566. 大蹄蝠 *Hipposideros armiger* Hodgson, 1835

英文名 Great leaf-nosed bat
种下单元 共 4 个亚种。国内分布有 3 个亚种：四川亚种 (*H. a. armiger*)、台湾亚种 (*H. a. terasensis*) 和闽南亚种 (*H. a. fujianensis*)。神农架为四川亚种。
分布 国内分布于陕西、江苏、浙江、安徽、湖南、江西、四川、贵州、云南、广西、广东、海南、台湾、香港、重庆。国外分布于柬埔寨、印度、老挝、马来西亚、缅甸、尼泊尔、泰国、越南。
种群现状 常见。

567. 普氏蹄蝠 *Hipposideros pratti* Thomas, 1891

英文名 Pratt's leaf-nosed bat
分布 国内分布于陕西、江苏、浙江、安徽、湖南、江西、四川、贵州、云南、广西、福建、重庆、广东、海南。国外分布于越南。
种群现状 偶见。

(一百) 蝙蝠科 Vespertilionidae

568. 西南鼠耳蝠 *Myotis altarium* Thomas, 1911

英文名 Szechwan myotis
分布 国内分布于安徽、江西、四川、贵州、重庆、湖南、云南、广西、广东、福建。国外分布于泰国。
种群现状 偶见。

569. 中华鼠耳蝠 *Myotis chinensis* Tomes, 1857

英文名 Large myotis
分布 国内分布于浙江、安徽、江西、广西、四川、香港、贵州、重庆、江苏、福建、广东、海南、湖南、云南。国外分布于缅甸、泰国、越南。
种群现状 偶见。
讨论 张荣祖等 (1997) 将该物种归入大鼠耳蝠 (*Myotis myotis*) 内，但因其具独立明显的特征，多数学者支持视其为独立种的观点 (王应祥, 2003; Smith 和解焱, 2009; 蒋志刚等, 2015b)。根据其地理分布情况，推测王玛丽等 (2004) 于陕西镇坪县化龙山自然保护区记载的大鼠耳蝠可能为该物种。

570. 大卫鼠耳蝠 *Myotis davidi* Peters, 1869

英文名 David's myotis
分布 中国特有种，主要分布于北京、河北、山西、内蒙古、甘肃、江西、贵州、海南、广东、重庆。
种群现状 不详。
讨论 王玛丽等 (2004) 于陕西镇坪县化龙山自然保护区记录到该物种。但多本志书表明神农架处于该物种已知分布地的邻近区域 (王应祥, 2003; Smith 和解焱, 2009; 蒋志刚等, 2015b)。同时，本书作者在近 10 年间的监测中，也未记录到该物种。故该物种在本区域的种群现状尚待进一步调查确定。

571. 绯鼠耳蝠 *Myotis formosus* Hodgson, 1835

英文名 Hodgson's myotis
种下单元 共 7 个亚种。国内分布有 3 个亚种：华南亚种 (*M. f. rufoniger*)、台湾亚种 (*M. f. watasei*) 和日本亚种 (*M. f. tsuensis*)。神农架为华南亚种。
分布 国内华南亚种分布于上海、江苏、浙江、安徽、福建、湖北、湖南、广西、重庆、四川、贵州、陕西；台湾亚种分布于台湾；日本亚种分布于辽宁和吉林。国外分布于阿富汗、孟加拉国、印度、印度尼西亚、日本、朝鲜、韩国、老挝、尼泊尔、菲律宾。
种群现状 偶见。

572. 长尾鼠耳蝠 *Myotis frater* G. M. Allen, 1923

英文名 Fraternal myotis

种下单元 共 4 个亚种。国内分布有 2 个亚种：福建亚种 (*M. f. frater*) 和长尾亚种 (*M. f. longicaudatus*)。

分布 国内分布于黑龙江、安徽、江西、福建、四川。国外分布于日本、朝鲜、韩国、俄罗斯。

种群现状 不详。

讨论 别名福建鼠耳蝠。汪正祥等 (2013)、汪正祥和蔡德军 (2013) 分别于湖北房县野人谷自然保护区和保康县五道峡自然保护区记录到该物种。但多本志书表明其已知分布地仅在黑龙江、安徽、江西、福建和四川 (王应祥, 2003; Smith 和解焱, 2009; 蒋志刚等, 2015b)。同时，本书作者在近年来的监测中，也未记录到该物种。故该物种在本区域的种群现状尚待进一步调查确定。

573. 华南水鼠耳蝠 *Myotis laniger* Peters, 1871

英文名 Chinese water myotis

分布 国内分布于山东、江苏、安徽、浙江、福建、江西、广东、香港、海南、贵州、重庆、云南、西藏、四川、陕西。国外分布于印度、越南。

种群现状 偶见。

讨论 之前该物种属于水鼠耳蝠 (*Myotis daubentoniid*)，但 Topál (1997) 认为其为独立种；王应祥 (2003) 将它列入 *M. daubentoniid* 的亚种；Smith 和解焱 (2009) 认为其为独立种。此物种可能为复合种，东方类型有别于欧洲的 *M. daubentoniid*。近期本书作者在湖北兴山县记录到该物种，同时推测郁二虎等 (2012) 于湖北竹山县堵河源自然保护区记录的水鼠耳蝠可能为该物种。

574. 大足鼠耳蝠 *Myotis pilosus* Peters, 1869

英文名 Rickett's big-footed myotis

分布 国内分布于山东、山西、浙江、安徽、江西、云南、广西、福建、香港、北京、海南、广东。国外分布于老挝、越南。

种群现状 偶见。

讨论 该物种喜活动于水面、次生林地区。肖文发等 (2009) 于重庆巫山县五里坡自然保护区记录到该物种。本书作者近期在湖北兴山县捕获了该物种。

575. 东亚伏翼 *Pipistrellus abramus* Temminck, 1838

英文名 Japanese pipistrelle

分布 国内分布于黑龙江、吉林、辽宁、河北、天津、山东、山西、陕西、甘肃、西藏、浙江、江苏、湖北、湖南、四川、贵州、云南、海南、福建、台湾、广东、香港、澳门。国外分布于日本、朝鲜、韩国、老挝、缅甸、越南。

种群现状 偶见。

576. 爪哇伏翼 *Pipistrellus javanicus* Gray, 1838

英文名 Javan pipistrelle

分布 国内分布于西藏、云南。国外分布于阿富汗、孟加拉国、不丹、柬埔寨、印度、老挝、缅甸、尼泊尔、巴基斯坦、斯里兰卡、越南。

种群现状 不详。

讨论 苏化龙等 (2007)、王玛丽等 (2004) 分别于神农架林区和陕西镇坪县化龙山自然保护区记录到该物种。但多本志书表明其已知分布地仅在西藏、云南，与神农架的地理距离较远 (王应祥, 2003; Smith 和解焱, 2009; 蒋志刚等, 2015b)。同时，本书作者在近年来的监测中，也未记录到该物种。故该物种在本区域的种群现状尚待进一步调查确定。

577. 普通伏翼 *Pipistrellus pipistrellus* Temminck, 1840

英文名 Common pipistrelle

种下单元 共 2 个亚种。国内仅分布有指名亚种 (*P. p. pipistrellus*)，神农架为该亚种。
分布 国内分布于陕西、新疆、江西、云南、台湾、四川、重庆、山东、广西、广东、福建、浙江。国外分布于阿富汗、阿尔巴尼亚、阿尔及利亚、安道尔、亚美尼亚、奥地利、阿塞拜疆、白俄罗斯、比利时、波斯尼亚和黑塞哥维那、保加利亚、克罗地亚、塞浦路斯、捷克、丹麦、爱沙尼亚、芬兰、法国、格鲁吉亚、德国、希腊、梵蒂冈、匈牙利、印度、爱尔兰、以色列、意大利、黑山、摩洛哥、缅甸、荷兰、挪威、巴基斯坦、波兰、葡萄牙、罗马尼亚、俄罗斯、圣马力诺、塞尔维亚、斯洛伐克、斯洛文尼亚、西班牙、瑞典、瑞士、突尼斯、土耳其、乌克兰、英国。
种群现状 偶见。

578. 灰伏翼 *Hypsugo pulveratus* Peters, 1871

英文名 Chinese pipistrelle
分布 国内分布于陕西、上海、安徽、湖南、四川、贵州、云南、广东、海南、福建、香港。国外分布于老挝、缅甸、泰国、越南。
种群现状 地区性罕见。
讨论 王玛丽等 (2004) 于陕西镇坪县化龙山自然保护区记录到该物种。但多本志书表明神农架处于其已知分布地的边缘地带 (王应祥, 2003; Smith 和解焱, 2009; 蒋志刚等, 2015b)。同时，本书作者在近年来的监测中，也未记录到该物种。故该物种在本区域的种群数量应较为稀少。

579. 南蝠 *Ia io* Thomas, 1902

英文名 Great evening bat
分布 国内分布于江苏、安徽、湖南、湖北、江西、四川、云南、贵州、广东、广西、重庆、浙江、陕西。国外分布于印度、老挝、缅甸、尼泊尔、泰国、越南。
种群现状 地区性罕见。
讨论 汪正祥 (2012) 于湖北竹溪县八卦山自然保护区记录到该物种。但该物种在各地的数量均很少，且种群的栖息地容易受到人类活动的影响。多本志书表明神农架处于其已知分布地的边缘地带 (王应祥, 2003; Smith 和解焱, 2009; 蒋志刚等, 2015b)。同时，本书作者在近年来的监测中，也未记录到该物种。故该物种在本区域的种群数量应极为稀少。

Smith 和解焱 (2009) 认为长翅南蝠 (*Ia longimana*) 与南蝠为同物异名，故王玛丽等 (2004) 于陕西镇坪县化龙山自然保护区记录的长翅南蝠 (*Ia longimana*) 实为南蝠。

580. 亚洲长翼蝠 *Miniopterus fuliginosus* Hodgson, 1835

英文名 Eastern long-fingered bat
分布 国内分布于云南、四川、重庆、贵州、湖南、湖北、广西、海南、广东、江西、福建、台湾、浙江、安徽、山西、陕西、河南、河北。国外分布于阿富汗、亚美尼亚、阿塞拜疆、孟加拉国、不丹、文莱、柬埔寨、印度、印度尼西亚、伊朗、伊拉克、日本、哈萨克斯坦、朝鲜、韩国、吉尔吉斯斯坦、老挝、马来西亚、缅甸、尼泊尔、巴基斯坦、菲律宾、斯里兰卡、塔吉克斯坦、泰国、土库曼斯坦、乌兹别克斯坦、越南。
种群现状 偶见。
讨论 别名普通长翼蝠。

581. 白腹管鼻蝠 *Murina leucogaster* Milne-Edwards, 1872

英文名 Rufous tube-nosed bat
种下单元 共 2 个亚种。国内仅分布有指名亚种 (*M. l. leucogaster*)，神农架为该亚种。
分布 国内分布于北京、山西、辽宁、吉林、黑龙江、福建、广西、四川、贵州、西藏、陕西、云南。国外分布于不丹、印度、日本、尼泊尔、泰国。
种群现状 地区性罕见。
讨论 吴家炎和李贵辉 (1982) 于陕西镇坪县化龙山自然保护区记录到该物种。但多本志书表明神农架处于该物种已知分布地的边缘地带（王应祥，2003；Smith 和解焱，2009；蒋志刚等，2015b）。同时，本书作者在近年来的监测中，也未记录到该物种。故该物种在本区域的种群数量应极为稀少。

582. 毛翼管鼻蝠 *Harpiocephalus harpia* Temminck, 1840

英文名　Lesser hairy-winged bat

种下单元　共 4 个亚种。国内仅分布有中国亚种（*H. h. rufulus*），神农架为该亚种。

分布　国内分布于云南、广东、福建、台湾。国外分布于马来半岛、新几内亚、澳大利亚。

种群现状　地区性罕见。

讨论　2017 年 9 月和 10 月，本书作者在湖北兴山县开展哺乳动物调查时利用竖琴网采集到该物种标本共 3 只，是湖北省兽类新记录，丰富了该物种的基础生态资料（岳阳等，2019）。

二十六　灵长目 PRIMATES

（一百〇一）猴科 Cercopithecidae

583. 猕猴 *Macaca mulatta* Zimmermann, 1780

英文名　Rhesus monkey

分布　国内主要分布于华中和南方地区。国外分布于阿富汗、孟加拉国、不丹、印度、老挝、缅甸、尼泊尔、巴基斯坦、泰国、越南、美国。

种群现状　地区性偶见。

584. 藏酋猴 *Macaca thibetana* Milne-Edwards, 1870

英文名　Tibetan macaque

种下单元　共 4 个亚种：指名亚种（*M. t. thibetana*）、华南亚种（*M. t. aesau*）、贵州亚种（*M. t. quizhouensis*）和黄山亚种（*M. t. huang-shanensis*），国内均有分布。神农架为华南亚种。

分布　中国特有种，主要分布于浙江、湖南、安徽、福建、江西、湖北、广东、广西、四川、贵州、云南、西藏、甘肃、重庆。

种群现状　罕见。

讨论　该物种主要分布于热带或亚热带湿润山地森林、洞穴、次生林中，在全国各地均较为罕见（Smith 和解焱，2009）。鄢二虎等（2012）、汪正祥和蔡德军（2013）分别于湖北竹山县堵河源自然保护区和保康县五道峡自然保护区记录到该物种。但由于其生活习性等，该物种不易被观察到。故该物种在本区域的种群数量应极少。

585. 黑叶猴 *Trachypithecus francoisi* Pousargues, 1898

英文名　François's langur

分布　国内主要分布于广西、贵州、重庆。国外分布于越南。

种群现状　不详。

讨论　苏化龙等（2007）于湖北秭归县访问时调查到该物种。但多本志书表明该物种的已知分布地距湖北省较远（王应祥，2003；Smith 和解焱，2009；蒋志刚等，2015b）。同时，本书作者在近 10 年间的监测中，也未记录到该物种。故该物种在本区域的种群现状仍需进一步调查确定。

586. 川金丝猴 *Rhinopithecus roxellana* Milne-Edwards, 1870

英文名　Golden snub-nosed monkey

种下单元　共 3 个亚种：川西亚种（*R. r. roxellana*）、秦岭亚种（*R. r. qinlingensis*）和湖北亚种（*R. r. hubeiensis*），国内均有分布。神农架为湖北亚种。

分布　中国特有种，分布于陕西、四川、甘肃、湖北和重庆。

种群现状　地区性偶见。

二十七 鳞甲目 PHOLIDOTA

(一百〇二) 鲮鲤科 Manidae

587. 穿山甲 *Manis pentadactyla* **Linnaeus, 1758**

英文名 Chinese pangolin
种下单元 共 3 个亚种：台湾亚种 (*M. p. pentadactyla*)、华南亚种 (*M. p. auritus*) 和海南亚种 (*M. p. pusilla*)，国内均有分布。神农架为华南亚种。
分布 国内主要分布于南方地区。国外分布于孟加拉国、不丹、印度、老挝、缅甸、尼泊尔、泰国、越南。
种群现状 罕见。
讨论 穿山甲喜欢生活于茂密丛林和灌丛中，其种群数量目前已大幅减少。由于其具食用和药用价值，在一些地区作为食物和药物被捕捉与贩卖 (Smith 和解焱, 2009)，需加强保护。

二十八 食肉目 CARNIVORA

(一百〇三) 犬科 Canidae

588. 狼 *Canis lupus* **Linnaeus, 1758**

英文名 Gray wolf
种下单元 共 37 个亚种。国内分布有 2 个亚种：西伯利亚亚种 (*C. l. campestris*) 和东北亚种 (*C. l. chanco*)。神农架为西伯利亚亚种。
分布 国内除台湾、海南岛及其他一些岛屿外，分布于各个省（区、市），目前主要分布于东北地区、内蒙古、新疆及西藏人口密度较小的地区。国外几乎遍布全世界各地。
种群现状 不详。
讨论 该物种在神农架林区及其周边的多个地区均被记录到，但凭证信息大多来源于访问调查或历史记录。同时，本书作者通过野外布设的红外相机也未拍到该物种。故该物种在本区域的种群现状仍需要进一步调查确定。

狼曾广布全国，是我国少数以大型哺乳动物为食的食肉动物。近年来，由于人为捕猎和环境污染，狼的种群数量急剧下降 (Smith 和解焱, 2009)，高中信 (1998) 认为国内的狼种群大小仅约为 6000 只，可见需要加强保护。

589. 赤狐 *Vulpes vulpes* **Linnaeus, 1758**

英文名 Red fox
种下单元 共 45 个亚种。国内分布有 5 个亚种：蒙新亚种 (*V. v. karagan*)、西藏亚种 (*V. v. montana*)、华南亚种 (*V. v. hoole*)、华北亚种 (*V. v. tschiliensis*) 和东北亚种 (*V. v. daurica*)。神农架为华南亚种。
分布 国内分布于几乎各个省（区、市）。国外广布于欧亚大陆和北美洲大陆，还被引入到澳大利亚等地。
种群现状 不详。
讨论 该物种在我国分布较为广泛，几近遍布全国，栖息于森林、灌丛、草原、荒漠、丘陵、山地、苔原等多种生境中，有时也生存于城市近郊。曾经种群数量较多，但近几十年来由于栖息地破坏和捕猎等，数量逐渐下降，部分地区几近绝灭 (Smith 和解焱, 2009)。赤狐在神农架林区及其周边的多个地区均被记录到，但凭证信息大多来源于访问调查或历史记录。同时，本书作者通过野外布设的红外相机，也未拍到该物种。故该物种在本区域的种群现状仍需要进一步调查确定。

590. 貉 *Nyctereutes procyonoides* **Gray, 1834**

英文名 Racoon dog
种下单元 共 5 个亚种。国内分布有 3 个亚种：华南亚种 (*N. p. procyonoides*)、东北亚种 (*N. p. ussuriensis*) 和西南亚种 (*N. p. orestes*)。神农架为华南亚种。
分布 国内分布于河南、湖南、陕西、北京、河北、内蒙古、辽宁、吉林、黑龙江、江苏、浙江、安徽、福建、江西、湖北、广东、广西、四川、贵州、云南、甘肃、重庆。国外分布于日本、朝鲜、韩国、蒙古国、俄罗斯、越南。

种群现状 不详。

讨论 该物种多栖息于阔叶林、灌丛或芦苇地，喜欢水域生境。貉曾在我国分布广泛，但由于狩猎、环境破坏等，种群数量日益下降，部分地区甚至绝灭（Smith 和解焱，2009）。其在神农架林区及其周边的多个地区均被记录到，但大多凭证信息来源于访问调查或历史记录。同时，本书作者通过野外布设的红外相机，也未拍摄到该物种。故该物种在本区域的种群现状尚待进一步调查确定。

591. 豺 *Cuon alpinus* Pallas, 1811

英文名 Dhole

种下单元 共 3 个亚种。国内仅分布有指名亚种（*C. a. alpinus*），神农架为该亚种。

分布 国内分布于新疆、青海、黑龙江、西藏、浙江、北京、山西、内蒙古、吉林、辽宁、江苏、安徽、福建、江西、湖北、湖南、河南、广东、广西、四川、贵州、云南、陕西、甘肃、宁夏、重庆。国外分布于孟加拉国、不丹、柬埔寨、印度、印度尼西亚、哈萨克斯坦、吉尔吉斯斯坦、老挝、马来西亚、蒙古国、缅甸、尼泊尔、俄罗斯、塔吉克斯坦、泰国、越南。

种群现状 不详。

讨论 该物种广布全国，可见于各种生境（Smith 和解焱，2009）。其在神农架林区及其周边的多个地区均被记录到，但大多凭证信息来源于访问调查或历史记录。同时，本书作者通过野外布设的红外相机，也未拍到该物种。故该物种在本区域的种群现状仍需要进一步调查确定。

（一百〇四）熊科 Ursidae

592. 黑熊 *Ursus thibetanus* G. Baron Cuvier, 1823

英文名 Asiatic black bear

种下单元 共 7 个亚种。国内分布有 5 个亚种：指名亚种（*U. t. thibetanus*）、喜马拉雅亚种（*U. t. laniger*）、四川亚种（*U. t. mupinensis*）、台湾亚种（*U. t. formosanus*）和东北亚种（*U. t. ussuricus*）。神农架为四川亚种。

分布 国内分布于东北部分地区及南方大多数地区。国外分布于阿富汗、孟加拉国、不丹、柬埔寨、印度、伊朗、日本、朝鲜、韩国、老挝、缅甸、尼泊尔、巴基斯坦、俄罗斯、泰国、越南。

种群现状 少见。

（一百〇五）鼬科 Mustelidae

593. 黄喉貂 *Martes flavigula* Boddaert, 1785

英文名 Yellow-throated marten

种下单元 共 9 个亚种。国内分布有 3 个亚种：指名亚种（*M. f. flavigula*）、台湾亚种（*M. f. chrysospila*）和海南亚种（*M. f. hainana*）。神农架为指名亚种。

分布 国内分布于山西、湖南、河南、吉林、黑龙江、浙江、江苏、广西、海南、四川、陕西、香港、甘肃、广东、贵州、湖北、江西、辽宁、西藏、云南、福建、重庆、台湾、安徽。国外分布于孟加拉国、不丹、文莱、柬埔寨、印度、印度尼西亚、朝鲜、韩国、老挝、马来西亚、缅甸、尼泊尔、巴基斯坦、俄罗斯、泰国、越南。

种群现状 少见。

讨论 别名青鼬。

594. 香鼬 *Mustela altaica* Pallas, 1811

英文名 Altai weasel

种下单元 共 4 个亚种。国内分布有 3 个亚种：东北亚种 (*M. a. raddei*)、喜马拉雅亚种 (*M. a. temon*) 和阿尔泰亚种 (*M. a. altaica*)。神农架为喜马拉雅亚种。

分布 国内分布于山西、青海、新疆、内蒙古、辽宁、吉林、黑龙江、四川、西藏、甘肃、宁夏、湖北、重庆。国外分布于不丹、印度、哈萨克斯坦、吉尔吉斯斯坦、蒙古国、巴基斯坦、俄罗斯、塔吉克斯坦。

种群现状 地区性少见。

595. 黄腹鼬 *Mustela kathiah* Hodgson, 1835

英文名 Yellow-bellied weasel

种下单元 共 2 个亚种。国内仅分布有指名亚种 (*M. k. kathiah*)，神农架为该亚种。

分布 国内分布于海南、云南、浙江、安徽、福建、江西、湖北、广东、广西、四川、贵州、山西、湖南、重庆。国外分布于不丹、印度、老挝、缅甸、尼泊尔、泰国、越南。

种群现状 少见。

596. 黄鼬 *Mustela sibirica* Pallas, 1773

英文名 Siberian weasel

种下单元 共 11 个亚种。国内分布有 6 个亚种：指名亚种 (*M. s. sibirica*)、东北亚种 (*M. s. manchurica*)、华北亚种 (*M. s. fontanierii*)、华南亚种 (*M. s. davidiana*)、西南亚种 (*M. s. moupinensis*) 和拉萨亚种 (*M. s. canigula*)。神农架为华北亚种。

分布 国内分布于吉林、山西、河南、云南、湖南、新疆、北京、河北、内蒙古、辽宁、黑龙江、上海、江苏、浙江、安徽、江西、山东、湖北、广东、广西、四川、贵州、西藏、陕西、甘肃、青海、宁夏、福建、重庆、台湾。国外分布于不丹、印度、日本、朝鲜、韩国、老挝、蒙古国、缅甸、尼泊尔、巴基斯坦、俄罗斯、泰国、越南。

种群现状 易见。

597. 鼬獾 *Melogale moschata* Gray, 1831

英文名 Small-toothed ferret-badger

种下单元 共 7 个亚种。国内分布有 6 个亚种：指名亚种 (*M. m. moschata*)、台湾亚种 (*M. m. subaurantiaca*)、江南亚种 (*M. m. ferreogrisea*)、阿萨姆亚种 (*M. m. millsi*)、滇南亚种 (*M. m. taxilla*) 和海南亚种 (*M. m. hainanensis*)。神农架为江南亚种。

分布 国内分布于山西、河南、上海、江苏、浙江、安徽、福建、江西、湖北、湖南、广东、广西、海南、四川、贵州、云南、陕西、台湾、香港、重庆。国外分布于印度、老挝、缅甸、越南。

种群现状 易见。

598. 亚洲狗獾 *Meles leucurus* Linnaeus, 1758

英文名 Asian badger

种下单元 共 5 个亚种。国内分布有 4 个亚种：东北亚种 (*M. l. amurensis*)、西藏亚种 (*M. l. leucurus*)、西伯利亚亚种 (*M. l. sibiricus*) 和天山亚种 (*M. l. tianschanensis*)。神农架为西藏亚种。

分布 国内分布于东北、西北、华南地区及河南、湖北、湖南等。国外分布于哈萨克斯坦、韩国、朝鲜、俄罗斯。

种群现状 不详。

讨论 别名狗獾。该物种分布曾遍及全国，偏好生活于海拔 1600~1700 m 的开阔地区或茂密森林中 (Smith 和解焱，2009)。在神农架及其周边的多个地区均被记录到，但大多凭证信息来源于访问调查或历史记录。同时，本书作者通过野外布设的红外相机，也未拍到该物种。故该物种在神农架的种群现状尚待进一步调查确定。

599. 猪獾 *Arctonyx collaris* F. G. Cuvier, 1825

英文名 Hog badger

种下单元 共 6 个亚种。国内分布有 3 个亚种：西南亚种 (*A. c. albogularis*)、华北亚种 (*A. c. leucolaemus*) 和滇南亚种 (*A. c. dictator*)。神农架为西南亚种。

分布 国内分布于西北、西南、华中、华南地区等。国外分布于不丹、柬埔寨、印度、印度尼西亚、老挝、蒙古国、缅甸、泰国、越南。

种群现状 易见。

600. 水獭 *Lutra lutra* Linnaeus, 1758

英文名 Eurasian otter

种下单元 共 11 个亚种。国内分布有 5 个亚种：指名亚种 (*L. l. lutra*)、江南亚种 (*L. l. chinensis*)、滇西亚种 (*L. l. nair*)、西藏亚种 (*L. l. kutab*) 和海南亚种 (*L. l. hainana*)。神农架为江南亚种。

分布 国内分布于山西、湖南、海南、江苏、浙江、河南、内蒙古、辽宁、吉林、黑龙江、上海、安徽、福建、江西、湖北、广东、广西、四川、贵州、云南、西藏、陕西、甘肃、青海、新疆、台湾、重庆。国外分布于世界各地。

种群现状 不详。

讨论 该物种生活于江河、湖泊、沼泽、池塘等水域生境中，不进入深水地区。曾遍布全国，但因环境污染、栖息地丧失等，其种群数量急剧下降，目前数量较少，不易见到 (Smith 和解焱, 2009)。水獭在神农架林区及其周边的多个地区均被记录到，但大多凭证信息来源于访问调查或历史记录。同时，本书作者通过野外布设的红外相机，也未拍到该物种。故该物种在本区域的种群现状尚待进一步调查确定。

该物种常被用于捕鱼，存在人为养殖的情况 (Smith 和解焱, 2009)，不排除所记录到的个体来源于人工养殖种群或宠物逃逸的可能。

（一百〇六）灵猫科 Viverridae

601. 大灵猫 *Viverra zibetha* Linnaeus, 1758

英文名 Large indian civet

种下单元 共 5 个亚种。国内分布有 4 个亚种：华东亚种 (*V. z. ashtoni*)、缅北亚种 (*V. z. picta*)、海南亚种 (*V. z. hainana*) 和印度支那亚种 (*V. z. zibetha*)。神农架为华东亚种。

分布 国内分布于河南、湖南、海南、浙江、上海、江苏、安徽、福建、江西、湖北、广东、广西、四川、贵州、云南、西藏、陕西、甘肃、重庆。国外分布于不丹、柬埔寨、印度、老挝、马来西亚、缅甸、尼泊尔、新加坡、泰国、越南。

种群现状 地区性罕见。

讨论 大灵猫常见于森林、农田和灌丛等生境中，曾在我国比较丰富，但过去几十年来由于人为捕猎和环境污染等，该物种的种群数量下降了 94%~99% (Smith 和解焱, 2009)，现数量极少 (高耀亭, 1987)。

该物种在神农架林区及其周边的多个地区均被记录到，但大多凭证信息来源于访问调查或历史记录。另外，本书作者通过野外布设的红外相机，也未拍到该物种。故该物种在本区域的种群数量应极少。

602. 小灵猫 *Viverricula indica* E. Geoffroy Saint-Hilaire, 1803

英文名 Small indian civet

种下单元 共 12 个亚种。国内分布有 2 个亚种：华东亚种 (*V. i. pallida*) 和印度支那亚种 (*V. i. thai*)。神农架为华东亚种。

分布 国内分布于河南、湖南、海南、上海、江苏、浙江、安徽、福建、江西、湖北、广东、广西、四川、贵州、云南、西藏、陕西、香港、重庆、台湾。国外分布于孟加拉国、不丹、柬埔寨、印度、印度尼西亚、老挝、马来西亚、缅甸、尼泊尔、斯里兰卡、泰国、越南。
种群现状 偶见。

603. 斑林狸 *Prionodon pardicolor* Hodgson, 1842

英文名 Spotted linsang
种下单元 共 2 个亚种。国内仅分布有指名亚种 (*P. p. pardicolor*)，神农架为该亚种。
分布 国内分布于海南、广东、广西、四川、贵州、云南。国外分布于孟加拉国、不丹、文莱、柬埔寨、印度、印度尼西亚、老挝、马来西亚（马来西亚半岛、沙巴、砂拉越）、缅甸、尼泊尔、菲律宾、新加坡、斯里兰卡、泰国、越南。
种群现状 不详。
讨论 齐代华等（2009）于重庆巫溪县阴条岭自然保护区记录到该物种。但多本志书表明其已知分布地大多在我国南方地区（王应祥，2003；Smith 和解焱，2009；蒋志刚等，2015b）。同时，本书作者在近 10 年间的监测中，也未记录到该物种。故该物种在本区域的种群现状尚待进一步调查确定。

604. 果子狸 *Paguma larvata* C. E. H. Smith, 1827

英文名 Masked palm civet
种下单元 共 16 个亚种。国内分布有 8 个亚种：华南亚种（*P. l. larvata*）、台湾亚种（*P. l. taivana*）、海南亚种（*P. l. hainana*）、西南亚种（*P. l. intrudens*）、七箐亚种（*P. l. chichingensis*）、阿萨姆亚种（*P. l. neglecta*）、察隅亚种（*P. l. nigriceps*）和尼泊尔亚种（*P. l. grayi*）。神农架为华南亚种。
分布 国内分布于华北以南的广大地区。国外分布于不丹、文莱、柬埔寨、印度、印度尼西亚、老挝、马来西亚、缅甸、尼泊尔、泰国、越南。
种群现状 易见。
讨论 别名花面狸。

（一百〇七）獴科 Herpestidea

605. 食蟹獴 *Herpestes urva* Hodgson, 1836

英文名 Crab-eating mongoose
种下单元 共 4 个亚种。国内分布有 3 个亚种：指名亚种（*H. u. urva*）、台湾亚种（*H. u. formosanus*）和广东亚种（*H. u. sinensis*）。神农架为指名亚种。
分布 国内分布于海南、浙江、江苏、安徽、福建、江西、湖北、湖南、广东、广西、四川、贵州、云南、台湾、香港、重庆。国外分布于孟加拉国、柬埔寨、印度、老挝、马来西亚、缅甸、尼泊尔。
种群现状 地区性罕见。
讨论 该物种通常见于近溪流区域和低海拔稻田，主要以螃蟹、蛙类、鱼类为食，以此得名（Smith 和解焱，2009）。该物种在神农架林区及其周边的多个地区均被记录到，但大多凭证信息来源于访问调查或历史记录。该物种数量在我国稀少，同时由于其生境靠近水源，很难见到。另外，本书作者通过野外布设的红外相机，也未能拍到该物种。故该物种在本区域的种群数量应较少。

（一百〇八）猫科 Felidae

606. 豹猫 *Prionailurus bengalensis* Kerr, 1792

英文名 Leopard cat
种下单元 共 11 个亚种。国内分布有 3 个亚种：海南亚种（*P. b. alleni*）、华东亚种（*P. b. chinensis*）和北方亚种（*P. b. euptilurus*）。神农架为华东亚种。
分布 国内海南亚种仅分布于海南；华东亚种分布于华东、华中和华南地区；北方亚种分布于东北、华北和西北地区。国外分布于阿富汗、孟加拉国、不丹、文莱、柬埔寨、印度、印度尼西亚、日本、朝鲜、韩国、老挝、马来西亚、缅甸、尼泊尔、巴基斯坦、菲律宾、俄罗斯、新加坡、泰国、越南。
种群现状 易见。

607. 金猫 *Pardofelis temminckii* Vigors et Horsfield, 1827

英文名 Asiatic golden cat
种下单元 共 3 个亚种。国内仅分布有指名亚种 (*P. t. temminckii*)，神农架为该亚种。
分布 国内分布于浙江、河南、安徽、福建、江西、湖北、湖南、广东、广西、四川、贵州、云南、西藏、陕西、甘肃、重庆。国外分布于孟加拉国、不丹、柬埔寨、印度、印度尼西亚、老挝、马来西亚、缅甸、尼泊尔、泰国、越南。
种群现状 地区性罕见。
讨论 该物种在神农架林区及其周边的多个地区均被记录到，但大多凭证信息来源于访问调查或历史记录。其广布于我国中部和南部，但数量稀少，还有 3000~5000 只（盛和林，1998），很难见到。同时，本书作者通过野外布设的红外相机，也未拍到该物种。故其在本区域的种群数量应极少。

608. 云豹 *Neofelis nebulosa* Griffith, 1821

英文名 Clouded leopard
种下单元 共 4 个亚种。国内分布有 2 个亚种：指名亚种 (*N. n. nebulosa*) 和台湾亚种 (*N. n. brachyura*)。神农架为指名亚种。
分布 国内分布于江西、海南、浙江、安徽、福建、湖北、湖南、广东、广西、四川、贵州、云南、西藏、陕西、甘肃、台湾、重庆。国外分布于孟加拉国、不丹、柬埔寨、印度、老挝、马来西亚、缅甸、尼泊尔、泰国、越南。
种群现状 不详。
讨论 云豹主要栖息于原始常绿热带雨林、次生林和砍伐林中，是高度树栖的猫科动物 (Smith 和解焱，2009)。该物种在我国数量稀少，被《国家重点保护野生动物名录》列为 I 级保护动物。其在神农架林区及其周边的多个地区都有被记录到，但大多凭证信息来源于历史记录或访问调查。此外，本书作者通过野外布设的红外相机，也未拍到该物种。故该物种在本区域的种群现状仍需进一步调查确定。

609. 金钱豹 *Panthera pardus* Linnaeus, 1758

英文名 Leopard
种下单元 共 8 个亚种。国内分布有 3 个亚种：华南亚种 (*P. p. fusca*)、东北亚种 (*P. p. orientalis*) 和华北亚种 (*P. p. japonensis*)。神农架为华南亚种。
分布 国内除台湾、海南、新疆等少数省区外，普遍见于各省（区、市）。国外主要分布于亚洲、非洲及阿拉伯半岛。
种群现状 不详。
讨论 该物种在神农架林区及其周边地区的多个地区都被记录到，但大多凭证信息来源于历史记录或访问调查。马逸清 (1998) 估计中国该物种种群数量不超过 1 万头，数量极少 (Smith 和解焱，2009)。同时，本书作者通过野外布设的红外相机，也未拍到该物种。故该物种在本区域的种群现状需进一步调查确定。

二十九 鲸偶蹄目 CETARTIODACTYLA

（一百〇九）猪科 Suidae

610. 野猪 *Sus scrofa* Linnaeus, 1758

英文名 Wild boar
种下单元 共 16 个亚种。国内分布有 5 个亚种：喜马拉雅亚种 (*S. s. cristatus*)、新疆亚种 (*S. s. nigripes*)、东北亚种 (*S. s. ussuricus*)、台湾亚种 (*S. s. taivanus*) 和江北亚种 (*S. s. moupinensis*)。神农架为江北亚种。
分布 国内遍布各地。除澳大利亚、南美洲和南极洲外世界各地均有分布。
种群现状 常见。

(一百一十) 麝科 Moschidae

611. 林麝 *Moschus berezovskii* Flerov, 1929

英文名 Forest musk deer

种下单元 共 4 个亚种：川西亚种 (*M. b. berezovskii*)、越北亚种 (*M. b. caobangis*)、云贵高原亚种 (*M. b. yanguiensis*) 和滇西北亚种 (*M. b. bijiangensis*)，国内均有分布。此外王应祥 (2003) 记录到一个未命名的类型，分布于甘肃南部、宁夏、陕西南部、湖北西部和河南西部，神农架为该类型。

分布 国内分布于青海、河南、湖南、西藏、宁夏、湖北、广东、广西、四川、贵州、云南、陕西、甘肃、重庆。国外分布于越南。

种群现状 偶见。

(一百一十一) 鹿科 Cervidae

612. 毛冠鹿 *Elaphodus cephalophus* Milne-Edwards, 1872

英文名 Tufted deer

种下单元 共 4 个亚种。国内分布有 3 个亚种：川西亚种 (*E. c. cephalophus*)、华南亚种 (*E. c. michianus*) 和华中亚种 (*E. c. ichangensis*)。神农架为华中亚种。

分布 国内分布于湖南、浙江、安徽、福建、江西、湖北、广东、广西、四川、贵州、云南、西藏、陕西、甘肃、青海、重庆。国外分布于缅甸。

种群现状 易见。

613. 小麂 *Muntiacus reevesi* Ogilby, 1839

英文名 Reeves' muntjac

种下单元 共 3 个亚种：指名亚种 (*M. r. reevesi*)、台湾亚种 (*M. r. micrurus*) 和黔北亚种 (*M. r. jiangkouensis*)，国内均有分布。神农架为指名亚种。

分布 中国特有种，分布于河南、贵州、江苏、浙江、安徽、福建、江西、湖北、广东、广西、四川、云南、陕西、甘肃、台湾、香港、重庆。国外分布于英国 (引入)。

种群现状 易见。

614. 梅花鹿 *Cervus nippon* Temminck, 1838

英文名 Sika deer

分布 国内分布于吉林、黑龙江、江西、安徽、浙江、四川、甘肃、青海、台湾。国外分布于越南。

种群现状 偶见。

讨论 神农架林区的梅花鹿大多为重新引入，神农架林区原本的梅花鹿已近乎地区绝灭。蒋志刚等 (2017) 将中国境内的梅花鹿合并为 1 个种 *Cervus nippon*，中文名沿用其习用名，删去了《生物多样性》上"中国哺乳动物多样性"中分开的华南梅花鹿 (*C. pseudaxis*)、四川梅花鹿 (*C. sichuanicus*) 和台湾梅花鹿 (*C. taiouanus*) (蒋志刚等, 2015a)。

615. 狍 *Capreolus pygargus* Pallas, 1771

英文名 Siberian roe deer

种下单元 共 4 个亚种。国内分布有 2 个亚种：华北亚种 (*C. p. bedfordi*) 和中原亚种 (*C. p. pygargus*)。神农架为华北亚种。

分布 国内分布于吉林、山西、内蒙古、黑龙江、宁夏、新疆、陕西、青海、北京、河北、辽宁、河南、湖北、四川、西藏、甘肃、重庆。国外分布于哈萨克斯坦、朝鲜、韩国、俄罗斯、蒙古国。

种群现状 不详。

讨论 别名西伯利亚狍。中文名沿用其中文习用名 (蒋志刚等, 2017)。狍在神农架林区及其周边多个地区均有记录，且部分志书表明神农架确有该物种存在 (王应祥, 2003; Smith 和解焱, 2009; 蒋志刚等, 2015b)，但凭证信息大多来源不详，部分来自于访问调查。同时，本书作者在近年来的监测中 (包括通过红外相机野外拍摄)，也未记录到该物种。故该物种在本区域的种群现状尚待进一步调查确定。

(一百一十二) 牛科 Bovidae

616. 中华斑羚 *Naemorhedus griseus* Milne-Edwards, 1871

英文名 Chinese goral
种下单元 共 2 个亚种：华南亚种 (*N. g. griseus*) 和缅甸亚种 (*N. g. evansi*)，国内均有分布。神农架为缅甸亚种。
分布 国内分布于内蒙古、河北、北京、河南、山西、陕西、甘肃、宁夏、云南、四川、贵州、重庆、湖北、湖南、广西、广东、江西、福建、浙江、上海、江苏、安徽。国外分布于印度、缅甸、泰国、越南。
种群现状 少见。
讨论 蒋志刚等 (2015a) 基于已有的研究将该物种拉丁学名由 *Naemorhedus caudatus* 更改为 *Naemorhedus griseus*，并将该种分布于西藏南部的亚种 *hodgsoni* 提升为种，定名为喜马拉雅斑羚 (*Naemorhedus goral*)。

617. 中华鬣羚 *Capricornis milneedwardsii* David, 1869

英文名 Chinese serow
种下单元 共 2 个亚种：甘南亚种 (*C. m. milneedwardsii*) 和越南亚种 (*C. m. maritimus*)，国内均有分布。神农架为甘南亚种。
分布 国内分布于广东、广西、湖南、湖北、四川、云南、贵州、西藏、青海、甘肃、陕西、河南、安徽、浙江、福建、江西。国外分布于柬埔寨、老挝、缅甸、泰国、越南。
种群现状 少见。

三十 啮齿目 RODENTIA

(一百一十三) 松鼠科 Sciuridae

618. 赤腹松鼠 *Callosciurus erythraeus* Pallas, 1779

英文名 Pallas's squirrel
种下单元 共 26 个亚种。国内分布有 11 个亚种：阿萨姆亚种 (*C. e. intermedius*)、缅北亚种 (*C. e. sladeni*)、横断山亚种 (*C. e. erythrogaster*)、滇西亚种 (*C. e. gordoni*)、清迈亚种 (*C. e. zimmeensis*)、越北亚种 (*C. e. hendeei*)、滇北亚种 (*C. e. michianus*)、川西亚种 (*C. e. bonhotei*)、华南亚种 (*C. e. castaneoventris*)、宁波亚种 (*C. e. ningpoensis*) 和安徽亚种 (*C. e. styani*)。神农架为安徽亚种。
分布 国内分布于河南、陕西、湖北、四川、贵州、云南、广西、广东、海南、安徽、江苏、上海、浙江、湖南、江西、福建、西藏、台湾、重庆。国外分布于孟加拉国、柬埔寨、印度、老挝、马来西亚、缅甸、泰国、越南。
种群现状 常见。

619. 隐纹花松鼠 *Tamiops swinhoei* Milne-Edwards, 1874

英文名 Swinhoe's striped squirrel
种下单元 共 4 个亚种：川西亚种 (*T. s. swinhoei*)、北京亚种 (*T. s. vestitus*)、滇西亚种 (*T. s. spencei*) 和越北亚种 (*T. s. olivaceus*)，国内均有分布。神农架为北京亚种。
分布 国内分布于云南、西藏、四川、北京、河北、河南、陕西、山西、甘肃、宁夏、湖北。国外分布于缅甸、越南。
种群现状 易见。

620. 珀氏长吻松鼠 *Dremomys pernyi* Milne-Edwards, 1867

英文名 Perny's long-nosed squirrel
种下单元 共 6 个亚种。国内分布有 5 个亚种：川西亚种 (*D. p. pernyi*)、滇南亚种 (*D. p. flavior*)、滇西亚种 (*D. p. howelli*)、湖北亚种 (*D. p. senex*) 和台湾亚种 (*D. p. owstoni*)。神农架为湖北亚种。
分布 国内分布于陕西、甘肃、四川、贵州、云南、西藏、安徽、浙江、湖北、湖南、江西、福建、台湾、重庆、广西、广东。国外分布于印度、缅甸、越南。
种群现状　常见。

621. 红腿长吻松鼠 *Dremomys pyrrhomerus* Thomas, 1895

英文名　Red-hipped squirrel
种下单元　共 2 个亚种：指名亚种 (*D. p. pyrrhomerus*) 和海南亚种 (*D. r. riudonensis*)，国内均有分布。神农架为指名亚种。
分布　国内分布于湖北、安徽、四川、湖南、江西、贵州、云南、广西、广东、海南。国外分布于越南。
种群现状　地区性少见。

622. 红颊长吻松鼠 *Dremomys rufigenis* Blanford, 1878

英文名　Asian red-cheeked squirrel
种下单元　共 5 个亚种。国内分布有 3 个亚种：指名亚种 (*D. r. rufigenis*)、滇南亚种 (*D. r. ornatus*) 和滇西亚种 (*D. r. adamsoni*)。
分布　国内分布于云南、广西、安徽、湖南。国外分布于印度、老挝、马来西亚、缅甸、泰国、越南。
种群现状　不详。
讨论　旧的分类方法将红腿长吻松鼠 (*Dremomys pyrrhomerus*) 归于红颊长吻松鼠 (*Dremomys rufigenis*)。但这 2 个种很大程度为同域分布，造成很多记录将红腿长吻松鼠记为该物种 (Smith 和解焱，2009)，神农架记录应多为这种情况。

623. 岩松鼠 *Sciurotamias davidianus* Milne-Edwards, 1867

英文名　Pére David's rock squirrel
种下单元　共 2 个亚种：华北亚种 (*S. d. davidianus*) 和川西亚种 (*S. d. consobrinus*)，国内均有分布。神农架为华北亚种。
分布　中国特有种，主要分布于辽宁、河北、天津、北京、河南、安徽、陕西、山西、四川、重庆、宁夏、甘肃、云南、贵州、湖南、湖北。

种群现状　地区性少见。

624. 复齿鼯鼠 *Trogopterus xanthipes* Milne-Edwards, 1867

英文名　Complex-toothed flying squirrel
分布　中国特有种，主要分布于北京、河北、辽宁、陕西、山西、河南、四川、青海、贵州、云南、西藏、湖北、甘肃、重庆。
种群现状　易见。

625. 红白鼯鼠 *Petaurista alborufus* Milne-Edwards, 1870

英文名　Red and white giant flying squirrel
种下单元　共 5 个亚种。国内分布有 2 个亚种：川西亚种 (*P. a. alborufus*) 和台湾亚种 (*P. a. lena*)。神农架为川西亚种。
分布　中国特有种，分布于陕西、甘肃、四川、贵州、云南、湖北、湖南、广东、广西、台湾、重庆。
种群现状　常见。

626. 灰头小鼯鼠 *Petaurista caniceps* Gray, 1842

英文名　Spotted giant flying squirrel
分布　国内分布于四川、陕西、湖北、湖南、广东、广西、贵州、云南、西藏、甘肃。国外分布于不丹、印度、印度尼西亚、老挝、马来西亚、缅甸、尼泊尔、泰国、越南。
种群现状　不详。
讨论　别名棕足鼯鼠。该物种与白斑小鼯鼠相似，区别在于前者背部没有斑。灰头小鼯鼠在神农架林区及其周边多个地区均被记录到，但多本志书表明神农架处于其已知分布地的邻近地区 (王应祥，2003; Smith 和解焱，2009; 蒋志刚等，2015b)。同时，本书作者在近年来的监测中，也未记录到该物种。故该物种在本区域的种群现状尚待进一步调查确定。

该鼯鼠因体型娇小，甚是可爱，存在人为养殖售卖的情况，不排除所记录到的个体来源于人工养殖种群或宠物逃逸的可能。

(一百一十四) 仓鼠科 Cricetidae

627. 黑线仓鼠 *Cricetulus barabensis* Pallas, 1773

英文名 Striped dwarf hamster
分布 国内分布于黑龙江、吉林、辽宁、内蒙古、河北、北京、天津、山东、河南、山西、甘肃、宁夏、安徽、江苏。国外分布于朝鲜、蒙古国、俄罗斯。
种群现状 地区性罕见。
讨论 别名背纹仓鼠、花背仓鼠。该仓鼠在神农架林区及其周边多个地区均被记录到，但多本志书表明神农架处于其已知分布地的边缘地区（罗泽珣等，2000；王应祥，2003；Smith 和解焱，2009；蒋志刚等，2015b）。同时，本书作者在近年来的监测中，也未记录到该物种。故其在本区域的种群数量应十分稀少。

628. 大仓鼠 *Tscherskia triton* de Winton, 1899

英文名 Greater long-tailed hamster
分布 国内分布于黑龙江、吉林、辽宁、内蒙古、河北、北京、天津、山东、河南、山西、陕西、宁夏、甘肃、江苏、安徽、浙江。国外分布于朝鲜、韩国、俄罗斯。
种群现状 地区性罕见。
讨论 大仓鼠喜活动于开阔干燥地区，以农作物叶子为食，是农业上的害兽（罗泽珣等，2000；Smith 和解焱，2009）。神农架林区及其周边多个地区均有记录到该物种，但多本志书表明神农架处于其已知分布地的邻近区域（王应祥，2003；Smith 和解焱，2009；蒋志刚等，2015b）。同时，本书作者在近年来的监测中，也未记录到该物种。故该物种在本区域的种群数量应该十分稀少。

629. 棕背䶄 *Myodes rufocanus* Sundevall, 1846

英文名 Grey red-backed vole
分布 国内分布于黑龙江、吉林、辽宁、内蒙古、新疆。国外分布于芬兰、日本、朝鲜、蒙古国、挪威、俄罗斯、瑞典。
种群现状 不详。
讨论 该物种喜栖息于森林和灌丛（Smith 和解焱，2009），在神农架林区及其周边多个地区均被记录到，但多本志书表明其已知分布地仅在新疆北部和东北地区，与神农架地理距离较远（王应祥，2003；Smith 和解焱，2009；蒋志刚等，2015b）。同时，本书作者在近年来的监测中，也未记录到该物种。故该物种在本区域的种群现状尚待进一步调查确定。

山西林䶄（*Myodes shanseius*）过去常被视为棕背䶄（*Myodes rufocanus*）的亚种，或绒鼠属的一种（Smith 和解焱，2009），因此神农架记录的该物种可能是山西林䶄（*Myodes shanseius*）。

630. 山西林䶄 *Myodes shanseius* Thomas, 1908

英文名 Shanxi red-backed vole
分布 中国特有种，主要分布于河南、山西、河北、北京、内蒙古。
种群现状 不详。
讨论 别名山西绒鼠。该物种喜栖息于森林、林地（Smith 和解焱，2009）。多本志书表明神农架处于该物种已知分布地的边缘地区（王应祥，2003；Smith 和解焱，2009；蒋志刚等，2015b）。同时，本书作者在近 10 年间的监测中，也未记录到该物种。故该物种在本区域的种群现状尚待进一步调查确定。

631. 黑腹绒鼠 *Eothenomys melanogaster* Milne-Edwards, 1871

英文名 Pére David's red-backed vole
分布 国内分布于四川、贵州、云南、西藏、山西、宁夏、甘肃、安徽、浙江、福建、广西、广东、湖北、湖南、江西、台湾、重庆。国外分布于印度、缅甸、泰国、越南。
种群现状 偶见。

632. 洮州绒鼠 *Caryomys eva* Thomas, 1911

英文名 Eva's red-backed vole
分布 中国特有种，主要分布于山西、宁夏、甘肃、四川。
种群现状 少见。

633. 苛岚绒鼠 *Caryomys inez* Thomas, 1908

英文名 Inez's red-backed vole
分布 中国特有种，主要分布于陕西、山西、宁夏、甘肃。
种群现状 少见。

(一百一十五) 鼠科 Muridae

634. 巢鼠 *Micromys minutus* Pallas, 1771

英文名 Eurasian harvest mouse
分布 国内分布于黑龙江、吉林、辽宁、内蒙古、河北、陕西、甘肃、四川、贵州、新疆、江苏、安徽、浙江、湖北、湖南、江西、广东、广西、福建、台湾、重庆。国外广布于欧亚大陆。
种群现状 少见。

635. 黑线姬鼠 *Apodemus agrarius* Pallas, 1771

英文名 Striped field mouse
分布 国内分布于黑龙江、吉林、辽宁、内蒙古、河北、北京、天津、山东、河南、山西、陕西、宁夏、甘肃、上海、江苏、安徽、浙江、江西、湖北、湖南、四川、贵州、云南、广西、广东、福建、台湾、新疆、重庆。国外分布于朝鲜、蒙古国、俄罗斯直到欧洲西部。
种群现状 地区性少见。

636. 齐氏姬鼠 *Apodemus chevrieri* Milne-Edwards, 1868

英文名 Chevrier's field mouse
分布 中国特有种，分布于陕西、甘肃、四川、湖北、贵州、云南、重庆。
种群现状 常见。
讨论 别名高山姬鼠。

637. 中华姬鼠 *Apodemus draco* Barrett-Hamilton, 1900

英文名 South China field mouse
分布 国内分布于河北、河南、宁夏、甘肃、四川、云南、青海、西藏、贵州、安徽、浙江、江西、湖北、湖南、广东、广西、福建、台湾、重庆、北京、天津、陕西、山西、山东、上海。国外分布于缅甸、印度。
种群现状 常见。

638. 大林姬鼠 *Apodemus peninsulae* Thomas, 1906

英文名 Korean field mouse
分布 国内分布于黑龙江、吉林、辽宁、内蒙古、河北、天津、北京、山东、河南、山西、陕西、甘肃、宁夏、青海、四川、西藏、云南、湖北。国外分布于日本、哈萨克斯坦、朝鲜、韩国、俄罗斯。
种群现状 地区性罕见。
讨论 该物种喜欢栖息于灌木较多的生境 (Smith 和解焱, 2009), 在神农架林区及其周边多个地区均被记录到，但多本志书表明神农架处于该物种已知分布地的边缘地区 (Smith 和解焱, 2009; 蒋志刚等, 2015b)。同时，本书作者在近10年间的监测中，也未记录到该物种。故该物种在本区域的种群数量应十分稀少。

639. 黄毛鼠 *Rattus losea* Swinhoe, 1871

英文名 Losea rat
分布 国内分布于贵州、安徽、福建、海南、浙江、江西、湖北、湖南、广东、广西、云南、台湾、香港。国外分布于柬埔寨、老挝、马来西亚、泰国、越南。
种群现状 地区性罕见。
讨论 该物种喜栖息于草地、灌丛、耕地等生境，其种群分布于海平面至海拔1000 m。李义明等（2003）、郐二虎等（2012）分别于神农架林区和湖北竹山县堵河源自然保护区记录到该物种。但多本志书表明神农架处于其已知分布地的边缘地带（王应祥，2003；Smith 和解焱，2009；蒋志刚等，2015b）。同时，本书作者在近 10 年间的监测中，也未记录到该物种。故该物种在本区域的种群数量应极少。

640. 大足鼠 *Rattus nitidus* Hodgson, 1845

英文名 Himalayan field rat, White-footed indochinese rat
分布 国内分布于四川、贵州、云南、西藏、安徽、江苏、上海、浙江、湖南、江西、广东、海南、福建、甘肃、陕西、重庆。国外分布于不丹、印度、缅甸、尼泊尔、泰国、越南、印度尼西亚、帕劳、菲律宾。
种群现状 少见。

641. 褐家鼠 *Rattus norvegicus* Berkenhout, 1769

英文名 Brown rat
分布 国内遍布各地。国外除两级冰盖之外，几乎遍布全世界各地。
种群现状 易见。

642. 拟家鼠 *Rattus pyctoris* Hodgson, 1845

英文名 Himalayan rat
分布 国内分布于西藏、云南、四川。国外分布于阿富汗、孟加拉国、不丹、印度、伊朗、哈萨克斯坦、吉尔吉斯斯坦、缅甸、尼泊尔、巴基斯坦、塔吉克斯坦、乌兹别克斯坦。
种群现状 偶见。
讨论 拟家鼠为山地种类，多栖息于海拔1200~4200 m（Smith 和解焱，2009）。李广良等（2014）于神农架林区九冲村、下谷村、东溪村用照片记录到该物种。同时，本书作者在近年来监测中也有记录到该物种。

643. 黄胸鼠 *Rattus tanezumi* Temminck, 1844

英文名 Oriental house rat
分布 国内分布于长江流域以南的华南地区，新疆地区也有分布。国外分布于阿富汗、孟加拉国、不丹、柬埔寨、印度、日本、朝鲜、韩国、老挝、马来西亚、尼泊尔、泰国、越南、斐济、印度尼西亚、巴布亚新几内亚、菲律宾。
种群现状 易见。

644. 安氏白腹鼠 *Niviventer andersoni* Thomas, 1911

英文名 Anderson's niviventer
分布 中国特有种，主要分布于四川、云南、西藏、重庆、贵州、甘肃、陕西。
种群现状 少见。

645. 北社鼠 *Niviventer confucianus* Milne-Edwards, 1871

英文名 Confucian niviventer
分布 国内分布于陕西、山西、云南、浙江、北京、天津、河北、内蒙古、辽宁、上海、江苏、安徽、福建、江西、山东、河南、湖北、湖南、广东、广西、四川、贵州、西藏、甘肃、青海、宁夏、吉林、重庆。国外分布于缅甸、泰国、越南。
种群现状 常见。
讨论 别名社鼠。

646. 针毛鼠 *Niviventer fulvescens* Gray, 1847

英文名 Chestnut white-bellied rat. Indomalayan niviventer
分布 国内分布于西藏、云南、四川、贵州、重庆、湖南、湖北、广东、广西、海南、江西。国外分布于印度、印度尼西亚、老挝、马来西亚、缅甸、尼泊尔、泰国。
种群现状 少见。

647. 青毛巨鼠 *Berylmys bowersi* Anderson, 1879

英文名 Bower's white-toothed rat
分布 国内分布于浙江、福建、云南、广西、安徽、江西、湖南、湖北、广东、四川、贵

哺乳纲 MAMMALIA

州、西藏。国外分布于印度、印度尼西亚、老挝、马来西亚、缅甸、泰国、越南。
种群现状 地区性罕见。
讨论 别名青毛鼠。该鼠属夜行性动物，多栖息于海拔 1000~1600 m 的森林、次生林或灌丛中 (Smith 和解焱, 2009)。该物种栖居于长江以南有林山地，夏秋季主要生活于较深的密林中或山间溪流两岸岩石下，入冬后多居于山脚下，不易见到。

648. 白腹巨鼠 *Leopoldamys edwardsi* Thomas, 1882

英文名 Edward's rat
分布 国内分布于西藏、云南、甘肃、贵州、广东、广西、海南、福建、浙江、重庆、湖北、湖南、四川、安徽、江西、陕西。国外分布于印度、老挝、马来西亚、缅甸、泰国、越南。
种群现状 少见。

649. 小家鼠 *Mus musculus* Linnaeus, 1758

英文名 House mouse
种下单元 共 5 个亚种。国内分布有 3 个亚种：指名亚种 (*M. m. musculus*)、华南亚种 (*M. m. castaneus*) 和喜马拉雅亚种 (*M. m. domesticus*)。神农架为指名亚种。
分布 国内几乎遍布各地。国外分布于全世界各地。
种群现状 易见。

(一百一十六) 刺山鼠科 Platacanthomyidae

650. 猪尾鼠 *Typhlomys cinereus* Milne-Edwards, 1877

英文名 Soft-furred tree mouse
分布 国内分布于陕西、甘肃、四川、贵州、云南、安徽、浙江、湖北、湖南、广东、广西、福建、重庆。国外分布于越南。
种群现状 常见。

(一百一十七) 鼹形鼠科 Spalacidae

651. 中华竹鼠 *Rhizomys sinensis* Gray, 1831

英文名 Chinese bamboo rat
分布 国内分布于云南、四川、贵州、重庆、湖南、湖北、江西、浙江、安徽、广东、广西、甘肃、陕西。国外分布于缅甸、越南。
种群现状 易见。

652. 中华鼢鼠 *Eospalax fontanierii* Milne-Edwards, 1867

英文名 Chinese zokor
分布 中国特有种，主要分布于内蒙古、河北、北京、山东、山西、河南、陕西、宁夏、甘肃、青海、四川。
种群现状 地区性罕见。
讨论 鄢二虎等 (2012) 于湖北竹山县堵河源自然保护区记录到该物种，但并没有提供具体的凭证信息。多本志书表明神农架处于该物种已知分布地的边缘地带 (王应祥, 2003; Smith 和解焱, 2009; 蒋志刚等, 2015b)。同时，本书作者在近 10 年间的监测中，也未见到该物种。故该物种在本区域的种群数量应十分稀少。

653. 罗氏鼢鼠 *Eospalax rothschildi* Thomas, 1911

英文名 Rothschild's zokor
分布 中国特有种，主要分布于河南、陕西、甘肃、四川、湖北、重庆。
种群现状 偶见。

(一百一十八) 豪猪科 Hystricidae

654. 帚尾豪猪 *Atherurus macrourus* Linnaeus, 1758

英文名 Asiatic brush-tailed porcupine

分布 国内分布于广西、海南、湖北、四川、贵州、云南、重庆。国外分布于孟加拉国、印度、老挝、马来西亚、缅甸、泰国、越南。
种群现状 不详。
讨论 该物种喜栖息于茂密森林中，偏爱多岩石区域（Smith 和解焱，2009）。肖文发等（2009）、齐代华等（2009）分别于重庆巫山县五里坡自然保护区和巫溪县阴条岭自然保护区记录到该物种，但没有提供具体凭证信息。多本志书表明神农架处于该物种已知分布地的边缘地区（王应祥，2003；Smith 和解焱，2009；蒋志刚等，2015b）。同时，本书作者在近 10 年间的监测中，也未记录到该物种。故其在本区域的种群现状尚待进一步调查确定。

655. 中国豪猪 *Hystrix hodgsoni* Gray, 1847

英文名 Chinese porcupine
分布 国内分布于陕西、西藏、四川、重庆、湖北、安徽、江苏、上海、浙江、福建、江西、湖南、贵州、云南、广西、广东、海南、甘肃、河南。国外分布于孟加拉国、印度、印度尼西亚、老挝、马来西亚、缅甸、尼泊尔、泰国、越南。
种群现状 常见。
讨论 中国豪猪由马来豪猪的亚种 *hodgsoni* 提升为种（潘清华等，2007），故推测 2007 年前湖北地区的马来豪猪记录应为中国豪猪。

三十一 兔形目 LAGOMORPHA

（一百一十九）鼠兔科 Ochotonidae

656. 达乌尔鼠兔 *Ochotona dauurica* Pallas, 1776

英文名 Daurian pika
种下单元 共 4 个亚种。国内分布有 3 个亚种：指名亚种（*O. d. dauurica*）、甘肃亚种（*O. d. annectens*）和山西亚种（*O. d. bedfordi*）。神农架为指名亚种。
分布 国内分布于陕西、山西、河北、内蒙古、河南、甘肃、青海、宁夏、四川、湖北。国外分布于蒙古国、俄罗斯。
种群现状 偶见。
讨论 别名秦岭鼠兔、黄河鼠兔。该鼠兔喜栖息于荒漠和草地地区。其曾作为藏鼠兔（*Ochotona thibetana*）的亚种，后经过对形态学特征和分子证据进行大量比较与验证，将其确立为独立种（于宁和郑昌琳，1992；Yu et al., 1997, 2000），故神农架之前记录到的藏鼠兔应为该物种。刘少英等（2017）利用分子学和形态学手段对鼠兔属进行划分，认为秦岭鼠兔（*O. huangensis*）是达乌尔鼠兔（*O. dauurica*）的同物异名，蒋志刚等（2017）支持这一观点。

（一百二十）兔科 Leporidae

657. 蒙古兔 *Lepus tolai* Pallas, 1778

英文名 Tolai hare
种下单元 共 8 个亚种。国内分布有 5 个亚种：长江流域亚种（*L. t. aurigineus*）、川西南亚种（*L. t. cinnamomeus*）、西域亚种（*L. t. lehmanni*）、中原亚种（*L. t. swinhoei*）和指名亚种（*L. t. tolai*）。神农架为长江流域亚种。
分布 国内分布于新疆、内蒙古、河北、河南、山东、辽宁、吉林、黑龙江、山西、陕西、四川、云南、重庆、湖北、湖南、江西、江苏、北京、天津、宁夏、甘肃、青海、安徽、贵州。国外分布于阿富汗、伊朗、哈萨克斯坦、吉尔吉斯斯坦、蒙古国、俄罗斯、土库曼斯坦、乌兹别克斯坦。
种群现状 常见。
讨论 别名托氏兔。其生活于草甸和草原，常见于海拔 600~900 m（Smith 和解焱，2009）。起初将该物种包括在草兔（*Lepus capensis*）

或欧洲兔（*L. europaeus*）或藏兔（*L. tibetanus*）中，后根据罗泽珣（1981，1982，1988）的研究，将其作为蒙古兔。中国没有草兔（*L. capensis*）分布，分布的应是蒙古兔（*L. tolai*）(Wilson and Reeder, 2005; 蒋志刚等, 2015b)，推测神农架记录的草兔应为蒙古兔。

658. 华南兔 *Lepus sinensis* Gray, 1832

英文名 Chinese hare

种下单元 共3个亚种。国内分布有2个亚种：台湾亚种（*L. s. formosus*）和指名亚种（*L. s. sinensis*）。

分布 国内分布于东南沿海地区，包括台湾。国外分布于越南。

种群现状 不详。

讨论 该物种多栖息于草地、竹林、灌木植被等生境中，在海拔4000~5000 m的高寒环境中有分布（Smith和解焱, 2009）。王承全等（2010）于湖北兴山县记录到该物种。但多本志书表明神农架处于其已知分布地的邻近地区（蒋志刚等, 2015b）。同时，本书作者自2008年在湖北神农架森林生态系统国家野外科学观测研究站暨中国科学院神农架生物多样性定位研究站开展动物监测以来的10年间，也未监测到该物种。故该物种在本区域的种群现状尚待进一步调查。

附录 I 存疑分布物种名录

两栖纲 AMPHIBIA

一 无尾目 ANURA

(一) 角蟾科 Megophryidae

1. 圆疣猫眼蟾 *Scutiger tuberculatus* Liu et Fei, 1979

英文名　Bumpy lazy toad, Round-tubercled cat-eyed toad

分布　中国特有种，已知确定分布地仅在四川越西、昭觉、冕宁和西昌。

种群现状　不详。

讨论　别名圆疣齿突蟾。一般分布于 2600~3750 m 的高海拔地区 (Frost, 2018)。周青春 (2015) 在神农架林区记录到该物种。但中国两栖类 (http://www. amphibiachina.org/ [2018-10-12]) 和多本志书 (费梁等, 2009a, 2012, 2016; Frost, 2018) 表明其已知分布地仅在四川越西、昭觉、冕宁和西昌。同时，本书作者自 2008 年在湖北神农架森林生态系统国家野外科学观测研究站暨中国科学院神农架生物多样性定位研究站开展动物监测以来的 10 年间，也未监测到该物种。故该物种在本区域的种群现状尚待进一步调查确认。

(二) 蟾蜍科 Bufonidae

2. 无棘溪蟾 *Bufo aspinius* Rao et Yang, 1994

英文名　Spineless stream toad

分布　中国特有种，已知分布地仅在云南漾濞。

种群现状　不详。

讨论　杨大同和刘万兆 (1996) 以无棘溪蟾 (*Torrentophryne aspinia*) 为模式物种建立新属溪蟾属 (*Torrentophryne*)。但有研究表明，溪蟾属应嵌合在蟾蜍属 (*Bufo*) 中，二者并无明显遗传分化，因此溪蟾属应作为蟾蜍属的同物异名，同时将无棘溪蟾的拉丁学名改为 *Bufo aspinius* (Liu et al., 2000)。目前 Frost (2018) 支持将溪蟾属列入蟾蜍属中，本书暂将其归入蟾蜍属。田凯等 (2016) 于神农架林区观测到该物种，但与其已知分布区相距较远，故该物种在本区域的种群现状尚待进一步调查确认。

爬行纲 REPTILIA

二 龟鳖目 TESTUDINES

(三) 鳖科 Trionychidae

3. 山瑞鳖 *Palea steindachneri* Siebenrock, 1906

英文名　Wattle-necked soft-shelled turtle

分布　国内分布于云南、贵州、广东、海南、广西、香港等。国外分布于越南。

种群现状　不详。

讨论　王玛丽等 (2004) 于陕西镇坪县化龙山自然保护区记录到该物种，但并没有提供具体凭证信息。该物种的已知分布地并未涵盖神农架 (张孟闻等, 1998; Uetz et al., 2018)，另外该物种存在人为养殖的情况，故不排除人工养殖种群或宠物逃逸的可能。同时，本书作者在近 10 年间的监测中，也未记录到该物种。故该物种在本区域的种群现状尚待进一步调查确定。

三 有鳞目 SQUAMATA

(四) 蛇蜥科 Anguidae

4. 脆蛇蜥 *Dopasia harti* Boulenger, 1899

英文名 Hart's glass lizard
分布 国内分布于江苏、浙江、福建等南方地区。国外分布于越南北部。
种群现状 不详。
讨论 别名脆蛇、碎蛇、山黄鳝、小泥鳅、金蛇、银蛇、锡蛇。该物种分布于海拔 500~1500 m 的山地、农田、泥洞和竹林中 (赵尔宓等, 1999)。其在神农架林区及周边的多个县区均被记录到，但未提供具体凭证信息，而且多本志书表明该物种已知分布地仅在江苏、浙江等南方地区 (赵尔宓等, 1999; Uetz et al., 2018)。同时，本书作者在近 10 年间的监测中，也未记录到该物种。故其在本区域的种群现状尚待进一步调查确认。

(五) 游蛇科 Colubridae

5. 棕黑锦蛇 *Elaphe schrenckii* Strauch, 1873

英文名 Amur ratsnakes, Siberian ratsnake
分布 国内分布于黑龙江、吉林、辽宁。国外分布于朝鲜。
种群现状 不详。
讨论 周青春 (2015) 于神农架林区记录到该物种。但多本志书表明其已知分布地仅在黑龙江、吉林和辽宁 (赵尔宓等, 1998; 赵尔宓, 2006; Uetz et al., 2018)。该物种种群数量较少，被《中国物种红色名录》列为易危 (VU) 级别。同时，本书作者自 2008 年在湖北神农架森林生态系统国家野外科学观测研究站暨中国科学院神农架生物多样性定位研究站开展动物监测以来的 10 年间，也未监测到该物种。故该物种在本区域的种群现状尚待进一步调查确定。

6. 龙胜小头蛇 *Oligodon lungshenensis* Zheng et Huang, 1978

英文名 Guangxi kukri snake
分布 中国特有种，主要分布于广西、贵州。
种群现状 不详。
讨论 该物种喜栖息于山区林下草地中。周青春 (2015) 于神农架林区记录到该物种。但多本志书表明该物种已知分布地仅在广西和贵州 (赵尔宓等, 1998; 赵尔宓, 2006; Uetz et al., 2018)。同时，本书作者近 10 年间也未监测到该物种。故其在本区域的种群现状尚待进一步调查确认。

鸟纲 AVES

四 䴘䴘目 PODICIPEDIFORMES

(六) 䴘䴘科 Podicipedidae

7. 赤颈䴘䴘 *Podiceps grisegena* Boddaert, 1783

英文名 Red-necked grebe
种下单元 共 2 个亚种。国内仅分布有东亚亚种 (*P. g. holboellii*)。
分布 国内主要分布于东北及南部部分地区。国外分布于全世界各地。
种群现状 不详。
讨论 肖文发等 (2009) 于重庆巫山县五里坡自然保护区调查时记录到该物种。但多本志书表明其已知分布地仅在我国东北及南部部分地区 (赵正阶, 2001a; 段文科和张正旺, 2017a; 郑光美, 2017; Birdlife International,

2018)。同时，本书作者近10年间，也未监测到该物种。故其在本区域的种群现状仍待进一步调查确认。

五 鸻形目 CHARADRIIFORMES

(七) 鸻科 Charadriidae

8. 红胸鸻 *Charadrius asiaticus* Pallas, 1773

英文名 Caspian plover

分布 国内分布于内蒙古、新疆西北部、广西。国外分布于里海至亚洲中部、非洲。

种群现状 不详。

讨论 肖文发等（2009）于重庆巫山县五里坡自然保护区记录到该物种。但多本志书表明其已知分布地仅在内蒙古、新疆西北部、广西（赵正阶，2001a；段文科和张正旺，2017a；郑光美，2017；Birdlife International，2018）。同时，本书作者在近10年间的监测中，也未记录到该物种。故该物种在本区域的种群现状尚待进一步调查确定。

(八) 鹬科 Scolopacidae

9. 漂鹬 *Tringa incana* Gmelin, 1789

英文名 Wandering tattler

分布 国内分布于台湾。国外分布于西伯利亚东北部、阿拉斯加南部到加拿大西部、美国西南部、墨西哥西部、厄瓜多尔、加拉帕戈斯、夏威夷、太平洋中部和南部到新几内亚、澳大利亚。

种群现状 不详。

讨论 周青春（2015）于神农架林区记录到该物种。但多本志书表明其已知分布地仅在台湾（赵正阶，2001a；段文科和张正旺，2017a；郑光美，2017；Birdlife International，2018）。同时，本书作者在近年来的监测中，也未记录到该物种。故该物种在神农架的种群现状尚待进一步调查确定。

(九) 鸥科 Laridae

10. 黑腹燕鸥 *Sterna acuticauda* Gray, 1831

英文名 Black-bellied tern

分布 国内分布于云南西南部。国外分布于南亚。

种群现状 不详。

讨论 周青春（2015）、廖明尧（2015）于神农架林区记录到该物种。但多本志书表明其已知分布地仅在云南西南部盈江和橄榄坝（赵正阶，2001a；段文科和张正旺，2017a；郑光美，2017；Birdlife International，2018）。该物种喜栖息于内陆河流、湖泊、水库、池塘、水田等水域环境，且其在全世界数量稀少，不常见，已被《世界濒危鸟类名目》列为T级（赵正阶，2001a）。同时，本书作者在近10年间的监测中，也未记录到该物种。故该物种在本区域的种群现状尚待进一步调查确定。

六 鹰形目 ACCIPITRIFORMES

(十) 鹰科 Accipitridae

11. 毛脚鵟 *Buteo lagopus* Pontoppidan, 1763

英文名 Rough-legged hawk

种下单元 共4个亚种。国内分布有2个亚种：指名亚种（*B. l. lagopus*）和北方亚种（*B. l. kamtschatkensis*）。

分布 国内指名亚种分布于新疆中部和南部；北方亚种分布于东北、华北、西北、华东、华南地区。国外分布于古北界。

种群现状 不详。

讨论 该物种在神农架林区及其周边的多个地区均被记录到，但多本志书表明其已知分布地并未覆盖神农架（段文科和张正旺，2017a；郑光美，2017）。该物种数量在我国非常稀少，已被列入《国家重点保护野生动物名录》，为Ⅱ级保护鸟类 (赵正阶, 2001a)，不易见到。同时，本书作者在近10年间的监测中，也未记录到该物种。故该物种在本区域的种群现状尚待进一步调查确定。

七 鸮形目 STRIGIFORMES

(十一) 鸱鸮科 Strigidae

12. 黄嘴角鸮 *Otus spilocephalus* Blyth, 1846

英文名 Mountain scops-owl

种下单元 共8个亚种。国内分布有2个亚种：台湾亚种 (*O. s. hambroecki*) 和华南亚种 (*O. s. latouchi*)。

分布 国内台湾亚种分布于台湾；华南亚种分布于云南西南部、江西、福建、广东、澳门、广西、海南。国外分布于喜马拉雅山脉和东南亚。

种群现状 不详。

讨论 该物种在神农架林区及其周边的多个地区均被记录到，但多本志书表明其已知分布地仅在台湾、云南、江西、福建、广东、澳门、广西和海南 (赵正阶, 2001a; 段文科和张正旺, 2017a; 郑光美, 2017)。该鸟数量在我国非常稀少，已被列入《国家重点保护野生动物名录》，为Ⅱ级保护动物 (赵正阶, 2001a)。同时，本书作者在近10年间的监测中，也未记录到该物种。故该物种在本区域的种群现状尚待进一步调查确定。

13. 毛腿雕鸮 *Bubo blakistoni* Seebohm, 1884

英文名 Blakiston's eagle owl

种下单元 共2个亚种。国内仅分布有东北亚种 (*B. b. doerriesi*)。

分布 国内分布于黑龙江、吉林、内蒙古东北部。国外分布于库页岛 (萨哈林岛)、乌苏里江流域、日本的北海道及南千岛群岛。

种群现状 不详。

讨论 别名毛腿渔鸮，毛脚渔鸮。由 *Ketupa* 归入 *Bubo* (Kőnig et al., 1999)。周青春 (2015)、廖明尧 (2015)、汪正祥和蔡德军 (2013) 分别于神农架林区、湖北保康县五道峡自然保护区记录到该物种。但多本志书表明其已知分布地仅在黑龙江、吉林、内蒙古东北部 (赵正阶, 2001a; 段文科和张正旺, 2017a; 郑光美, 2017; Birdlife International, 2018)。同时，本书作者在近10年间的监测中，也未记录到该物种。故该物种在本区域的种群现状尚待进一步调查确定。

14. 褐渔鸮 *Ketupa zeylonensis* Gmelin, 1788

英文名 Brown fish-owl

种下单元 共4个亚种。国内分布有2个亚种：西藏亚种 (*K. z. leschenaulti*) 和华南亚种 (*K. z. orientalis*)。

分布 国内西藏亚种见于云南西部；华南亚种见于云南、湖北、广东、香港、澳门、广西、海南。国外分布于喜马拉雅山脉、中南半岛。

种群现状 不详。

讨论 该物种在神农架林区及其周边的多个地区均被记录到，但多本志书表明其已知分布地仅在云南、广东、香港、澳门、广西、海南 (赵正阶, 2001a; 段文科和张正旺, 2017a; 郑光美, 2017; Birdlife International, 2018)。该鸟性孤僻，喜欢单独活动，数量在我国非常稀少，已被列入《国家重点保护野生动物名录》，为Ⅱ级保护动物 (赵正阶, 2001a)，很难见到。同时，本书作者在近10年间的监测中，也未记录到该物种。综上，该物种在本区域的种群现状尚待进一步调查确定。

八 啄木鸟目 PICIFORMES

(十二) 啄木鸟科 Picidae

15. 小斑啄木鸟 *Dendrocopos minor* Linnaeus, 1758

英文名 Lesser spotted woodpecker

种下单元 共11个亚种。国内分布有2个亚种：新疆亚种 (*D. m. kamtschatkensis*) 和东北亚种（*D. m. amurensis*）。

分布 国内新疆亚种见于黑龙江北部、新疆北部；东北亚种见于东北地区、内蒙古和甘肃。国外分布于欧洲、亚洲北部。

种群现状 不详。

讨论 周青春（2015）、朱兆泉和宋朝枢（1999）、湖北巴东金丝猴自然保护区科考组（2013）分别于神农架林区及湖北巴东县金丝猴自然保护区均记录到该物种。但多本志书表明其已知分布地仅在黑龙江和新疆（段文科和张正旺，2017a；郑光美，2017）。同时，本书作者在近10年间的监测中，也未记录到该物种。故该物种在本区域的种群现状尚待进一步调查确定。

16. 纹胸啄木鸟 *Dendrocopos atratus* Blyth, 1849

英文名 Stripe-breasted woodpecker

种下单元 共2个亚种。国内仅分布有云南亚种（*D. a. atratus*）。

分布 国内分布于云南。国外分布于不丹、印度、孟加拉国、中南半岛北部。

种群现状 不详。

讨论 周青春（2015）、朱兆泉和宋朝枢（1999）、湖北巴东金丝猴自然保护区科考组（2013）分别于神农架林区和湖北巴东县金丝猴自然保护区记录到该物种。但多本志书表明其已知分布地仅在云南（赵正阶，2001a；段文科和张正旺，2017a；郑光美，2017；Birdlife International，2018）。同时，本书作者在近10年间的监测中，也未记录到该物种。故该物种在本区域的种群现状尚待进一步调查确定。

九 鹦鹉目 PSITTACIFORMES

（十三）鹦鹉科 Psittacidae

17. 绯胸鹦鹉 *Psittacula alexandri* Linnaeus, 1758

英文名 Red-breasted parakeet

种下单元 共8个亚种。国内仅分布有华南亚种（*P. a. fasciata*）。

分布 国内分布于西藏东南部、云南南部、广西西部和南部、海南。国外分布于尼泊尔、印度、东南亚。

种群现状 不详。

讨论 肖文发等（2009）于重庆巫山县五里坡自然保护区记录到该物种。但其在湖北的已知分布地并未覆盖神农架（段文科和张正旺，2017a）。该鹦鹉是我国数量较多的一种鹦鹉，其羽色明丽，善于模仿人语，是珍贵的观赏鸟类（赵正阶，2001a）。该物种存在人为养殖的情况，不排除神农架观察到的该鸟来源于人工饲养种群或宠物逃逸的可能。同时，本书作者在近10年间的监测中，也未记录到该物种。故该物种在本区域的种群现状尚待进一步调查确定。

十 雀形目 PASSERIFORMES

（十四）山椒鸟科 Campephagidae

18. 粉红山椒鸟 *Pericrocotus roseus* Vieillot, 1818

英文名 Rosy minivet

分布 国内分布于山东、云南、四川西南部、贵州、江西、浙江、广东、香港、广西南部。国外分布于喜马拉雅山脉、中南半岛。

种群现状 不详。

讨论 该物种在神农架林区及其周边的多个地区均被记录到，但多本志书表明其已知分布地并未包含神农架（赵正阶，2001b；段文科和张正旺，2017b；郑光美，2017；Birdlife International，2018）。该鸟羽色明艳，具有较高的观赏价值，存在人为饲养的情况（赵正阶，2001b）。不排除神农架记录到的该物种来源于人工养殖种群或宠物逃逸的可能。同时，本书作者在近10年间的监测中，也未记录到该物种。故该物种在本区域的种群现状尚待进一步调查确定。

19. 短嘴山椒鸟 *Pericrocotus brevirostris* Vigors, 1831

英文名　Short-billed minivet

种下单元　共 4 个亚种。国内分布有 3 个亚种：指名亚种（*P. b. brevirostris*）、西南亚种（*P. b. affinis*）和华南亚种（*P. b. anthoides*）。

分布　国内指名亚种分布于西藏东南部、云南西北部；西南亚种分布于云南西部和南部；华南亚种分布于云南、贵州、广东北部、广西中部、海南。国外分布于印度、喜马拉雅山脉、缅甸至越南。

种群现状　不详。

讨论　周青春（2015）、廖明尧（2015）于神农架林区记录到该物种。但其已知分布地并未覆盖神农架（段文科和张正旺，2017b）。该鸟羽色鲜艳，与人类的关系较为密切，近年来森林砍伐和人口密度增加对其营巢环境造成了较大破坏，导致我国其种群数量减少，不易见到（赵正阶，2001b）。同时，本书作者在近 10 年间的监测中，也未记录到该物种。故该物种在本区域的种群现状尚待进一步调查确定。

（十五）伯劳科 Laniidae

20. 栗背伯劳 *Lanius collurioides* Lesson, 1832

英文名　Burmese shrike

种下单元　共 2 个亚种。国内仅分布有指名亚种（*L. c. collurioides*）。

分布　国内见于西藏南部、云南、贵州南部、广东、广西。国外分布于中南半岛。

种群现状　不详。

讨论　周青春（2015）、廖明尧（2015）于神农架林区记录到该物种。但多本志书表明其已知分布地仅在西藏、云南、贵州、广东和广西（赵正阶，2001b；段文科和张正旺，2017b；郑光美，2017；Birdlife International，2018）。该鸟在我国分布范围较小，种群数量并不丰富。同时，本书作者在近 10 年间的监测中，也未记录到该物种。故其在本区域的种群现状尚待进一步调查确定。

（十六）鸦科 Corvidae

21. 寒鸦 *Corvus monedula* Linnaeus, 1758

英文名　Eurasian jackdaw

种下单元　共 4 个亚种。国内仅分布有西部亚种（*C. m. soemmerringii*）。

分布　国内分布于新疆、西藏西部和西南部。国外分布于中亚、西亚及欧洲。

种群现状　不详。

讨论　朱兆泉和宋朝枢（1999）于神农架林区记录到该物种。但多本志书表明其已知分布地仅在新疆、西藏（段文科和张正旺，2017b；郑光美，2017）。同时，本书作者在近 10 年间的监测中，也未记录到该物种。故该鸟在本区域的种群现状尚待进一步调查确定。

部分学者认为寒鸦与达乌里寒鸦区别不大，将后者作为前者的亚种（Dement and Gladkov, 1954），但后续多项研究表明，两者处于生殖隔离状态（Howard and Moore, 1991；郑作新等，1995），故将达乌里寒鸦作为独立种，多数学者均支持这一观点（赵正阶，2001b；段文科和张正旺，2017b；郑光美，2017）。结合 2 个物种的生理特征和地理分布情况，推测神农架记录的寒鸦可能是达乌里寒鸦。

（十七）山雀科 Paridae

22. 灰冠山雀 *Baeolophus bicolor* Linnaeus, 1766

英文名　Tufted titmouse

分布　国内尚无该物种的分布记录。国外分布于北美洲。

种群现状　不详。

讨论　该物种主要分布在北美洲，国内堵河源地区观察到的可能是宠物鸟。

23. 黄颊山雀 *Machlolophus spilonotus* Bonaparte, 1850

英文名　Yellow-cheeked tit
种下单元　共 4 个亚种。国内分布有 2 个亚种：指名亚种（*M. s. spilonotus*）和华南亚种（*M. s. rex*）。
分布　国内指名亚种见于西藏东南部、云南西部；华南亚种见于南方从云南至福建地区。国外分布于喜马拉雅山脉东部至中南半岛。
种群现状　不详。
讨论　由 *Parus* 归入 *Machlolophus*（Johansson *et al.*, 2013）。该鸟主要栖息于海拔 2000 m 以下的针叶林、常绿阔叶林等各种森林类型中。肖文发等（2009）于重庆巫山县五里坡自然保护区调查时记录到该物种。但多本志书表明其已知分布地并未覆盖神农架（赵正阶，2001b；段文科和张正旺，2017b；郑光美，2017）。同时，本书作者在近 10 年间的监测中，也未记录到该物种。故该物种在本区域的种群现状尚待进一步调查确定。

（十八）苇莺科 Acrocephalidae

24. 大苇莺 *Acrocephalus arundinaceus* Temminck et Schlegel, 1847

英文名　Great reed-warbler
种下单元　共 3 个亚种。国内仅分布有新疆亚种（*A. a. zarudnyi*）。
分布　国内分布于内蒙古中部、甘肃、新疆、云南南部。国外分布于非洲、欧亚大陆、印度。
种群现状　不详。
讨论　神农架林区及其周边多个地区均有记录到该物种，但多本志书表明其已知分布地仅在内蒙古中部、甘肃、新疆、云南（赵正阶，2001b；段文科和张正旺，2017b；郑光美，

2017；Birdlife International, 2018）。该鸟喜栖息于湖泊、河流、池塘、芦苇沼泽和高山湿地等水域环境中，在其他生境中不易见到（赵正阶，2001b）。同时，本书作者在近 10 年间的监测中，并未记录到该物种。故该物种在本区域的种群现状尚待进一步调查确定。

25. 稻田苇莺 *Acrocephalus agricola* Jerdon, 1845

英文名　Paddyfield warbler
种下单元　共 3 个亚种。国内仅分布有指名亚种（*A. a. agricola*）。
分布　国内分布于新疆、云南。国外分布于中亚、伊朗、印度及非洲。
种群现状　不详。
讨论　周青春（2015）、朱兆泉和宋朝枢（1999）均于神农架林区记录到该物种。但多本志书表明其已知分布地仅在新疆、云南（赵正阶，2001b；段文科和张正旺，2017b；郑光美，2017；Birdlife International, 2018）。该鸟在我国种群数量较少，近几十年里下降更为明显，属于稀有鸟类（赵正阶，2001b），不易被观察到。同时，本书作者在近 10 年间的监测中，也未记录到该物种。故该物种在本区域的种群现状尚待进一步调查确定。

（十九）蝗莺科 Locustellidae

26. 中华短翅蝗莺 *Locustella tacsanowskia* Swinhoe, 1871

英文名　Chinese grasshopper-warbler
分布　国内分布于东北地区、广西、云南、四川、青海东部及甘肃西南部。国外分布于西伯利亚南部及东部、东南亚、印度东北部。
种群现状　不详。
讨论　别名中华短翅莺、北短翅莺。由 *Bradyptera* 归入 *Locustella*（Alström et al., 2011a）。陈庆等（2015）于陕西镇坪县化龙山自然保护区正河垭目击到该物种。但多本志

书表明其已知分布地仅在东北地区、广西、云南、四川、青海及甘肃 (赵正阶, 2001b; 段文科和张正旺, 2017b; 郑光美, 2017)。该物种种群数量在我国稀少, 尤其近些年由于栖息地丧失、污染等, 数量锐减, 在原有分布区域内也难以见到 (赵正阶, 2001b)。同时, 本书作者在近 10 年间的监测中, 也未记录到该物种。综上, 该物种在本区域的种群现状尚待进一步调查确定。

(二十) 鹎科 Pycnonotidae

27. 栗耳短脚鹎 *Hypsipetes amaurotis* Temminck, 1830

英文名 Brown-eared bulbul
种下单元 共 11 个亚种。国内分布有 2 个亚种: 指名亚种 (*H. a. amaurotis*) 和台湾亚种 (*H. a. nagamichii*)。
分布 国内指名亚种分布于黑龙江、吉林、辽宁、北京、河北、山东、浙江、上海、台湾; 台湾亚种分布于台湾。国外分布于朝鲜半岛、日本、菲律宾。
种群现状 不详。
讨论 由 *Microscelis* 归入 *Hypsipetes* (Oilveros and Moyle, 2010)。苏化龙等 (2007) 于湖北秭归县记录到该物种。但多本志书表明其已知分布地仅在黑龙江、吉林、辽宁、北京、河北、山东、浙江、上海和台湾 (段文科和张正旺, 2017b; 郑光美, 2017; Birdlife International, 2018)。同时, 本书作者在近 10 年间的监测中, 也未记录到该物种。故该物种在本区域的种群现状尚待进一步调查确定。

(二十一) 柳莺科 Phylloscopidae

28. 黄胸柳莺 *Phylloscopus cantator* Tickell, 1833

英文名 Yellow-vented warbler
种下单元 共 2 个亚种。国内仅分布有指名亚种 (*P. c. cantator*)。
分布 国内分布于西藏东南部、云南西南部、广西。国外分布于喜马拉雅山脉东部、老挝北部、孟加拉国、缅甸、泰国西北部。
种群现状 不详。
讨论 周青春 (2015)、朱兆泉和宋朝枢 (1999)、薛慕光等 (1965) 分别于神农架林区和湖北巴东县记录到该物种。但多本志书表明其已知分布地仅在西藏、云南和广西 (段文科和张正旺, 2017b; 郑光美, 2017)。同时, 本书作者在近 10 年间的监测中, 也未记录到该物种。故该物种在本区域的种群现状尚待进一步调查确认。

(二十二) 莺鹛科 Sylviidae

29. 暗色鸦雀 *Sinosuthora zappeyi* Thayer et Bangs, 1912

英文名 Grey-hooded parrotbill
种下单元 共 2 个亚种: 指名亚种 (*S. z. zappeyi*) 和二郎山亚种 (*S. z. erlangshanica*), 国内均有分布。
分布 中国特有种, 指名亚种分布于四川南部、贵州西部; 二郎山亚种见于四川西部。
种群现状 不详。
讨论 该物种在湖北兴山县的记录来源于历史记录, 但多本志书表明其已知分布地仅在四川和贵州 (赵正阶, 2001b; 段文科和张正旺, 2017b; 郑光美, 2017; Birdlife International, 2018)。同时, 本书作者在近 10 年间的监测中, 也未记录到该物种。故该物种在本区域的种群现状尚待进一步调查确定。

30. 斑胸鸦雀 *Paradoxornis flavirostris* Gould, 1836

英文名 Black-breasted parrotbill
分布 国内分布于西藏东南部。国外分布于印度、缅甸。
种群现状 不详。

讨论　别名黄嘴鸦雀。周青春 (2015)、廖明尧 (2015) 于神农架林区记录到该物种。但多本志书表明其已知分布地仅在西藏(段文科和张正旺，2017b；郑光美，2017)。同时，本书作者在近 10 年间的监测中，也未记录到该物种。故该物种在本区域的种群现状尚待进一步调查确定。

该物种与点胸鸦雀十分相似，此 2 个物种曾一度被认为是同一物种的 2 个亚种 (Delacour, 1946; Deignan, 1964)，但后续根据 Ali 和 Ripley (1971, 1987) 的研究，将这 2 个亚种拆分为 2 个独立种 (斑胸鸦雀 *Paradoxornis flavirostris* 和点胸鸦雀 *Paradoxornis guttaticollis*)，该观点后期得到了广大学者的支持 (赵正阶，2001b；段文科和张正旺，2017b；郑光美，2017)。

(二十三) 幽鹛科 Pellorneidae

31. 栗头雀鹛 *Schoeniparus castaneceps* Hodgson, 1837

英文名　Rufous-winged fulvetta
种下单元　共 5 个亚种。国内分布有 2 个亚种：指名亚种 (*S. c. castaneceps*) 和云南亚种 (*S. c. exul*)。
分布　国内指名亚种分布于甘肃南部、西藏东南部；云南亚种分布于云南南部和西部。国外分布于喜马拉雅山脉东部至东南亚。
种群现状　不详。
讨论　由 *Alcippe* 归入 *Schoeniparus* (Pasquet et al., 2006; Collar and Robson, 2007; Gelang et al., 2009)。该物种在神农架林区及其周边的多个地区均被记录到，但多本志书表明其已知分布地仅在甘肃、西藏和云南 (赵正阶，2001b；段文科和张正旺，2017b；郑光美，2017)。该物种种群数量在我国稀少，很难见到 (赵正阶，2001b)。同时，本书作者在近 10 年间的监测中，也未记录到该物种。故其在本区域的种群现状尚待进一步调查确定。

32. 褐脸雀鹛 *Alcippe poioicephala* Jerdon, 1844

英文名　Brown-cheeked fulvetta
种下单元　共 9 个亚种。国内分布有 2 个亚种：滇西亚种 (*A. p. haringtoniae*) 和滇南亚种 (*A. p. alearis*)。
分布　国内滇西亚种分布于云南南部；滇南亚种分布于云南南部和西南部。国外分布于印度至东南亚。
种群现状　不详。
讨论　别名灰眼雀鹛。近期有观鸟爱好者于神农架林区记录到该物种，但多本志书表明其已知分布地仅在云南(赵正阶，2001b；段文科和张正旺，2017b；郑光美，2017；Birdlife International，2018)，与神农架地理距离较远。该物种在我国数量稀少，分布区域较为狭窄，不易见到 (赵正阶，2001b)。同时，本书作者在近 10 年间的监测中，也未见到该物种。故其在本区域的种群现状尚待进一步调查确认。

33. 白眶雀鹛 *Alcippe nipalensis* Hodgson, 1837

英文名　Nepal fulvetta
种下单元　共 3 个亚种。国内仅分布有西藏亚种 (*A. n. nipalensis*)。
分布　国内分布于西藏东南部、云南西南部。国外分布于喜马拉雅山脉东部、印度东北部及缅甸西部和北部。
种群现状　不详。
讨论　该物种在神农架林区及其周边的多个地区均被记录到，但多本志书表明其已知分布地仅在西藏、云南 (赵正阶，2001b；段文科和张正旺，2017b；郑光美，2017；Birdlife International，2018)，与神农架地理距离较远。该物种在我国数量稀少，分布区域较为狭窄，属于稀有鸟类，不易见到 (赵正阶，2001b)。同时，本书作者近 10 年间在神农架的监测中，也未见到该物种。故该物种在本区域的种群现状尚待进一步调查确定。

(二十四) 噪鹛科 Leiothrichidae

34. 灰胁噪鹛 *Garrulax caerulatus* Hodgson, 1836

英文名　Grey-sided laughingthrush

种下单元　共 4 个亚种。国内分布有 2 个亚种：指名亚种 (*G. c. caerulatus*) 和滇西亚种 (*G. c. latifrons*)。

分布　国内指名亚种分布于西藏东南部；滇西亚种分布于云南西部。国外分布于喜马拉雅山脉和缅甸北部。

种群现状　不详。

讨论　周青春 (2015)、廖明尧 (2015)、龚明昊等 (2011) 分别于神农架林区及湖北竹溪县十八里长峡自然保护区记录到该物种。但多本志书表明其已知分布地仅在西藏和云南 (赵正阶, 2001b; 段文科和张正旺, 2017b; 郑光美, 2017; Birdlife International, 2018)。该鸟在我国分布区域较为狭窄，种群数量较少，属稀有鸟类 (赵正阶, 2001b)，不易见到。同时，本书作者在近 10 年间的监测中，也未见到该物种。故该物种在本区域的种群现状尚待进一步调查确定。

哺乳纲 MAMMALIA

十一 劳亚食虫目 EULIPOTYPHLA

(二十五) 鼩鼱科 Soricidae

35. 小鼩鼱 *Sorex minutus* Linnaeus, 1766

英文名　Eurasian pygmy shrew

分布　国内分布于新疆。国外分布于阿尔巴尼亚、安道尔、亚美尼亚、奥地利、阿塞拜疆、白俄罗斯、比利时、波斯尼亚和黑塞哥维那、保加利亚、克罗地亚、捷克、丹麦、爱沙尼亚、芬兰、法国、格鲁吉亚、德国、希腊、匈牙利、印度、爱尔兰、意大利、拉脱维亚、列支敦士登、立陶宛、卢森堡、北马其顿、摩尔多瓦、黑山、荷兰、挪威、巴基斯坦、波兰、葡萄牙、罗马尼亚、俄罗斯、塞尔维亚、斯洛伐克、斯洛文尼亚、西班牙、瑞典、瑞士、土耳其、乌克兰和英国。

种群现状　不详。

讨论　该物种主要分布于针叶林或更高海拔的岩石环境中 (Smith 和解焱, 2009)。肖文发等 (2009) 于重庆巫山县五里坡自然保护区记录到该物种。但多本志书表明该物种仅分布于新疆 (王应祥, 2003; Smith 和解焱, 2009; 蒋志刚等, 2015b)，与神农架距离较远。同时，本书作者在近 10 年间的监测中，也未记录到该物种。故该物种在本区域的种群现状尚待进一步调查确认。

36. 大缺齿鼩鼱 *Chodsigoa salenskii* Kastschenko, 1907

英文名　Salenski's shrew

分布　中国特有种，分布于四川和贵州。

种群现状　不详。

讨论　别名大长尾鼩。Hoffmann (1985) 通过检查该物种正模标本，认为它与斯氏缺齿鼩鼱 (*Chodsigoa smithii*) 应是同一物种。该物种在神农架林区及其周边的多个地区均被记录到，但其已知分布区域仅在四川和贵州 (王应祥, 2003; Smith 和解焱, 2009; 蒋志刚等, 2015b)。同时，本书作者在近年来的监测中，也未记录到该物种。故该物种在本区域的种群现状尚待进一步调查确认。

37. 滇北长尾鼩 *Chodsigoa parva* G. M. Allen, 1923

英文名　Pygmy brown-toothed shrew

分布　中国特有种，主要分布于云南、贵州。

种群现状　不详。

讨论　别名小缺齿鼩、小长尾鼩。该物种在神农架林区及其周边的多个地区均被记录到，但多本志书表明其已知分布地仅在云南、贵州 (Smith 和解焱, 2009; 蒋志刚等, 2015b)。

同时，本书作者在近年来的监测中，也未记录到该物种。故该物种在本区域的分布现状尚待进一步调查确定。

该物种曾被认为是甘肃长尾鼩 (*Chodsigoa lamula*) 的同物异名 (Corbet and Hill, 1992)。但 Lunde 等 (2003) 明确指出滇北长尾鼩 (*Chodsigoa parva*) 是独立种，与甘肃长尾鼩在形态上有较大差异。

十二 翼手目 CHIROPTERA

(二十六) 犬吻蝠科 Molossidae

38. 皱唇犬吻蝠 *Tadarida plicata* Buchanan, 1800

英文名 Wrinkle-lipped bat
种下单元 共 5 个亚种。国内仅分布有孟加拉亚种 (*T. p. plicatus*)。
分布 国内分布于云南、广东、香港、海南、贵州、甘肃、广西。国外分布于柬埔寨、印度、老挝、马来西亚、菲律宾、斯里兰卡、越南。
种群现状 不详。
讨论 该物种喜栖息于山洞和建筑物中 (Smith 和解焱, 2009)。肖文发等 (2009) 于重庆巫山县五里坡自然保护区记录到该物种。但多本志书表明其已知分布地仅在云南、广东、香港、海南、贵州、甘肃和广西 (王应祥, 2003; Smith 和解焱, 2009; 蒋志刚等, 2015b)。同时，本书作者在近 10 年间的监测中，也未记录到该物种。故该物种在本区域的种群现状尚待进一步调查确定。

十三 啮齿目 RODENTIA

(二十七) 松鼠科 Sciuridae

39. 明纹花松鼠 *Tamiops macclellandii* Horsfield, 1840

英文名 Himalayan striped squirrel

种下单元 共 6 个亚种。国内分布有 3 个亚种：阿萨姆亚种 (*T. m. macclellandii*)、西藏亚种 (*T. m. collinus*) 和滇南亚种 (*T. m. inconstans*)。
分布 国内分布于云南、西藏、广西。国外分布于不丹、柬埔寨、印度、老挝、马来西亚、缅甸、尼泊尔、泰国、越南。
种群现状 不详。
讨论 该松鼠常见于热带和亚热带森林中。王玛丽等 (2004) 于陕西镇坪县化龙山自然保护区记录到该物种。但多本志书表明其已知分布地仅在云南、西藏和广西 (王应祥, 2003; Smith 和解焱, 2009; 蒋志刚等, 2015b)，与神农架地理距离较远。该物种因外表可爱、体型娇小，常被作为宠物出售和养殖，故不排除人工养殖种群或宠物逃逸的可能。

40. 白斑小鼯鼠 *Petaurista marica* Müller, 1840

英文名 Spotted giant flying squirrel
种下单元 共 7 个亚种。国内仅分布有云南亚种 (*P. e. marica*)。
分布 国内分布于广西、云南。国外分布于不丹、印度、印度尼西亚、老挝、马来西亚、缅甸、尼泊尔、泰国、越南。
种群现状 不详。
讨论 周青春 (2015)、龚明昊等 (2011)、汪正祥 (2012) 分别于神农架林区、湖北竹溪县十八里长峡自然保护区及八卦山自然保护区记录到该物种。但多本志书表明其已知分布地仅在广西和云南 (王应祥, 2003; Smith 和解焱, 2009; 蒋志刚等, 2015b)。同时，本书作者在近年来的监测中，也未记录到该物种。故该物种在本区域的分布现状尚待进一步调查确定。由于该物种存在人为饲养的情况，因此不排除人工养殖种群或宠物鼠逃逸的可能。

(二十八) 仓鼠科 Cricetidae

41. 大绒鼠 *Eothenomys miletus* Thomas, 1914

英文名 Yunnan red-backed vole

分布 中国特有种，仅分布于云南。
种群现状 不详。
讨论 汪正祥和蔡德军 (2013) 于湖北保康县五道峡自然保护区记录到该物种。然而该物种目前已知分布地仅在云南 (王应祥, 2003; Smith 和解焱, 2009; 蒋志刚等, 2015b)。同时，本书作者在近10年间的监测中，也未记录到该物种。结合该物种的分类变动情况，推测汪正祥和蔡德军 (2013) 记录的大绒鼠可能为黑腹绒鼠。

有研究认为大绒鼠是黑腹绒鼠的亚种 (Ellerman et al., 1951)，但根据其形态特征与黑腹绒鼠有明显区别，大多学者认为该物种应作为独立种 (王应祥, 2003; Smith 和解焱, 2009; 蒋志刚等, 2015b)。

附录 II 神农架陆生脊椎动物名录与分布

编号	中文名	拉丁学名	种群现状	神农架	兴山县	巴东县	巫山县	巫溪县	竹溪县	竹山县	房县	保康县	秭归县	镇平县
1	中国小鲵	*Hynobius chinensis*	不详		○						○			
2	巫山巴鲵	*Liua shihi*	地区性常见	■●	○	○	○			■▲	■▲●	●▲		■
3	秦巴巴鲵	*Liua tsinpaensis*	不详	■										
4	大鲵	*Andrias davidianus*	少见	■	○	○	○		○	■▲	■▲●	▲●	◆△	○
5	峨眉掌突蟾	*Leptobrachella oshanensis*	易见	■		○	○			■▲	■▲●	○		
6	淡肩角蟾	*Megophrys boettgeri*	不详	■										
7	小角蟾	*Megophrys minor*	不详		○	○				■▲	△	○		○
8	巫山角蟾	*Megophrys wushanensis*	地区性常见				○							
9	利川齿蟾	*Oreolalax lichuanensis*	地区性罕见				○							
10	红点齿蟾	*Oreolalax rhodostigmatus*	少见	■						■▲	△			
11	中华蟾蜍	*Bufo gargarizans*	常见	■●	○	○	○		○	■▲	■▲●	●▲		○
12	黑眶蟾蜍	*Duttaphrynus melanostictus*	不详											
13	花背蟾蜍	*Strauchbufo raddei*	地区性罕见	○										
14	华西雨蛙	*Hyla annectans*	不详			○			○	■▲	■▲	▲		
15	中国雨蛙	*Hyla chinensis*	少见	○		○				■▲	■▲	○		
16	无斑雨蛙	*Hyla immaculata*	地区性少见	■						■▲	■▲		◆	
17	秦岭雨蛙	*Hyla tsinlingensis*	不详	○						■▲	■▲			
18	崇安湍蛙	*Amolops chunganensis*	地区性少见		■									■
19	棘皮湍蛙	*Amolops granulosus*	少见	■						■▲	■▲●	●▲		
20	仙琴蛙	*Nidirana daunchina*	不详							■▲	■▲			
21	中国林蛙	*Rana chensinensis*	常见	■	○		○			■▲	■▲●	●▲		○

续表

编号	中文名	拉丁学名	种群现状	神农架	兴山县	巴东县	巫山县	巫溪县	竹溪县	竹山县	房县	保康县	秭归县	镇平县
22	峨眉林蛙	*Rana omeimontis*	常见	■	○									○
23	镇海林蛙	*Rana zhenhaiensis*	不详									▲		
24	湖北侧褶蛙	*Pelophylax hubeiensis*	地区性少见	■	○		○				△	●	○	○
25	黑斑侧褶蛙	*Pelophylax nigromaculatus*	常见	■	○	○	○	○	○	■▲	■▲●	■●	○	
26	金线侧褶蛙	*Pelophylax plancyi*	不详		○									
27	无指盘臭蛙	*Odorrana grahami*	不详									▲■		
28	光雾臭蛙	*Odorrana kuangwuensis*	罕见				○							
29	绿臭蛙	*Odorrana margaretae*	常见	■	○	○	○	○		■▲	■▲●	●	○	
30	花臭蛙	*Odorrana schmackeri*	常见	■	○		○		○	■▲	■▲●	○		
31	沼蛙	*Sylvirana guentheri*	常见								△			
32	泽陆蛙	*Fejervarya multistriata*	常见	■	○	○	○		○	■▲	■▲●	■▲●	○	○
33	隆肛蛙	*Nanorana quadranus*	常见	■	○	○	○	○	○	■▲	■▲	▲●	○	
34	双团棘胸蛙	*Nanorana yunnanensis*	不详	■							■△			
35	虎纹蛙	*Hoplobatrachus rugulosus*	地区性少见	■			○				■▲●			
36	棘腹蛙	*Quasipaa boulengeri*	常见	■	○	○	○	○	○	■▲	■▲●	■▲●	◆	
37	棘胸蛙	*Quasipaa spinosa*	地区性少见	■●	○					■▲	■▲●	■▲●	◆	
38	斑腿泛树蛙	*Polypedates megacephalus*	常见	○						■▲	■▲△			
39	经甫树蛙	*Rhacophorus chenfui*	不详	■	○	○			○		△			
40	北方狭口蛙	*Kaloula borealis*	地区性少见		○					○		○		○
41	粗皮姬蛙	*Microhyla butleri*	不详	■	○					■▲	■▲	●	○	○
42	饰纹姬蛙	*Microhyla fissipes*	常见	■	○	○	○			○	△	○		
43	合征姬蛙	*Microhyla mixtura*	常见	■	○		○			■▲	■▲			
44	花姬蛙	*Microhyla pulchra*	地区性罕见						○					

续表

编号	中文名	拉丁学名	种群现状	神农架	兴山县	巴东县	巫山县	巫溪县	竹溪县	竹山县	房县	保康县	秭归县	镇平县
45	中华鳖	*Pelodiscus sinensis*	常见	■	○	○		○			●	●	○	○
46	潘氏闭壳龟	*Cuora pani*	罕见										◆	
47	乌龟	*Mauremys reevesii*	常见	■	○	○		○	○	▲■	▲	▲	△	○
48	多疣壁虎	*Gekko japonicus*	常见	■					○	▲■	▲■		○	
49	草绿攀蜥	*Japalura flaviceps*	少见	■	○	○	○	○	○	▲■	▲△	●	○	
50	丽纹攀蜥	*Japalura splendida*	少见	○	○	○	○	○	○	▲■	▲△	●		
51	丽斑麻蜥	*Eremias argus*	不详								△			
52	北草蜥	*Takydromus septentrionalis*	少见	■	○	○		○		▲	▲	●	○	
53	南草蜥	*Takydromus sexlineatus*	不详	○						▲	△			
54	白条草蜥	*Takydromus wolteri*	少见	○										
55	黄纹石龙子	*Plestiodon capito*	少见	○						▲	△			
56	中国石龙子	*Plestiodon chinensis*	常见	■	○	○	○	○		▲	▲			
57	蓝尾石龙子	*Plestiodon elegans*	少见	○						▲	▲△	●		
58	宁波滑蜥	*Scincella modesta*	地区性罕见											
59	股鳞蜓蜥	*Sphenomorphus incognitus*	少见	■	○	○	○			▲	▲△	●	○	
60	铜蜓蜥	*Sphenomorphus indicus*	常见	■			○				▲	●	○	
61	山滑蜥	*Scincella monticola*	不详											
62	钩盲蛇	*Indotyphlops braminus*	少见							○				
63	黑脊蛇	*Achalinus spinalis*	常见	■	○	○				▲	▲		○	
64	绞花林蛇	*Boiga kraepelini*	不详		○									
65	钝尾两头蛇	*Calamaria septentrionalis*	少见	○		○	○				△		○	
66	翠青蛇	*Cyclophiops major*	常见	●	○		○			▲	▲■△	●	○	
67	中国沼蛇	*Myrrophis chinensis*	少见	○					○					

附录 II 神农架陆生脊椎动物名录与分布

续表

编号	中文名	拉丁学名	种群现状	神农架	兴山县	巴东县	巫山县	巫溪县	竹溪县	竹山县	房县	保康县	秭归县	镇平县
68	双斑锦蛇	Elaphe bimaculata	常见	○								○		○
69	王锦蛇	Elaphe carinata	常见	●						■▲	■▲●	▲●	○	○
70	玉斑蛇	Euprepiophis mandarinus	常见	■						■▲	■▲	▲●	○	
71	锈链腹链蛇	Hebius craspedogaster	常见	■			○							
72	丽纹腹链蛇	Hebius optatum	不详											
73	双全链蛇	Lycodon fasciatus	常见	○						■▲	△	○		○
74	黄链蛇	Lycodon flavozonatum	不详				○							
75	赤链蛇	Lycodon rufozonatum	常见	■						■▲	■▲△	▲●		○
76	黑背链蛇	Lycodon ruhstrati	不详								△			
77	紫灰蛇	Oreocryptophis porphyraceus	常见	○			○			■▲	■▲	○		○
78	红纹滞卵蛇	Oocatochus rufodorsatus	少见	■						■▲	■▲△			
79	黑眉晨蛇	Orthriophis taeniurus	常见	■						■▲	■▲●	▲●		○
80	中国小头蛇	Oligodon chinensis	不详								▲	○		
81	平鳞钝头蛇	Pareas boulengeri	不详	■										
82	中国钝头蛇	Pareas chinensis	少见	■						■▲	■▲			
83	大眼斜鳞蛇	Pseudoxenodon macrops	常见	■			○			■▲	■▲●	●		○
84	乌梢蛇	Ptyas dhumnades	常见	○			○			■▲	■▲	○		○
85	滑鼠蛇	Ptyas mucosa	少见	■							△			
86	颈槽蛇	Rhabdophis nuchalis	常见	■	○					■▲	■▲	▲●		
87	虎斑颈槽蛇	Rhabdophis tigrinus	常见	■			○			■▲	■▲△	▲●	◆	○
88	灰腹绿蛇	Rhadinophis frenatus	地区性罕见		■									
89	宁陕线形蛇	Stichophanes ningshaanensis	少见			○								
90	黑头剑蛇	Sibynophis chinensis	少见											

续表

编号	中文名	拉丁学名	种群现状	神农架	兴山县	巴东县	巫山县	巫溪县	竹溪县	竹山县	房县	保康县	秭归县	镇平县
91	乌华游蛇	*Sinonatrix percarinata*	常见	○			○	○	○	▲	△		◆	
92	银环蛇	*Bungarus multicinctus*	常见	○		○	○	○	○	▲	△	○	○	
93	舟山眼镜蛇	*Naja atra*	地区性罕见		○						△			
94	中华珊瑚蛇	*Sinomicrurus macclellandi*	地区性罕见	○										
95	白头蝰	*Azemiops kharini*	少见	■			○	○			△	○	◆	○
96	尖吻蝮	*Deinagkistrodon acutus*	常见	■			○	○		▲	■△	▲	◆	▲
97	短尾蝮	*Gloydius brevicaudus*	少见	■			○	○		■	■●	●	◆	▲
98	菜花原矛头蝮	*Protobothrops jerdonii*	常见	■			○	○		▲	△			○
99	原矛头蝮	*Protobothrops mucrosquamatus*	地区性罕见											
100	福建绿蝮	*Viridovipera stejnegeri*	常见	○			○	○				▲	○	
101	中华鹧鸪	*Francolinus pintadeanus*	不详											
102	鹌鹑	*Coturnix japonica*	少见	●	◆						△		◆	▲
103	灰胸竹鸡	*Bambusicola thoracicus*	易见	▲●	▲	▲		▲		▲	△	▲	△	▲
104	红腹角雉	*Tragopan temminckii*	易见	●	▲	▲				▲	△	▲	○	○
105	勺鸡	*Pucrasia macrolopha*	易见	▲●	▲	▲				▲	△	▲	○	▲
106	白冠长尾雉	*Syrmaticus reevesii*	少见	●		○				▲	●	●▲	○	▲
107	环颈雉	*Phasianus colchicus*	易见	▲●						▲	●	▲	○	▲
108	红腹锦鸡	*Chrysolophus pictus*	易见	▲●	▲	○		▲		▲	●	▲●	○	▲
109	豆雁	*Anser fabalis*	不详	▲		○								
110	赤麻鸭	*Tadorna ferruginea*	地区性少见	▲	◆	○					△		○	◆
111	鸳鸯	*Aix galericulata*	少见	●	▲							▲		
112	棉凫	*Nettapus coromandelianus*	地区性罕见								△			
113	罗纹鸭	*Mareca falcata*	地区性少见	▲					○			▲●		

附录Ⅱ 神农架陆生脊椎动物名录与分布

续表

编号	中文名	拉丁学名	种群现状	神农架	兴山县	巴东县	巫山县	巫溪县	竹溪县	竹山县	房县	保康县	秭归县	镇平县
114	赤膀鸭	Mareca strepera	少见	◀										
115	绿翅鸭	Anas crecca	地区性少见	○	◀		○	○				○	○	
116	绿头鸭	Anas platyrhynchos	常见	▲●	◆		○	○				▲●	○	
117	斑嘴鸭	Anas zonorhyncha	少见	▲●	◀		○						○	
118	琵嘴鸭	Spatula clypeata	不详	○										
119	白眉鸭	Spatula querquedula	不详	○										
120	青头潜鸭	Aythya baeri	不详	○		○								
121	红头潜鸭	Aythya ferina	不详											
122	凤头潜鸭	Aythya fuligula	不详			○								
123	斑头秋沙鸭	Mergellus albellus	不详					○						
124	普通秋沙鸭	Mergus merganser	不详											
125	小䴙䴘	Tachybaptus ruficollis	常见	▲●	◀		○	○		◀	▲●	○	○	◀
126	凤头䴙䴘	Podiceps cristatus	地区性罕见	●										
127	黑颈䴙䴘	Podiceps nigricollis	不详											
128	珠颈斑鸠	Streptopelia chinensis	常见	▲●	◀		○	○		◀	○	○	○	◀
129	灰斑鸠	Streptopelia decaocto	地区性少见	○●	◀						○	○		○
130	山斑鸠	Streptopelia orientalis	常见	▲●	◀		○	○		◀	▲●	◀	○	◀
131	火斑鸠	Streptopelia tranquebarica	易见	○			○	○		◀		○	○	
132	红翅绿鸠	Treron sieboldii	少见	◀	◀		○	○		◀		○		○
133	楔尾绿鸠	Treron sphenurus	不详	○										
134	普通夜鹰	Caprimulgus indicus	少见	▲●	◀		○	○		◀	△	○		○
135	短嘴金丝燕	Aerodramus brevirostris	常见	○			○	○		◀		○		○
136	白喉针尾雨燕	Hirundapus caudacutus	不详											

续表

编号	中文名	拉丁学名	种群现状	神农架	兴山县	巴东县	巫山县	巫溪县	竹溪县	竹山县	房县	保康县	秭归县	镇平县
137	普通雨燕	*Apus apus*	地区性少见											◀
138	小白腰雨燕	*Apus nipalensis*	不详		◀									
139	白腰雨燕	*Apus pacificus*	常见		◀	○	○	○				○	○	
140	小鸦鹃	*Centropus bengalensis*	地区性罕见	○●	◀	○	○	○				○		
141	褐翅鸦鹃	*Centropus sinensis*	地区性少见	○●	◆	○	○					○		
142	红翅凤头鹃	*Clamator coromandus*	少见	▲	◀						◀	○	○	◀
143	噪鹃	*Eudynamys scolopaceus*	易见	◀●	◆		○							
144	翠金鹃	*Chrysococcyx maculatus*	地区性罕见	○		○	○							
145	栗斑杜鹃	*Cacomantis sonneratii*	不详		◆		○							
146	乌鹃	*Surniculus lugubris*	不详		◆									
147	大鹰鹃	*Hierococcyx sparverioides*	易见	▲●	◀			◀		◀		○	○	
148	棕腹鹰鹃	*Hierococcyx nisicolor*	不详		◆									
149	大杜鹃	*Cuculus canorus*	常见	▲●	◀	○		◀		◀	△	○	○	◀
150	四声杜鹃	*Cuculus micropterus*	易见	▲●	◀	○	◀				◀	○	○	
151	小杜鹃	*Cuculus poliocephalus*	少见	▲●	◀	○	○					○	○	
152	中杜鹃	*Cuculus saturatus*	少见	○	◀	○								
153	普通秧鸡	*Rallus indicus*	不详	○						○				
154	红胸田鸡	*Zapornia fusca*	不详	○		○				○				
155	小田鸡	*Zapornia pusilla*	不详								○			
156	白胸苦恶鸟	*Amaurornis phoenicurus*	少见	▲●	◆	○						○		◀
157	董鸡	*Gallicrex cinerea*	地区性少见											
158	黑水鸡	*Gallinula chloropus*	少见	▲●		○						○		
159	白骨顶	*Fulica atra*	少见	○●	◀	○				○				

续表

编号	中文名	拉丁学名	种群现状	神农架	兴山县	巴东县	巫山县	巫溪县	竹溪县	竹山县	房县	保康县	秭归县	镇平县
160	灰鹤	*Grus grus*	地区性罕见	▲										▲
161	鹮嘴鹬	*Ibidorhyncha struthersii*	地区性罕见	○●								○	○	
162	黑翅长脚鹬	*Himantopus himantopus*	不详		▲									
163	灰头麦鸡	*Vanellus cinereus*	地区性少见		◆						○			○
164	凤头麦鸡	*Vanellus vanellus*	地区性少见	○●	▲		○	○				▲●		
165	金鸻	*Pluvialis fulva*	少见	○										
166	环颈鸻	*Charadrius alexandrinus*	易见	○	▲	○	○	○	○		○	○		
167	金眶鸻	*Charadrius dubius*	不详		▲									
168	剑鸻	*Charadrius hiaticula*	不详	○			○							
169	长嘴剑鸻	*Charadrius placidus*	地区性少见	●	◆		○	○	○	○	○	○		
170	彩鹬	*Rostratula benghalensis*	罕见	○										
171	丘鹬	*Scolopax rusticola*	地区性少见	▲		○								
172	扇尾沙锥	*Gallinago gallinago*	地区性少见		◆		○	○	○					
173	大沙锥	*Gallinago megala*	不详		◆									
174	白腰杓鹬	*Numenius arquata*	不详							○				
175	林鹬	*Tringa glareola*	不详	○	◆									
176	小青脚鹬	*Tringa guttifer*	不详	○										
177	青脚鹬	*Tringa nebularia*	不详		◆					○				
178	白腰草鹬	*Tringa ochropus*	地区性少见	▲●	◆		○	○	○	○				
179	泽鹬	*Tringa stagnatilis*	不详	○										
180	矶鹬	*Actitis hypoleucos*	少见	▲●	◆		○	○	○		○	○	○	
181	弯嘴滨鹬	*Calidris ferruginea*	不详		◆								○	
182	黄脚三趾鹑	*Turnix tanki*	地区性少见	○			○						○	

续表

编号	中文名	拉丁学名	种群现状	神农架	兴山县	巴东县	巫山县	巫溪县	竹溪县	竹山县	房县	保康县	秭归县	镇平县
183	普通燕鸻	Glareola maldivarum	不详	○										
184	红嘴鸥	Chroicocephalus ridibundus	地区性少见	○●										○
185	白额燕鸥	Sternula albifrons	不详	○			○							
186	普通燕鸥	Sterna hirundo	地区性少见	▲										
187	灰翅浮鸥	Chlidonias hybrida	不详	▲										
188	东方白鹳	Ciconia boyciana	罕见	▲										
189	黑鹳	Ciconia nigra	罕见	○		○								
190	普通鸬鹚	Phalacrocorax carbo	不详	▲										
191	白琵鹭	Platalea leucorodia	罕见	○			○							
192	大麻鳽	Botaurus stellaris	不详	▲				○						
193	栗苇鳽	Ixobrychus cinnamomeus	常见	▲●			○							
194	紫背苇鳽	Ixobrychus eurhythmus	不详	○										
195	黑苇鳽	Ixobrychus flavicollis	不详	▲										
196	黄斑苇鳽	Ixobrychus sinensis	地区性少见										○	
197	海南鳽	Gorsachius magnificus	罕见	▲										
198	夜鹭	Nycticorax nycticorax	易见	▲●			○		○	○		○		
199	绿鹭	Butorides striata	地区性罕见	▲●					○	▲		○		
200	池鹭	Ardeola bacchus	易见	▲●			○		○		●	●	○	▲
201	牛背鹭	Bubulcus ibis	易见	▲●	▲		○		○		▲	▲		
202	大白鹭	Ardea alba	少见	○										
203	苍鹭	Ardea cinerea	易见	▲●	▲	▲	○		○			○	○	○
204	中白鹭	Ardea intermedia	少见	○●			○					▲	○	○
205	草鹭	Ardea purpurea	少见	▲										

续表

编号	中文名	拉丁学名	种群现状	神农架	兴山县	巴东县	巫山县	巫溪县	竹溪县	竹山县	房县	保康县	秭归县	镇平县
206	白鹭	*Egretta garzetta*	常见	▲●	▲		○	○	○	○	○	▲●		○
207	凤头蜂鹰	*Pernis ptilorhyncus*	少见	▲	◆		▲					○		▲
208	褐冠鹃隼	*Aviceda jerdoni*	不详	○								○		
209	黑冠鹃隼	*Aviceda leuphotes*	少见	○●	▲									
210	秃鹫	*Aegypius monachus*	地区性罕见	○	◆	○					△			
211	蛇雕	*Spilornis cheela*	不详	▲		○				○				
212	鹰雕	*Nisaetus nipalensis*	不详											
213	林雕	*Ictinaetus malaiensis*	不详		◆									
214	乌雕	*Clanga clanga*	不详	○										
215	金雕	*Aquila chrysaetos*	易见	▲●	◆		▲			○	●	▲●		▲
216	白腹隼雕	*Aquila fasciata*	地区性少见	▲										
217	白肩雕	*Aquila heliaca*	罕见					▲						
218	草原雕	*Aquila nipalensis*	不详											
219	褐耳鹰	*Accipiter badius*	不详	▲	▲		▲				○	○		
220	苍鹰	*Accipiter gentilis*	少见		▲		▲		○		○	○		
221	日本松雀鹰	*Accipiter gularis*	不详		▲		▲							
222	雀鹰	*Accipiter nisus*	少见	○●	▲		▲	○	○	○	○	○	○	○
223	赤腹鹰	*Accipiter soloensis*	少见	▲●	▲		▲			▲				▲
224	凤头鹰	*Accipiter trivirgatus*	地区性少见	▲●	▲		▲	▲	○		○	○		
225	松雀鹰	*Accipiter virgatus*	少见	▲	◆		▲	○	○	▲	○	▲●		
226	白头鹞	*Circus aeruginosus*	不详							▲				
227	白尾鹞	*Circus cyaneus*	不详	▲	◆		▲	○	○	○	○	○		
228	草原鹞	*Circus macrourus*	不详	○										

续表

编号	中文名	拉丁学名	种群现状	神农架	兴山县	巴东县	巫山县	巫溪县	竹溪县	竹山县	房县	保康县	秭归县	镇平县
229	鹊鹞	*Circus melanoleucos*	地区性少见	○	◆	○					○			○
230	白腹鹞	*Circus spilonotus*	不详	○							○		○	
231	黑鸢	*Milvus migrans*	易见	▲	▲	▲			▲	▲	○			▲
232	栗鸢	*Haliastur indus*	地区性罕见	▲	▲						○			
233	白尾海雕	*Haliaeetus albicilla*	罕见	●	▲		▲							
234	白腹鹫鹰	*Butastur indicus*	不详	○	▲	○	▲				△			▲
235	大鵟	*Buteo hemilasius*	地区性少见	○▲	▲	▲	▲				△	▲		▲
236	普通鵟	*Buteo japonicus*	易见	▲	◆	▲	▲		▲		●	▲	○	▲
237	棕尾鵟	*Buteo rufinus*	不详	○	▲	○	○				○		○	
238	领角鸮	*Otus lettia*	易见	▲	▲	▲	▲		▲	▲	△			○
239	红角鸮	*Otus sunia*	易见	○	◆	○	○	○			△	▲	○	○
240	雕鸮	*Bubo bubo*	少见	▲	▲	▲	▲	○	○		●	▲	○	▲
241	黄腿渔鸮	*Ketupa flavipes*	不详	○	◆	○								
242	灰林鸮	*Strix aluco*	易见	▲	▲	▲	▲	▲	▲	▲	△	▲		
243	褐林鸮	*Strix leptogrammica*	地区性罕见	○	▲	○								
244	领鸺鹠	*Glaucidium brodiei*	易见	●	◆	▲	▲	▲			○	▲	○	
245	斑头鸺鹠	*Glaucidium cuculoides*	易见	●	▲	▲	▲				△		○	
246	纵纹腹小鸮	*Athene noctua*	不详	○	▲	○	○			○	○		○	
247	日本鹰鸮	*Ninox japonica*	地区性罕见	○	◆	▲	○							
248	鹰鸮	*Ninox scutulata*	罕见	○	◆	▲	○	○	○		○	○	○	○
249	短耳鸮	*Asio flammeus*	少见		▲	▲	○				△	○		○
250	长耳鸮	*Asio otus*	易见	○	◆	○	○		▲	▲	△		○	○
251	草鸮	*Tyto longimembris*	地区性少见	○	◆	○	○				△	○	○	○

续表

编号	中文名	拉丁学名	种群现状	神农架	兴山县	巴东县	巫山县	巫溪县	竹溪县	竹山县	房县	保康县	秭归县	镇平县
252	红头咬鹃	Harpactes erythrocephalus	不详	○										
253	戴胜	Upupa epops	常见	▲●	▲	○	○	○	○	▲	▲	▲	○	▲
254	蓝喉蜂虎	Merops viridis	地区性罕见	○										
255	三宝鸟	Eurystomus orientalis	少见	▲	◆	○	○	○	○	▲	▲	○	○	▲
256	蓝翡翠	Halcyon pileata	常见	○●	▲	○	○	○	○	▲	○	▲	○	▲
257	普通翠鸟	Alcedo atthis	常见	▲●	▲	○	○	○	○	▲	○	▲	○	▲
258	冠鱼狗	Megaceryle lugubris	易见	▲●	▲	○	○	○	○	▲	○			
259	斑鱼狗	Ceryle rudis	地区性少见	○										
260	大拟啄木鸟	Psilopogon virens	地区性少见		▲	○	○	○	○		○	○	○	▲
261	蚁䴕	Jynx torquilla	少见	●	▲	○	○	○	○	▲	○			
262	斑姬啄木鸟	Picumnus innominatus	易见	▲●	▲	○	○	○	○		○			▲
263	星头啄木鸟	Dendrocopos canicapillus	易见	○	▲	○	○	○	○	▲	○	○		
264	赤胸啄木鸟	Dendrocopos cathpharius	地区性少见	▲●	▲	○	○	○	○	▲	○			
265	棕腹啄木鸟	Dendrocopos hyperythrus	地区性罕见	●	▲	○	○	○	○	○	○	○		
266	白背啄木鸟	Dendrocopos leucotos	地区性罕见	▲●	▲	○	○	○	○					
267	大斑啄木鸟	Dendrocopos major	常见	▲●	◆	○	○	○	○	▲	●▲	○		▲
268	灰头绿啄木鸟	Picus canus	常见		▲	○	○	○	○		○			
269	栗啄木鸟	Micropternus brachyurus	地区性罕见		◆	○	○	○			○	○	○	
270	红脚隼	Falco amurensis	少见			○	▲				○			
271	猎隼	Falco cherrug	地区性罕见	○		▲					○			
272	灰背隼	Falco columbarius	地区性少见		◆	▲	○				○		○	
273	游隼	Falco peregrinus	罕见	○		○					○			
274	燕隼	Falco subbuteo	少见			○					○			

续表

编号	中文名	拉丁学名	种群现状	神农架	兴山县	巴东县	巫山县	巫溪县	竹溪县	竹山县	房县	保康县	秭归县	镇平县
275	红隼	*Falco tinnunculus*	易见	▲										▲
276	仙八色鸫	*Pitta nympha*	地区性罕见	○									○	
277	黑枕黄鹂	*Oriolus chinensis*	易见	▲	▲	○	○		○		○		○	▲
278	淡绿鵙鹛	*Pteruthius xanthochlorus*	少见	▲●	▲		○							○
279	暗灰鹃鵙	*Lalage melaschistos*	少见	○	▲	○	○				○		○	▲
280	小灰山椒鸟	*Pericrocotus cantonensis*	易见	○	▲							○		
281	灰山椒鸟	*Pericrocotus divaricatus*	少见	○							○			
282	长尾山椒鸟	*Pericrocotus ethologus*	易见	▲●	▲	○	○		▲		○	○		▲
283	发冠卷尾	*Dicrurus hottentottus*	常见	○●	▲		○		▲		○		○	▲
284	灰卷尾	*Dicrurus leucophaeus*	易见	▲●	▲	○	○		▲		▲●			▲
285	黑卷尾	*Dicrurus macrocercus*	常见	○●	▲	○	○		▲		●			▲
286	寿带	*Terpsiphone incei*	易见	▲●	▲	○	○		▲		○			▲
287	牛头伯劳	*Lanius bucephalus*	少见	○	▲		○		▲		▲			
288	红尾伯劳	*Lanius cristatus*	常见	▲●	▲		○		▲		●			▲
289	棕背伯劳	*Lanius schach*	常见	▲●	▲	○	○		▲		▲●			▲
290	楔尾伯劳	*Lanius sphenocercus*	地区性罕见	○	▲									
291	灰背伯劳	*Lanius tephronotus*	少见	■▲●	▲		○		▲		●			▲
292	虎纹伯劳	*Lanius tigrimus*	易见	▲●	▲	○	○		▲		○	○		▲
293	松鸦	*Garrulus glandarius*	常见	○●	▲		○		▲		○			▲
294	灰喜鹊	*Cyanopica cyanus*	地区性易见	■▲●	▲		○		▲		▲	▲		
295	红嘴蓝鹊	*Urocissa erythroryncha*	常见	▲●	▲	○	○		▲		▲●	▲●	○	▲
296	灰树鹊	*Dendrocitta formosae*	不详		▲		○		▲		▲●			
297	喜鹊	*Pica pica*	常见	▲●	▲	○	○		▲		▲●	▲●	○	▲

续表

编号	中文名	拉丁学名	种群现状	神农架	兴山县	巴东县	巫山县	巫溪县	竹溪县	竹山县	房县	保康县	秭归县	镇平县
298	星鸦	Nucifraga caryocatactes	易见	▲●	▲						○		○	▲
299	红嘴山鸦	Pyrrhocorax pyrrhocorax	地区性罕见										○	▲
300	小嘴乌鸦	Corvus corone	地区性少见	○	▲									
301	达乌里寒鸦	Corvus dauricus	地区性少见	○										
302	秃鼻乌鸦	Corvus frugilegus	地区性少见	○	▲									
303	大嘴乌鸦	Corvus macrorhynchos	常见	▲●	▲	○	○				▲●	▲●	○	▲
304	白颈鸦	Corvus pectoralis	易见	▲●	▲	○					●	●	○	▲
305	方尾鹟	Culicicapa ceylonensis	易见	▲●								●		
306	火冠雀	Cephalopyrus flammiceps	地区性罕见		▲									
307	煤山雀	Periparus ater	易见	▲●	▲	○						▲●	○	▲
308	黑冠山雀	Periparus rubidiventris	易见	○○										
309	黄腹山雀	Pardaliparus venustulus	常见	▲●				▲		▲	●	●		
310	褐冠山雀	Lophophanes dichrous	地区性罕见	▲●	▲									
311	红腹山雀	Poecile davidi	少见	○										
312	沼泽山雀	Poecile montanus	地区性少见		▲			▲		▲	▲●	▲●		
313	褐头山雀	Poecile palustris	易见	▲●	▲			▲			●	▲●		
314	大山雀	Parus cinereus	常见	▲●	▲			▲	○		▲	▲●		
315	绿背山雀	Parus monticolus	常见	○	▲									
316	凤头百灵	Galerida cristata	地区性少见	○										
317	云雀	Alauda arvensis	不详	○										
318	小云雀	Alauda gulgula	常见	▲●	▲									
319	棕扇尾莺	Cisticola juncidis	少见	○									○	
320	山鹪莺	Prinia crinigera	易见	○	▲								○	

续表

编号	中文名	拉丁学名	种群现状	神农架	兴山县	巴东县	巫山县	巫溪县	竹溪县	竹山县	房县	保康县	秭归县	镇平县
321	纯色山鹪莺	Prinia inornata	易见	▲●	▲	○	○		○	○			○	
322	黑眉苇莺	Acrocephalus bistrigiceps	地区性罕见	●										
323	钝翅苇莺	Acrocephalus concinens	罕见		▲	○				▲				
324	东方大苇莺	Acrocephalus orientalis	少见	○●	▲	○	○		○				○	
325	小鳞胸鹪鹛	Pnoepyga pusilla	少见	●	▲									▲
326	矛斑蝗莺	Locustella lanceolata	不详	○	▲		○							
327	棕褐短翅蝗莺	Locustella luteoventris	少见	○●	▲	○	○		○			○		
328	高山短翅蝗莺	Locustella mandelli	罕见	●										▲
329	斑胸短翅蝗莺	Locustella thoracica	不详	○			○							
330	淡色崖沙燕	Riparia diluta	少见	▲●	▲	○	○		○			▲	○	▲
331	家燕	Hirundo rustica	常见	▲●	▲	○				▲	△		○	▲
332	岩燕	Ptyonoprogne rupestris	不详	▲	◆									○
333	烟腹毛脚燕	Delichon dasypus	少见	○										▲
334	毛脚燕	Delichon urbicum	少见	▲●	▲	○	○	▲	▲	▲	●	▲	○	▲
335	金腰燕	Cecropis daurica	常见	▲●	▲	○	○	▲	▲	▲	▲●	▲●	○	▲
336	领雀嘴鹎	Spizixos semitorques	常见	▲●	▲	○	○	▲	▲	▲	●	▲	○	▲
337	白头鹎	Pycnonotus sinensis	常见	▲●	▲	○	○	▲	▲	▲	▲●	▲	○	▲
338	黄臀鹎	Pycnonotus xanthorrhous	常见	▲●	▲	○	○	▲	▲	▲	▲●	▲●	○	▲
339	绿翅短脚鹎	Ixos mcclellandii	易见	▲●	▲	○	○	▲	▲	▲	○	▲	○	○
340	黑短脚鹎	Hypsipetes leucocephalus	易见	▲●	▲	○	○	▲	▲	▲		▲	○	▲
341	黄腹柳莺	Phylloscopus affinis	常见	○●	▲									▲
342	棕眉柳莺	Phylloscopus armandii	少见	▲●	▲	○							○	▲
343	极北柳莺	Phylloscopus borealis	少见	▲●	▲	○								▲

附录Ⅱ 神农架陆生脊椎动物名录与分布

续表

编号	中文名	拉丁学名	种群现状	神农架	兴山县	巴东县	巫山县	巫溪县	竹溪县	竹山县	房县	保康县	秭归县	镇平县
344	冠纹柳莺	*Phylloscopus claudiae*	少见	○●	▲			○	○	○			○	▲
345	冕柳莺	*Phylloscopus coronatus*	少见	▲●	▲								○	○
346	峨眉柳莺	*Phylloscopus emeiensis*	地区性罕见	▲●	▲	○					○			▲
347	褐柳莺	*Phylloscopus fuscatus*	地区性罕见		▲									
348	淡眉柳莺	*Phylloscopus humei*	易见	▲	▲	○		○			○	○	○	▲
349	黄眉柳莺	*Phylloscopus inornatus*	不详		▲									
350	甘肃柳莺	*Phylloscopus kansuensis*	少见	▲●	▲		○	○				○		▲
351	乌嘴柳莺	*Phylloscopus magnirostris*	不详	○			○							○
352	白斑尾柳莺	*Phylloscopus ogilviegranti*	地区性罕见	▲●	▲			○						
353	双斑绿柳莺	*Phylloscopus plumbeitarsus*	少见	○	▲		○	○					○	
354	黄腰柳莺	*Phylloscopus proregulus*	地区性罕见	▲●	▲	○	○	○			○		○	
355	橙斑翅柳莺	*Phylloscopus pulcher*	少见	●	▲		○	○						◄
356	黑眉柳莺	*Phylloscopus ricketti*	地区性罕见	▲●	▲		○	○						
357	棕腹柳莺	*Phylloscopus subaffinis*	少见	▲●	▲		○	○		▲				◄
358	暗绿柳莺	*Phylloscopus trochiloides*	少见	▲●	▲			○						
359	云南柳莺	*Phylloscopus yunnanensis*	地区性少见	▲●	▲	○	○	○						
360	栗头鹟莺	*Seicercus castaniceps*	少见		▲		○	○						◄
361	淡尾鹟莺	*Seicercus soror*	少见		▲					○				
362	灰冠鹟莺	*Seicercus tephrocephalus*	少见	●	▲									◄
363	比氏鹟莺	*Seicercus valentini*	少见	●	◆		○	○						◄
364	棕脸鹟莺	*Abroscopus albogularis*	易见	▲●	▲		○	○					○	◄
365	黄腹树莺	*Horornis acanthizoides*	少见	○●	▲		○	○					○	
366	远东树莺	*Horornis canturians*	少见	▲●	▲	○	○	○						◄

续表

编号	中文名	拉丁学名	种群现状	神农架	兴山县	巴东县	巫山县	巫溪县	竹溪县	竹山县	房县	保康县	秭归县	镇平县
367	短翅树莺	Horornis diphone	少见	○				○		▲				○
368	强脚树莺	Horornis fortipes	常见	▲●	▲		○	○	▲	▲	▲	▲		▲
369	棕顶树莺	Cettia brunnifrons	不详	○									○	
370	大树莺	Cettia major	不详	○		○								
371	黑眉长尾山雀	Aegithalos bomvaloti	不详		▲									▲
372	红头长尾山雀	Aegithalos concinnus	常见	▲●	▲	○	○	○	○		▲	○	○	▲
373	银脸长尾山雀	Aegithalos fuliginosus	易见	○●	▲			○		▲		○		
374	银喉长尾山雀	Aegithalos glaucogularis	少见	○●	▲			○		○	○	○	○	▲
375	金胸雀鹛	Lioparus chrysotis	少见	▲	▲		○							
376	褐头雀鹛	Fulvetta cinereiceps	常见	○●	▲	○						○		
377	棕头雀鹛	Fulvetta ruficapilla	少见	○	▲									
378	山鹛	Rhopophilus pekinensis	地区性少见		▲									
379	红嘴鸦雀	Conostoma aemodium	常见	▲●	▲		○				○	○		▲
380	三趾鸦雀	Cholornis paradoxus	少见	▲●	♦									○
381	白眶鸦雀	Sinosuthora conspicillata	地区性罕见		▲			○	○	▲				
382	棕头鸦雀	Sinosuthora webbiana	常见	▲●	▲	○	○	▲	▲		▲●	▲	○	▲
383	黄额鸦雀	Suthora fulvifrons	地区性少见	○	▲									
384	黑喉鸦雀	Suthora nipalensis	少见		▲									
385	灰头鸦雀	Psittiparus gularis	地区性罕见	○●	▲	○					○	○		
386	点胸鸦雀	Paradoxornis guttaticollis	地区性少见		▲									
387	栗耳凤鹛	Yuhina castaniceps	少见	▲●	▲	○	○	○			▲●	○	○	▲
388	白领凤鹛	Yuhina diademata	易见	▲●	▲		○					○		▲
389	黑颏凤鹛	Yuhina nigrimenta	少见	○●	▲		○		○					

续表

编号	中文名	拉丁学名	种群现状	神农架	兴山县	巴东县	巫山县	巫溪县	竹溪县	竹山县	房县	保康县	秭归县	镇平县
390	红胁绣眼鸟	Zosterops erythropleurus	少见	○										▲
391	暗绿绣眼鸟	Zosterops japonicus	常见	▲●	▲								○	○
392	斑胸钩嘴鹛	Erythrogenys gravivox	少见	▲○●	▲								○	▲○
393	棕颈钩嘴鹛	Pomatorhinus ruficollis	常见	▲●	▲		○	○	○		▲	▲	○	▲
394	红头穗鹛	Cyanoderma ruficeps	常见	▲●	▲			▲					○	▲
395	褐顶雀鹛	Schoeniparus brumneus	地区性罕见	▲●										
396	褐胁雀鹛	Schoeniparus dubius	少见	○			○				○	○	○	▲
397	灰眶雀鹛	Alcippe morrisonia	易见	▲●	▲		○	▲					○	▲
398	矛纹草鹛	Babax lanceolatus	常见	▲●			○				●	▲	○	▲
399	白喉噪鹛	Garrulax albogularis	常见	▲●	▲		○	○	▲	▲	●	▲	○	▲
400	画眉	Garrulax canorus	常见	▲●				○					○	
401	灰翅噪鹛	Garrulax cineraceus	易见	○●	▲		○	▲		▲	▲			▲
402	山噪鹛	Garrulax davidi	地区性少见											
403	斑背噪鹛	Garrulax lumulatus	少见	●	▲			○						
404	大噪鹛	Garrulax maximus	地区性少见	○										
405	小黑领噪鹛	Garrulax monileger	易见	●	▲●						●		○	
406	眼纹噪鹛	Garrulax ocellatus	常见	▲●	▲			▲	○		▲	○		▲
407	黑领噪鹛	Garrulax pectoralis	常见	▲●	▲					▲	●	▲●	○	○
408	黑脸噪鹛	Garrulax perspicillatus	常见	▲●	▲		○		▲	▲	▲		○	▲
409	白颊噪鹛	Garrulax sannio	常见	▲●	▲							●	○	▲
410	橙翅噪鹛	Trochalopteron elliotii	常见	▲●	▲								○	▲
411	斑胁姬鹛	Cutia nipalensis	不详		▲									
412	蓝翅希鹛	Siva cyanouroptera	地区性少见	▲										

续表

编号	中文名	拉丁学名	种群现状	神农架	兴山县	巴东县	巫山县	巫溪县	竹溪县	竹山县	房县	保康县	秭归县	镇平县
413	红尾希鹛	Minla ignotincta	地区性少见	○										▲
414	红嘴相思鸟	Leiothrix lutea	常见	▲●	▲							▲	○	▲●
415	黑头奇鹛	Heterophasia desgodinsi	少见	●	▲	○	○					○	▲●	▲●
416	欧亚旋木雀	Certhia familiaris	易见	○●	▲	○								
417	高山旋木雀	Certhia himalayana	少见	○										
418	普通䴓	Sitta europaea	常见	▲●	▲				○		●		○	▲
419	黑头䴓	Sitta villosa	地区性罕见	○										
420	红翅旋壁雀	Tichodroma muraria	少见	●	▲	○								
421	鹪鹩	Troglodytes troglodytes	易见	●	▲			○	○					
422	褐河乌	Cinclus pallasii	常见	▲●	▲		○	▲	▲		▲●	▲		▲
423	八哥	Acridotheres cristaellus	常见	○	▲	○	○			○	▲●		○	○
424	北椋鸟	Agropsar sturninus	少见	○										
425	灰椋鸟	Spodiopsar cineraceus	易见	●	▲		○			○				
426	丝光椋鸟	Spodiopsar sericeus	易见	○	▲		○							▲
427	灰背椋鸟	Sturnia sinensis	不详	○										
428	橙头地鸫	Geokichla citrina	地区性少见	●	▲									
429	白眉地鸫	Geokichla sibirica	不详	○										
430	虎斑地鸫	Zoothera aurea	易见	●	▲	○		○			●	○		
431	淡背地鸫	Zoothera mollissima	地区性罕见	○										
432	灰翅鸫	Turdus boulboul	地区性少见	●	▲									
433	乌灰鸫	Turdus cardis	少见	○										
434	斑鸫	Turdus eunomus	常见	▲●	▲	○						○	○	▲
435	灰背鸫	Turdus hortulorum	易见	▲	▲						○			

续表

编号	中文名	拉丁学名	种群现状	神农架	兴山县	巴东县	巫山县	巫溪县	竹溪县	竹山县	房县	保康县	秭归县	镇平县
436	棕背黑头鸫	*Turdus kessleri*	不详	○										
437	乌鸫	*Turdus mandarinus*	常见	●	▲	○	○					▲	○	▲
438	宝兴歌鸫	*Turdus mupinensis*	易见	●	▲	○							○	
439	红尾斑鸫	*Turdus naumanni*	偶见	●			▲							
440	白眉鸫	*Turdus obscurus*	罕见	▲●	▲									▲
441	白腹鸫	*Turdus pallidus*	少见	○		○							○	
442	灰头鸫	*Turdus rubrocanus*	易见	▲●	▲	○								▲
443	赤颈鸫	*Turdus ruficollis*	不详	○										
444	蓝歌鸲	*Larvivora cyane*	少见	○	▲	○								
445	红喉歌鸲	*Calliope calliope*	少见	○	▲	○								
446	金胸歌鸲	*Calliope pectardens*	地区性罕见		▲									
447	白腹短翅鸲	*Luscinia phoenicuroides*	少见	▲	▲	○				○				
448	蓝喉歌鸲	*Luscinia svecica*	罕见	●	▲	○								
449	金色林鸲	*Tarsiger chrysaeus*	地区性少见	▲●	▲	○		▲		▲				▲
450	红胁蓝尾鸲	*Tarsiger cyanurus*	常见	●	▲	○								
451	白眉林鸲	*Tarsiger indicus*	地区性罕见		▲	○							○	
452	蓝短翅鸫	*Brachypteryx montana*	少见	○	▲	○								
453	鹊鸲	*Copsychus saularis*	常见	▲	▲	○	○			▲	▲	○	○	▲
454	北红尾鸲	*Phoenicurus auroreus*	常见	▲●	▲	○	○	▲		▲	●▲	○	○	▲
455	黑喉红尾鸲	*Phoenicurus hodgsoni*	少见		▲	○								
456	赭红尾鸲	*Phoenicurus ochruros*	地区性少见	●	▲									
457	蓝额红尾鸲	*Phoenicuropsis frontalis*	少见	▲●	▲	○	▲						○	▲
458	白喉红尾鸲	*Phoenicuropsis schsticeps*	少见	○		○								

续表

编号	中文名	拉丁学名	种群现状	神农架	兴山县	巴东县	巫山县	巫溪县	竹溪县	竹山县	房县	保康县	秭归县	镇平县
459	红尾水鸲	Rhyacornis fuliginosa	常见	▲●	▲	○	○			▲	▲	●▲	○	▲
460	白顶溪鸲	Chaimarrornis leucocephalus	易见	▲●	▲	○	○	▲		▲	●▲	●▲	○	▲
461	紫啸鸫	Myophonus caeruleus	常见	▲●	▲	○	○				○	○	○	
462	白尾蓝地鸲	Myiomela leucurum	少见	▲	▲	○								
463	蓝大翅鸲	Grandala coelicolor	地区性罕见	●										
464	白额燕尾	Enicurus leschenaulti	常见	▲○	◆		○				○	▲○	○	○
465	斑背燕尾	Enicurus maculatus	不详	○										
466	灰背燕尾	Enicurus schistaceus	常见	▲●	▲	○	○			▲	○	○	○	●
467	小燕尾	Enicurus scouleri	常见	▲●	▲	○	○	▲		▲	○	○	○	▲
468	灰林䳭	Saxicola ferreus	易见	▲●	▲	○	○				○	○	○	▲
469	黑喉石䳭	Saxicola maurus	易见	▲●	◆									
470	白喉矶鸫	Monticola gularis	不详	▲●	▲	○	○		○		○	○	○	▲
471	栗腹矶鸫	Monticola rufiventris	少见	▲●	▲	○	○	▲			○	○	○	▲
472	蓝矶鸫	Monticola solitarius	常见	▲●	▲	○	○			▲	○	○	○	▲
473	北灰鹟	Muscicapa dauurica	少见	▲●	▲	○	○		○		○	○	○	▲
474	棕尾褐鹟	Muscicapa ferruginea	地区性罕见	○	▲									
475	灰纹鹟	Muscicapa griseisticta	不详											
476	褐胸鹟	Muscicapa muttui	地区性少见	▲●	▲									
477	乌鹟	Muscicapa sibirica	少见	▲●	▲		○							▲
478	红喉姬鹟	Ficedula albicilla	少见	○	▲									
479	锈胸蓝姬鹟	Ficedula sordida	不详		▲	○	○		○					
480	橙胸姬鹟	Ficedula strophiata	少见	○●									○	
481	白眉蓝姬鹟	Ficedula superciliaris	地区性罕见	●									○	

编号	中文名	拉丁学名	种群现状	神农架	兴山县	巴东县	巫山县	巫溪县	竹溪县	竹山县	房县	保康县	秭归县	镇平县
482	灰蓝姬鹟	*Ficedula tricolor*	地区性少见	▲●			○	○					○	▲
483	白眉姬鹟	*Ficedula zanthopygia*	少见	○	▲		○	○						▲
484	白腹蓝鹟	*Cyanoptila cyanomelana*	少见	▲	▲	○	○	○			○			▲
485	铜蓝鹟	*Eumyias thalassinus*	易见	▲●	▲		○	○			○	○		
486	中华仙鹟	*Cyornis glaucicomans*	少见	○	▲	○	○	○						▲
487	棕腹大仙鹟	*Niltava sundara*	少见	▲●	▲		○	○			○		○	▲
488	棕腹仙鹟	*Niltava davidi*	少见	○	▲	○	○	○						
489	戴菊	*Regulus regulus*	常见	▲●	▲		○	○		▲	○			▲
490	太平鸟	*Bombycilla garrulus*	不详	○	▲									●▲
491	小太平鸟	*Bombycilla japonica*	不详	○									○	
492	纯色啄花鸟	*Dicaeum concolor*	不详											
493	红胸啄花鸟	*Dicaeum ignipectus*	少见	▲●	▲		○	○						
494	叉尾太阳鸟	*Aethopyga christinae*	地区性少见		▲									▲
495	蓝喉太阳鸟	*Aethopyga gouldiae*	常见	▲●	▲		○	○				▲		▲
496	领岩鹨	*Prunella collaris*	地区性罕见	○										
497	栗背岩鹨	*Prunella immaculata*	地区性罕见											
498	棕胸岩鹨	*Prunella strophiata*	地区性罕见	▲●	▲									
499	斑文鸟	*Lonchura punctulata*	少见	○	◆		○			○		○	○	▲
500	白腰文鸟	*Lonchura striata*	易见	▲●	▲		○	○	▲	○	▲●	▲	○	▲
501	山麻雀	*Passer cinnamomeus*	常见	▲●	▲	○	○	○	▲	▲●	●	○		▲
502	麻雀	*Passer montanus*	常见	●	▲		○	○	▲	▲●	●	▲●	○	▲
503	山鹡鸰	*Dendronanthus indicus*	易见	○	▲		○	○	▲	▲●			○	
504	白鹡鸰	*Motacilla alba*	常见	▲●	▲		○	○	▲	▲●	▲●	▲●	○	▲

续表

编号	中文名	拉丁学名	种群现状	神农架	兴山县	巴东县	巫山县	巫溪县	竹溪县	竹山县	房县	保康县	秭归县	镇平县
505	灰鹡鸰	*Motacilla cinerea*	常见	▲●	▲	○	○	▲					○	▲
506	黄头鹡鸰	*Motacilla citreola*	易见	▲●	▲	○	○						○	○
507	黄鹡鸰	*Motacilla tschutschensis*	易见	▲	▲						▲		○	▲
508	红喉鹨	*Anthus cervinus*	少见	○	▲								○	
509	树鹨	*Anthus hodgsoni*	常见	▲●	▲	○	○	○			○	○	○	▲
510	田鹨	*Anthus richardi*	常见	▲	▲		○			▲			○	
511	粉红胸鹨	*Anthus roseatus*	易见	▲●	▲		■						○	▲
512	黄腹鹨	*Anthus rubescens*	少见	○	▲									
513	木鹨	*Anthus spinoletta*	少见	▲●	◆		○		○					▲
514	山鹨	*Anthus sylvanus*	易见	○	▲									
515	燕雀	*Fringilla montifringilla*	常见	▲●	▲		○			○				▲
516	锡嘴雀	*Coccothraustes coccothraustes*	易见	▲	▲									
517	黑尾蜡嘴雀	*Eophona migratoria*	易见	▲●	▲		○		○		○	○		▲
518	黑头蜡嘴雀	*Eophona personata*	少见	○	▲		○				○	○		
519	灰头灰雀	*Pyrrhula erythaca*	易见	▲●	▲					▲				▲
520	褐灰雀	*Pyrrhula nipalensis*	地区性少见	●										
521	暗胸朱雀	*Procarduelis nipalensis*	地区性少见	○	▲									
522	棕朱雀	*Carpodacus edwardsii*	不详											
523	普通朱雀	*Carpodacus erythrinus*	常见	▲●	▲		○				○	○	○	○
524	酒红朱雀	*Carpodacus vinaceus*	常见	▲●	▲	▲	○	▲			○	○	○	▲
525	金翅雀	*Chloris sinica*	常见	▲●	▲	○	○				○	○	○	▲
526	红交嘴雀	*Loxia curvirostra*	地区性罕见											
527	黄雀	*Spinus spinus*	少见	●	▲		○							▲

续表

编号	中文名	拉丁学名	种群现状	神农架	兴山县	巴东县	巫山县	巫溪县	竹溪县	竹山县	房县	保康县	秭归县	镇平县
528	凤头鹀	*Melophus lathami*	易见	○							○	○	○	
529	黄胸鹀	*Emberiza aureola*	常见		▲						○	○	○	
530	黄眉鹀	*Emberiza chrysophrys*	少见	▲	▲							▲		▲
531	三道眉草鹀	*Emberiza cioides*	常见	▲●	▲	○	○	▲	▲	▲	▲●	▲	○	▲
532	黄喉鹀	*Emberiza elegans*	常见	▲●	▲	○	○	○				○	○	
533	栗耳鹀	*Emberiza fucata*	地区性少见	▲	▲			▲	▲	▲	▲	▲	○	▲
534	灰眉岩鹀	*Emberiza godlewskii*	少见	○●	▲	○	○	▲	▲		▲	▲	○	▲
535	小鹀	*Emberiza pusilla*	常见	○●	▲	○	○							
536	田鹀	*Emberiza rustica*	少见	○●	▲			○						
537	栗鹀	*Emberiza rutila*	少见	○										
538	蓝鹀	*Emberiza siemsseni*	少见	▲●	▲	○	○	○						
539	灰头鹀	*Emberiza spodocephala*	易见	□	▲	○	○	○	○	○	○	○	○	
540	东北刺猬	*Erinaceus amurensis*	易见		△◆▲■○				■	■	△		○	△
541	侯氏鼩猬	*Mesechinus hughi*	地区性罕见											
542	长吻鼩鼹	*Uropsilus gracilis*	地区性罕见	□										
543	长尾鼩鼹	*Scaptonyx fusicaudus*	地区性罕见				○	○						
544	甘肃鼹	*Scapanulus oweni*	偶见	□	◆									
545	长吻鼩	*Euroscaptor longirostris*	偶见		■				■▲	▲●			○	△
546	小纹背鼩鼱	*Sorex bedfordiae*	不详	□					○		○	○	○	
547	纹背鼩鼱	*Sorex cylindricauda*	不详	□								△	○	△
548	淡灰黑齿鼩鼱	*Blarinella griselda*	不详	□										
549	川鼩	*Blarinella quadraticauda*	偶见	□									○	
550	川西缺齿鼩鼱	*Chodsigoa hypsibia*	地区性罕见											△

177

续表

编号	中文名	拉丁学名	种群现状	神农架	兴山县	巴东县	巫山县	巫溪县	竹溪县	竹山县	房县	保康县	秭归县	镇平县
551	霍氏尖齿鼩鼱	Chodsigoa hoffmanni	不详										△	
552	微尾鼩	Anourosorex squamipes	偶见	□	◆■	○	○	○	○	■	○	○	○	
553	喜马拉雅水麝鼩	Chimarrogale himalayica	偶见	□	■					■	△	○		
554	蹼足鼩	Nectogale elegans	不详	□		○	○		○	○	○	○		△
555	灰麝鼩	Crocidura attenuata	少见	□	◆									
556	白尾梢麝鼩	Crocidura fuliginosa	地区性罕见	□○						■	△	○		
557	山东小麝鼩	Crocidura shantungensis	少见	□○										
558	台湾灰麝鼩	Crocidura tanakae	地区性罕见	○	△	○	○	○	○	■	○	○	○	
559	西南中麝鼩	Crocidura vorax	不详		◆									
560	中菊头蝠	Rhinolophus affinis	偶见	○	◆	○	○	○	○	■	○	○	○	
561	小菊头蝠	Rhinolophus blythi	偶见				○							
562	马铁菊头蝠	Rhinolophus ferrumequinum	地区性罕见	○										
563	大耳菊头蝠	Rhinolophus macrotis	偶见	○	■				○					
564	皮氏菊头蝠	Rhinolophus pearsoni	偶见	○	◆		○							
565	中华菊头蝠	Rhinolophus sinicus	常见	○	■	○	○	○	○		○	○	○	
566	大蹄蝠	Hipposideros armiger	常见	○	◆		○							
567	普氏蹄蝠	Hipposideros pratti	偶见		■	○					○	○		
568	西南鼠耳蝠	Myotis altarium	偶见				○			■				
569	中华鼠耳蝠	Myotis chinensis	不详											○
570	大卫鼠耳蝠	Myotis davidi	偶见									○		
571	绯鼠耳蝠	Myotis formosus	偶见	○		○								
572	长尾鼠耳蝠	Myotis frater	不详											
573	华南水鼠耳蝠	Myotis laniger	偶见		■					○				

续表

编号	中文名	拉丁学名	种群现状	神农架	兴山县	巴东县	巫山县	巫溪县	竹溪县	竹山县	房县	保康县	秭归县	镇平县
574	大足鼠耳蝠	*Myotis pilosus*	偶见		■		○							○
575	东亚伏翼	*Pipistrellus abramus*	偶见		■					■			○	○
576	爪哇伏翼	*Pipistrellus javanicus*	不详											△
577	普通伏翼	*Pipistrellus pipistrellus*	偶见	○	▲●	○			○		△	▲		△
578	灰伏翼	*Hypsugo pulveratus*	地区性罕见		◆									△
579	南蝠	*Ia io*	地区性罕见		■						○			
580	亚洲长翼蝠	*Miniopterus fuliginosus*	偶见									○		△
581	白腹管鼻蝠	*Murina leucogaster*	地区性罕见											
582	毛翼管鼻蝠	*Harpiocephalus harpia*	地区性罕见											
583	猕猴	*Macaca mulatta*	地区性偶见	□	▲△◆★		○	○	○	▲	▲△	●	○	△
584	藏酋猴	*Macaca thibetana*	罕见		△●◆					○		▲	△	
585	黑叶猴	*Trachypithecus francoisi*	不详											
586	川金丝猴	*Rhinopithecus roxellana*	地区性偶见	●□	△●◆		○	○		▲	▲△			△
587	穿山甲	*Manis pentadactyla*	罕见	△	△		○	○	○		△	○		△
588	狼	*Canis lupus*	不详	△	△◆		○	○	○		△		○	△
589	赤狐	*Vulpes vulpes*	不详	△	●◆		○	○	○		△	▲	○	△
590	貉	*Nyctereutes procyonoides*	不详	△	◆○		○	○	○		△		○	△
591	豺	*Cuon alpinus*	不详	△	△			○						
592	黑熊	*Ursus thibetanus*	少见	▲■	△◆●▲		○	○	○	▲	▲△	●	○	△
593	黄喉貂	*Martes flavigula*	少见	●	△◆●○		○	○	○	○	△	▲	○	△
594	香鼬	*Mustela altaica*	地区性少见	△	△		○		○		△	○		△
595	黄腹鼬	*Mustela kathiah*	少见		◆○		○	○	○		▲	○	○	△
596	黄鼬	*Mustela sibirica*	易见	●	△●▲○		○	○	○	■	▲△	○	○	△

续表

编号	中文名	拉丁学名	种群现状	神农架	兴山县	巴东县	巫山县	巫溪县	竹溪县	竹山县	房县	保康县	秭归县	镇平县
597	鼬獾	Melogale moschata	易见	△	◆●○★	○	○		■	△	○	○	△
598	亚洲狗獾	Meles leucurus	不详	●	△◆○	○	○		■	△	○	○	○
599	猪獾	Arctonyx collaris	易见	△	△●○★	○	○		■	●▲	○	○	△
600	水獭	Lutra lutra	不详	△	△◆	○	○		▲	△	○	◆	○
601	大灵猫	Viverra zibetha	地区性罕见	△	△◆○	○	○		▲	△	○	◆	○
602	小灵猫	Viverricula indica	偶见	○	△◆○	○	○						
603	斑林狸	Prionodon pardicolor	不详										
604	果子狸	Paguma larvata	易见	●	△◆●○★	○	○		▲	●	●	○	△
605	食蟹獴	Herpestes urva	地区性罕见	●	△◆●■	○			▲	▲	▲	◆	△
606	豹猫	Prionailurus bengalensis	易见	○	○	○	○		▲				△
607	金猫	Pardofelis temminckii	地区性罕见	△	△◆	○	○			△	○	◆	○
608	云豹	Neofelis nebulosa	不详	○									
609	金钱豹	Panthera pardus	不详	△	△	○	○		▲	△	○	△	△
610	野猪	Sus scrofa	常见	●	△◆●○★	○	○		▲	■▲△	●	○	○
611	林麝	Moschus berezovskii	偶见	●	△◆●○★	○	○		▲	●△	○	◆△	○
612	毛冠鹿	Elaphodus cephalophus	易见	●	△◆●○★	○	○		▲	△	○	△	△
613	小麂	Muntiacus reevesi	易见	●	△◆●▲○★	○	○		▲	●	●	○	○
614	梅花鹿	Cervus nippon	偶见	○									
615	狍	Capreolus pygargus	不详	○	△●	○	○		▲	●	○	○	○
616	中华斑羚	Naemorhedus griseus	少见	△	△◆●▲★	○	○		▲	●△	○	◆△	○
617	中华鬣羚	Capricornis milneedwardsii	少见	△	△◆●○★	○	○		▲	▲	●	△	○
618	赤腹松鼠	Callosciurus erythraeus	常见	○	◆	○	○		▲	△	○	◆	○
619	隐纹花松鼠	Tamiops swinhoei	易见	●□	△◆○	○			■	▲	○	○	○

附录Ⅱ　神农架陆生脊椎动物名录与分布

续表

编号	中文名	拉丁学名	种群现状	神农架	兴山县	巴东县	巫山县	巫溪县	竹溪县	竹山县	房县	保康县	秭归县	镇平县
620	珀氏长吻松鼠	Dremomys pernyi	常见	□							○			○
621	红腿长吻松鼠	Dremomys pyrrhomerus	地区性少见	○	■					▲				△
622	红颊长吻松鼠	Dremomys rufigenis	不详	○	●■○						○			△
623	岩松鼠	Sciurotamias davidianus	地区性少见	●□	△◆▲○	○	○	○		▲■	●△			△
624	复齿鼯鼠	Trogopterus xanthipes	易见	○	●◆▲	○	○			▲■	△			
625	红白鼯鼠	Petaurista alborufus	常见	○	△◆▲●	○	○			▲■	○	●		△
626	灰头小鼯鼠	Petaurista caniceps	不详	○	◆						○			○
627	黑线仓鼠	Cricetulus barabensis	地区性罕见	□										
628	大仓鼠	Tscherskia triton	地区性罕见	□	○									
629	棕背䶄	Myodes rufocamus	不详											
630	山西绒䶄	Myodes shanseius	不详	□										
631	黑腹绒鼠	Eothenomys melanogaster	偶见	○	■		○	○		▲■	○	○		△
632	洮州绒鼠	Caryomys eva	少见	□			○	○		○				△
633	苛岚绒鼠	Caryomys inez	少见	□	◆		○	○		▲■				
634	巢鼠	Micromys minutus	少见	□	■		○	○		▲■	△			○
635	黑线姬鼠	Apodemus agrarius	地区性少见	□	●◆	○	○	○		▲■	△	○		
636	齐氏姬鼠	Apodemus chevrieri	常见	□	◆		○	○		▲■	○	○		
637	中华姬鼠	Apodemus draco	常见	□			○	○		▲■				△
638	大林姬鼠	Apodemus peninsulae	地区性罕见	□			○	○		▲■	△			△
639	黄毛鼠	Rattus losea	地区性罕见											
640	大足鼠	Rattus nitidus	少见	□			○	○		▲■				
641	褐家鼠	Rattus norvegicus	易见	□	◆▲■		○	○		▲■	△	▲	○	○
642	拟家鼠	Rattus pyctoris	偶见	●										

续表

编号	中文名	拉丁学名	种群现状	神农架	兴山县	巴东县	巫山县	巫溪县	竹溪县	竹山县	房县	保康县	秭归县	镇平县
643	黄胸鼠	Rattus tanezumi	易见	□	△◆	○	○	○	○	○		○	○	○
644	安氏白腹鼠	Niviventer andersoni	少见	□	■									△
645	北社鼠	Niviventer confucianus	常见	□	◆○	○	○	○	■		▲	○		○
646	针毛鼠	Niviventer fulvescens	少见	□	◆	○	○	○			△			△
647	青毛巨鼠	Berylmys bowersi	地区性罕见	○										
648	白腹巨鼠	Leopoldamys edwardsi	少见	□○	○	○	○	○	○	○	▲△		◆	○△
649	小家鼠	Mus musculus	易见	□	○	○	○	○	■▲	▲	△	▲	○	○
650	猪尾鼠	Typhlomys cinereus	常见	□	■	○	○				▲			
651	中华竹鼠	Rhizomys sinensis	易见	○	△●▲○★	○	○	○	○		△			△
652	中华鼢鼠	Eospalax fontanierii	地区性罕见		△◆				○					
653	罗氏鼢鼠	Eospalax rothschildi	偶见	●					■▲	○	△			■
654	帚尾豪猪	Atherurus macrourus	不详											
655	中国豪猪	Hystrix hodgsoni	常见	●	△●○★	○	○	○	■▲	▲	●△	▲		△
656	达乌尔鼠兔	Ochotona dauurica	偶见	○										
657	蒙古兔	Lepus tolai	常见	□○	△●◆○	○	○	○	■▲	▲	△	○	○	○
658	华南兔	Lepus sinensis	不详	○	○									

注: ●. 照片; △. 访问调查; ◆. 文献记录; ■. 标本; ▲. 目击; ○. 原文献未交代来源; ★. 发现痕迹; □. 捕获

参 考 文 献

蔡波, 王跃招, 陈跃英, 等. 2015. 中国爬行纲动物分类厘定. 生物多样性, 23(3): 365-382.
陈庆, 王卫东, 龙大学, 等. 2015. 陕西化龙山国家级自然保护区鸟类区系和生态分布. 四川动物, (2): 290-299.
崔继法, 吉晟男, 王志先, 等. 2018. 湖北省发现灰腹绿蛇. 动物学杂志, 53(4): 664-667.
戴宗兴, 李神斌, 郑志章, 等. 2009. 湖北省两栖类新纪录——淡肩角蟾, 短肢角蟾. 四川动物, 28(2): 291.
段文科, 张正旺. 2017a. 中国鸟类图志 (上). 北京: 中国林业出版社.
段文科, 张正旺. 2017b. 中国鸟类图志 (下). 北京: 中国林业出版社.
费梁. 1999. 中国两栖动物图鉴. 郑州: 河南科学技术出版社.
费梁, 胡淑琴, 叶昌媛, 等. 2006. 中国动物志, 两栖纲 第一卷: 总论, 蚓螈目, 有尾目. 北京: 科学出版社.
费梁, 胡淑琴, 叶昌媛, 等. 2009a. 中国动物志, 两栖纲 第二卷 (中卷): 无尾目. 北京: 科学出版社: 958.
费梁, 胡淑琴, 叶昌媛, 等. 2009b. 中国动物志, 两栖纲 第二卷 (下卷): 无尾目, 蛙科. 北京: 科学出版社: 959-1847.
费梁, 叶昌媛. 1983. 小鲵科的分类探讨, 包括一新属. 两栖爬行动物学报, 2(4): 31-37.
费梁, 叶昌媛, 黄永昭. 1990. 中国两栖动物检索. 重庆: 科学技术文献出版社重庆分社.
费梁, 叶昌媛, 江建平, 等. 2005. 中国两栖动物检索及图解. 成都: 四川科学技术出版社.
费梁, 叶昌媛, 江建平. 2012. 中国两栖动物及其分布彩色图鉴. 成都: 四川科学技术出版社.
高耀亭. 1987. 中国动物志, 兽纲 第八卷: 食肉目. 北京: 科学出版社.
高中信. 1998. 狼 Canis lupus //汪松. 中国濒危动物红皮书 兽类. 北京: 科学出版社.
郜二虎, 汪正祥, 王志臣. 2012. 湖北堵河源自然保护区科学考察与研究. 北京: 科学出版社.
龚明昊, 葛继稳, 张洪茂. 2011. 湖北十八里长峡自然保护区科学考察与研究. 北京: 北京出版社.
郭鹏. 2005. 广义竹叶青蛇属的分类及系统发育研究 (蛇亚目: 蝰亚科). 成都: 四川大学博士学位论文.
胡淑琴, 赵尔宓, 刘承钊. 1966. 秦岭及大巴山地区两栖爬行动物调查报告. 动物学报, 18(1): 57-89.
湖北巴东金丝猴自然保护区科考组. 2013. 湖北巴东金丝猴自然保护区科学考察报告 (未出版).
黄永昭, 费梁, 叶昌媛. 1992. 关于巴鲵属 *Liua* 分类问题的探讨. 两栖爬行动物学研究, 1-2: 52-57.
蒋志刚, 江建平, 王跃招, 等. 2016. 中国脊椎动物红色名录. 生物多样性, 24(5): 500-551.
蒋志刚, 刘少英, 吴毅, 等. 2017. 中国哺乳动物多样性. 生物多样性, 25(8): 886-895.

蒋志刚, 马勇, 吴毅, 等. 2015a. 中国哺乳动物多样性. 生物多样性, 23(3): 351-364.
蒋志刚, 马勇, 吴毅, 等. 2015b. 中国哺乳动物多样性及地理分布. 北京: 科学出版社.
雷博宇, 岳阳, 崔继法, 等. 2019. 湖北省兽类新纪录——台湾灰麝鼩. 兽类学报, 39(2): 218-223.
李孚允, 杨若莉. 1997. 中国鸟类迁徙研究. 北京: 中国林业出版社.
李广良, 李迪强, 薛亚东, 等. 2014. 利用红外相机研究神农架自然保护区野生动物分布规律. 林业科学, 50(9): 97-104.
李义明, 许龙, 马勇, 等. 2003. 神农架自然保护区非飞行哺乳动物的物种丰富度: 沿海拔梯度的分布格局. 生物多样性, 11(1): 1-9.
廖明尧. 2015. 神农架地区自然资源综合调查报告. 北京: 中国林业出版社.
刘承钊, 胡淑琴. 1961. 中国无尾两栖动物. 北京: 科学出版社.
刘承钊, 胡淑琴, 杨抚华. 1960. 四川巫山两栖类初步调查报告. 动物学报, 12(2): 278-292.
刘卉, 艾欢, 任爽, 等. 2010. 湖北房县野人谷自然保护区两栖爬行动物多样性调查. 四川动物, 29(5): 560-563.
刘民壮. 1993. 中国神农架. 上海: 文汇出版社.
刘三峡, 喻杰, 周友兵. 2016. 湖北神农架发现褐冠山雀. 动物学杂志, 51(5): 922.
刘少英, 靳伟, 廖锐, 等. 2017. 基于Cytb基因和形态学的鼠兔属系统发育研究及鼠兔属1新亚属5新种描述. 兽类学报, 37: 1-43.
龙大学, 王卫东, 李飏, 等. 2010. 陕西省鸟类新纪录——褐灰雀. 野生动物, 31(6): 351.
罗泽珣. 1981. 我国草兔的分类研究. 兽类学报, 1: 149-157.
罗泽珣. 1982. 青海穴兔的一新亚种. 动物分类学报, 2: 3-6.
罗泽珣. 1988. 中国野兔. 北京: 中国林业出版社.
罗泽珣, 陈卫, 高武. 2000. 中国动物志, 兽纲 第六卷: 啮齿目, 仓鼠科. 北京: 科学出版社.
马克平. 2016. 世界自然遗产既要加强保护也要适度利用. 生物多样性, 24(8): 861-862.
马逸清. 1998. 豹 *Panthera tigris* //汪松. 中国濒危动物红皮书 兽类. 北京: 科学出版社.
潘清华, 王应祥, 岩崑. 2007. 中国哺乳动物彩色图鉴. 北京: 中国林业出版社.
齐代华, 何学福, 刘锦春, 等. 2009. 重庆阴条岭自然保护区综合科学考察报告 (未出版).
盛和林. 1998. 金猫 *Catopuma temmincki* //汪松. 中国濒危动物红皮书 兽类. 北京: 科学出版社.
苏化龙, 马强, 林英华. 2007. 三峡库区陆栖野生脊椎动物监测与研究. 北京: 中国水利水电出版社.
谭刚平, 谭明凤. 2001. 巴东发现三峡库区一鸟类新记录种——斑胁姬鹛. 湖北林业科技, 1: 3.
唐蟾蛛. 1996. 横断山区鸟类. 北京: 科学出版社.
田凯, 汪正祥, 雷耘, 等. 2016. 湖北省两栖类新记录——无棘溪蟾. 华中师范大学学报 (自然科学版), 50(3): 415-422.
汪正祥. 2012. 湖北八卦山自然保护区生物多样性及其保护研究. 北京: 科学出版社.
汪正祥, 蔡德军. 2013. 湖北五道峡自然保护区生物多样性及其保护研究. 北京: 中国林业出版社.
汪正祥, 何建平, 雷耘, 等. 2013. 湖北野人谷自然保护区生物多样性及其保护研究. 北京: 中国林业出版社.
王冰鑫, 崔继法, 陈文文, 等. 2016. 湖北省发现小黑领噪鹛. 动物学杂志, 51(3): 508.
王承全, 王大军, 邹远锦, 等. 2010. 三峡库区兴山县鼠形动物种类调查. 医学动物防制, 26(1):

44, 46.

王玛丽, 邢连喜, 张国昌. 2004. 陕西化龙山自然保护区综合科学考察报告. 西安: 西安地图出版社.

王小荷. 2014. 宁陕小头蛇 (*Oligodon ningshaanensis* Yuan, 1983) 的系统学研究及其捕食软体动物行为的初探. 成都: 中国科学院成都生物研究所博士学位论文.

王应祥. 2003. 中国哺乳动物物种和亚种分类名录与分布大全. 北京: 中国林业出版社.

王跃招, 赵尔宓. 1986. 中国滑蜥属的研究. 两栖爬行动物学报, 5(4): 267-277.

吴家炎, 李贵辉. 1982. 陕西省安康地区兽类调查报告. 动物学研究, 3(1): 59-68.

肖文发, 陈龙清, 苏化龙, 等. 2009. 重庆五里坡自然保护区生物多样性. 北京: 中国林业出版社.

谢峰. 2000. 中国西北地区中国林蛙各居群的分类学研究 (两栖纲: 蛙科). 动物分类学报, 25(2): 228-235.

谢宗强, 申国珍, 周友兵, 等. 2017. 神农架世界自然遗产地的全球突出普遍价值及其保护. 生物多样性, 25: 490-497.

薛慕光, 江礼荣, 刘年瑾, 等. 1965. 湖北省巴东县鸟类调查报告. 华中师范大学学报 (自然科学版), 2: 22-40.

杨大同, 刘万兆. 1996. 中国蟾蜍类一个新类群及其生物学. 动物学研究, 17(4): 353-359.

杨林森, Messenger K, 廖明尧. 2009. 湖北神农架国家级自然保护区两栖爬行动物物种多样性. 四川动物, 28(2): 286-291.

杨其仁, 戴忠心, 孙刚, 等. 1988a. 神农架林区小型兽类的研究 I 兽类区系. 华中师范大学学报 (自然科学版), 22(1): 65-70.

杨其仁, 戴忠心, 孙刚, 等. 1988b. 神农架林区小型兽类的研究 II 垂直分布. 华中师范大学学报 (自然科学版), 22(2): 204-210.

叶昌媛, 费梁. 1992. 西藏锄足蟾科角蟾属一新种. 两栖动物学研究, 1-2: 50-52.

叶昌媛, 费梁. 1995. 我国小型角蟾的分类研究及其新种 (新亚种) 的描述. 两栖爬行动物学研究, 4-5: 72-81.

叶昌媛, 费梁, 胡椒琴. 1993. 中国珍稀及经济两栖动物. 成都: 四川科学技术出版社.

于宁, 郑昌琳. 1992. 黄河鼠兔 *Ochotona huangensis* (Matschie, 1907) 的分类研究. 兽类学报, 12: 175-182.

喻杰, 刘三峡, 王冰鑫, 等. 2017. 湖北神农架发现淡绿鹃鹛. 湖北林业科技, 2: 26.

喻杰, 吴楠, 周友兵. 2019. 神农架常见野生鸟类图鉴. 北京: 科学出版社.

岳阳, 胡宜峰, 雷博宇, 等. 2019. 毛翼管鼻蝠性二型特征及其在湖北和浙江的分布新纪录. 兽类学报, 39(2): 142-154.

张立影, 朱觅辉, 陶旭东, 等. 2012. 神农架自然保护区居民点鸟类多样性调查. 湖北林业科技, (6): 52-54.

张孟闻, 宗愉, 马积藩. 1998. 中国动物志, 爬行纲 第一卷: 总论, 龟鳖目, 鳄形目. 北京: 科学出版社.

张荣祖. 1997. 中国哺乳动物分布. 北京: 中国林业出版社.

张志麒, 王莉, 黎宏林, 等. 2015. 湖北神农架大九湖湿地鸟类研究. 湖北林业科技, 44(3): 33-36.

章波, 杨敬元, 刘鲲, 等. 2014a. 神农架国家级自然保护区夏季鸟类群落多样性. 林业调查规划,

39(2): 78-87.

章波, 周权, 杨敬元, 等. 2014b. 湖北神农架发现绞花林蛇. 动物学杂志, 49(2): 272-273.

赵尔宓. 1984. 巴鲵属的模式种的命名应予订正. 两栖爬行动物学报, 3(1): 40.

赵尔宓. 2006. 中国蛇类 (上). 安徽: 安徽科学技术出版社.

赵尔宓, 胡其雄. 1983. 中国西部小鲵科的分类与演化, 兼记一新属. 两栖爬行动物学报, 2(2): 29-35.

赵尔宓, 黄美华, 宗愉. 1998. 中国动物志, 爬行纲 第三卷: 有鳞目, 蛇亚目. 北京: 科学出版社.

赵尔宓, 赵慧. 1994. 中国两栖爬行动物学文献目录及索引. 成都: 成都科技大学出版社.

赵尔宓, 赵肯堂, 周开亚. 1999. 中国动物志, 爬行纲 第二卷: 有鳞目, 蜥蜴亚目. 北京: 科学出版社.

赵正阶. 2001a. 中国鸟类志 (上). 吉林: 吉林科学技术出版社.

赵正阶. 2001b. 中国鸟类志 (下). 吉林: 吉林科学技术出版社.

赵志中, 何培元. 1997. 神农架第四纪冰期与环境. 北京: 地质出版社.

郑光美. 2017. 中国鸟类分类与分布名录. 3 版. 北京: 科学出版社.

郑作新, 龙泽虞, 卢汰春. 1995. 中国动物志, 鸟纲 第十卷: 鹟亚科. 北京: 科学出版社.

中国两栖类. 2018. "中国两栖类"信息系统. http://www.amphibiachina.org/ [2018-10-12].

周青春. 2015. 神农架地区陆生脊椎动物资源. 北京: 中国林业出版社.

周友兵, 韩文斌, 陈文文, 等. 2018. 神农架世界自然遗产地陆生脊椎动物多样性. 生态科学, 37(5): 47-52.

周友兵, 吴楠. 2019. 神农架动物模式标本名录. 北京: 科学出版社.

朱兆泉, 宋朝枢. 1999. 神农架自然保护区科学考察集. 北京: 中国林业出版社.

Ali S, Ripley S D. 1971. Handbook of the Birds of India and Pakistan, 6. London: Oxford University Press.

Ali S, Ripley S D. 1987. Compact Handbook of the Birds of India and Pakistan. 2nd ed. Bombay: Oxford University Press.

Alström P, Fregin S, Norman J A, et al. 2011a. Multilocus analysis of a taxonomically densely sampled dataset reveal extensive non-monophyly in the avian family Locustellidae. Molecular Phylogenetics and Evolution, 58: 513-526.

Alström P, Höhna S, Gelang M, et al. 2011b. Non-monophyly and intricate morphological evolution within the avian family Cettiidae revealed by multilocus analysis of a taxonomically densely sampled dataset. BMC Evolutionary Biology, 11: 352.

Alström P, Mild K, Zetterstrom B. 2003. Pipits and wagtails of Europe, Asia and North America. British Birds, 96: 265-268.

Alström P, Olsson U, Lei F, et al. 2008. Phylogeny and classification of the old world Emberizini (Aves, Passeriformes). Molecular Phylogenetics and Evolution, 47: 960-973.

AmphibiaWeb. 2018. AmphibiaWeb taxonomy. Version 2.0. https://amphibiaweb.org/ [2018-10-12].

Benz B W, Robbins M B, Peterson A T. 2006. Evolutionary history of woodpeckers and allies (Aves: Picidae): placing key taxa on the phylogenetic tree. Molecular Phylogenetics and Evolution, 40(2): 389-399.

Birdlife International. 2018. Birdlife international data zone. http://www.birdlife.org [2018-11-8].

Borkin L J, Kuzmin S L. 1988. Amphibians of mongolia: species accounts. In: Vorobjeve E I, Darevsky I S. Amphibians and Reptiles of Mongolian People's Republic: General Problems,

Amphibians. Nanka Moscow: 1-246.

Borkin L J, Matsui M. 1986. On systematics of two toad species of the *Bufo bufo* complex from eastern Tibet. Trudy Zoologitscheskogo Instituta, Akademiia Nauk SSSR, Leningrad, 157: 43-54.

Burbrink F T, Lawson R. 2007. How and when did old world rat snakes disperse into the New World? Molecular Phylogenetics and Evolution, 43: 173-189.

Chang M L Y, Hsü H F. 1932. Study of some amphibians from Szechuan. Contributions from the biological laboratory of the science society of China. Zoological Series, 8: 137-181.

Che J, Hu J S, Zhou W W, et al. 2009. Phylogeny of the Asian spiny frog tribe paini (Family Dicroglossidae) sensu Dubois. Molecular Phylogenetics and Evolution, 50: 59-73.

Che J, Zhou W W, Hu J S, et al. 2010. Spiny frogs (Paini) illuminate the history of the Himalayan region and Southeast Asia. Proceedings of the National Academy of Sciences of the United States of America, 107: 13765-13770.

Chen X, Jiang K, Guo P, et al. 2014a. Assessing species boundaries and the phylogenetic position of the rare Szechwan ratsnake, *Euprepiophis perlaceus* (Serpentes: Colubridae), using coalescent-based methods. Molecular Phylogenetics and Evolution, 70: 130-136.

Chen X, McKelvy A D, Grismer L L, et al. 2014b. The phylogenetic position and taxonomic status of the rainbow tree snake *Gonyophis margaritatus* (Peters, 1871) (Squamata: Colubridae). Zootaxa, 3881: 532-548.

Chen Z Z, He K, Huang C, et al. 2017. Integrative systematic analyses of the genus *Chodsigoa* (Mammalia: Eulipotyphla: Soricidae), with descriptions of new species. Zoological Journal of the Linnean Society, 180: 694-713.

Collar N J. 2005. Family Turdidae (thrushes). *In*: del Hoyo J, Elliott A, Chritie D. Handbook of the Birds of the World. 10. Barcelona: Lynx Edicions: 514-807.

Collar N J, Robson C R. 2007. Family Timaliidae (Babblers). *In*: del Hoyo J, Elliott A, Christie D. Handbook of the Birds of the World. 12. Picathartes to Tits and Chickadees. Barcelona: Lynx Edicions: 70-291.

Corbet G B, Hill J E. 1992. The Mammals of the Indomalayan Region: A Systematic Review. Vol. 488. Oxford: Oxford University Press.

David P, Das I. 2004. On the grammar of the gender of *Ptyas* Fitzinger, 1843 (Serpentes: Colubridae). Hamadryad, 28: 113-116.

Dawson K, Malhotra A, Thorpe R S, et al. 2008. Mitochondrial DNA analysis reveals a new member of the Asian pit viper genus *Viridovipera* (Serpentes: Viperidae: Crotalinae). Molecular Phylogenetics and Evolution, 49: 356-361.

Deignan H G. 1964. Birds of the Arnhem Land Expedition. Melbourne: Melbourne University Press.

Delacour J. 1946. Notes on the taxonomy of the birds of Malaysia. Zoologica, 31: 1-8.

Dement G P, Gladkov N A. 1954. Birds of the Soviet Union, 5. Jerusalem Israel Program for Scientific Translations.

Dickinson E C, Christidis L. 2014. The Howard and Moore Complete Checklist of the Birds of the World. Passerines. Eastbourne: Aves Press: 1-752.

Dong F, Li S H, Yang X J. 2010a. Molecular systematics and diversification of the Asian scimitar babblers (Timaliidae, Aves) based on mitochondrial and nuclear DNA sequences. Molecular Phylogenetics and Evolution, 57: 1268-1275.

Dong F, Wu F, Liu L M, et al. 2010b. Molecular phylogeny of the barwings (Aves: Timaliidae:

Actinodura), a paraphyletic group, and its taxonomic implications. Zoological Studies, 49: 703-709.

Dubois A, Ohler A. 1998. A new species of *Leptobrachium* (Vibrissaphora) from northern Vietnam, with a review of the taxonomy of the genus *Leptobrachium* (Pelobatidae, Megophyinae). Dumerilia, 4(1): 1-32.

Dubois A, Ohler A. 2000. Systematics of *Fejervarya limnocharis* (Gravenhorst, 1829) (Amphibia, Anura, Ranidae) and related species. 1. Nomenclatural status and type-specimens of the nominal species *Rana limnocharis* Gravenhorst, 1829. Alytes, 18: 15-50.

Eck S, Martens J. 2006. Systematic notes on Asian birds. 49. A preliminary review of the Aegithalidae, Remizidae and Paridae. Zoologische Mededelingen, 80: 1-63.

Ellerman J R, Morrison-Scott T C S. 1951. Checklist of Palaearctic and Indian Mammals, 1758-1946. London: Order of the Trustees of the British Museum Press.

Fabre P H, Irestedt M, Fjeldså J, et al. 2012. Dynamic colonization exchanges between continents and islands drive diversification in paradise-flycatchers (*Terpsiphone*, Monarchidae). Journal of Biogeography, 39: 1900-1918.

Fei L, Ye C Y. 2016. Amphibians of China: (I). Chengdu: Science and Technology Press.

Frost D R. 2018. Amphibian species of the world: an online reference. Version 6.0. http://research.amnh.org/herpetology/amphibia/index.html [2018-10-12].

Gelang M, Cibois A, Pasquet E, et al. 2009. Phylogeny of babblers (Aves, Passeriformes): major lineages, family limits and classification. Zoologica Scripta, 38: 225-236.

Gregory S, Dickinson E. 2012. Clanga has priority over *Aquiloides* (or how to drop a clanger). Bulletin of the British Ornithologists' Club, 132: 135-136.

Guo P, Jadin R C, Malhotra A, et al. 2010. An investigation of the cranial evolution of Asian pitvipers (Serpentes: Crotalinae), with comments on the phylogenetic position of *Peltopelor macrolepis*. Acta Zoologica, 91: 402-407.

Guo P, Wang Y Z. 2011. A new genus and species of cryptic Asian green pitviper (Serpentes: Viperidae: Crotalinae) from southwest China. Zootaxa, 2918: 1-14.

Haring E, Kvaløy K, Gjershaug J O, et al. 2007. Convergent evolution and paraphyly of the hawk-eagles of the genus *Spizaetus* (Aves, Accipitridae) phylogenetic analyses based on mitochondrial markers. Journal of Zoological Systematics and Evolutionary Research, 45: 353-365.

Harrap S. 2008. Family Aegithalidae (long-tailed tits). *In*: Hoyo J, Elliott A, Christie D A. Handbook of the Birds of the World. Barcelona: Lynx Edicions Press.

Hoffmann R S. 1987. A review of the systematics and distribution of Chinese red-toothed shrews (Mammalia: Soricinae). Acta Theriologica Sinica, 7: 100-139.

Hoffmann R S. 1996. Noteworthy shrews and voles from the Xizang-Qinghai Plateau. *In*: Knox J, Jones J R. Contributions in Mammalogy: A Memorial Volume Honoring. Lubbock: Museum of Texas Tech University Press: 155-168.

Howard R, Moore A. 1991. A Complete Checklist of the Birds of the World. 2nd ed. London: Academic Press.

Jiang X L, Hoffmann R S. 2001. A revision of the white-toothed shrews (*Crocidura*) of southern China. Journal of Mammalogy, 82: 1059-1079.

Jiang X L, Wang Y X, Hoffmann R S. 2003. A review of the systematics and distribution of Asiatic short-tailed shrews, genus *Blarinella* (Mammalia: Soricidae). Mammalian Biology-Zeitschrift für Säugetierkunde, 68: 193-204.

Johansson U S, Ekman J, Bowie R C, et al. 2013. A complete multilocus species phylogeny of the tits and chickadees (Aves: Paridae). Molecular Phylogenetics and Evolution, 69: 852-860.

Jønsson K A, Bowie R C, Nylander J A, et al. 2010. Biogeographical history of cuckoo-shrikes (Aves: Passeriformes): transoceanic colonization of Africa from Australo-Papua. Journal of Biogeography, 37: 1767-1781.

König C, Weick F, Becking J H. 1999. Owls: A Guide to the Owls of the World. Sussex: Pica Press.

Kumar A B, Sanders K L, George S, et al. 2012. The status of *Eurostus dussumierii* and *Hypsirhina chinensis* (Reptilia, Squamata, Serpentes): with comments on the origin of salt tolerance in homalopsid snakes. Systematics and Biodiversity, 10: 479-489.

Leader P J. 2006. Sympatric breeding of two Spot-billed Duck *Anas poecilorhyncha* taxa in southern China. Bulletin of the British Ornithologists' Club, 126: 248-252.

Lee H Y, Park C S. 1992. Genetic studies on Korean anurans: length and restriction site variation in the mitochondiral DNA of tree frogs, *Hyla japonica* and *H. suweonensis*. Korean Journal of Zoology, 35: 219-225.

Lee J E, Yang D E, Kim Y R, et al. 1999. Genetic relationships of Korean treefrogs (Amphibia: Hylidae) based on mitochondrial cytochrome *b* and 12S rRNA genes. Korean Journal of Genetics, 3: 295-301.

Lerner H R L, Klaver M C, Mindell D P. 2008. Molecular phylogenetics of the buteonine birds of prey (Accipitridae). Auk, 125: 304-315.

Li C, Wang Y Z. 2008. Taxonomic review of *Megophrys* and *Xenophrys*, and a proposal for Chinese species (Megophryidae, Anura). Acta Zootaxon Sinica, 33: 104-106.

Liu C C. 1950. Amphibians of western China. Fieldiana Zoology Memoires, 2: 1-397.

Liu W Z, Lathrop A, Fu J Z, et al. 2000. Phylogeny of East Asian bufonids inferred from mitochondrial DNA sequences (Anura: Amphibia). Molecular Phylogenetics and Evolution, 14: 423-435.

Livezey B C. 1998. A phylogenetic analysis of the gruiformes (Aves) based on morphological characters, with an emphasis on the rails (Rallidae). Philosophical Transactions of the Royal Society of London B: Biological Sciences, 353: 2077-2151.

Lovette I J, McCleery B V, Talaba A L, et al. 2008. A complete species-level molecular phylogeny for the "Eurasian" starlings (Sturnidae: Sturnus, Acridotheres, and allies): recent diversification in a highly social and dispersive avian group. Molecular Phylogenetics and Evolution, 47: 251-260.

Lunde D P, Musser G G, Son N T. 2003. A survey of small mammals from Mt. Tay Con Linh II, vietnam, with the description of a new species of *Chodsigoa* (Insectivora: Soricidae). Mammal Study, 28: 31-46.

Mahony S, Foley N M, Biju S D, et al. 2017. Evolutionary history of the Asian horned frogs (Megophryinae): integrative approaches to timetree dating in the absence of a fossil record. Molecular Biology and Evolution, 34: 744-771.

Malhotra A, Thorpe R S. 2004. A phylogeny of four mitochondrial gene regions suggests a revised taxonomy for Asian pit vipers (*Trimeresurus* and *Ovophis*). Molecular Phylogenetics and Evolution, 32: 83-100.

Messenger K R, Wang Y. 2015. Notes on the natural history and morphology of the ningshan lined snake (*Stichophanes ningshaanensis* yuen, 1983; Ophidia: Colubridae) and its distribution in the Shennongjia National Nature Reserve, China. Amphibian and Reptile Conservation, 9: 111-119.

Moyle R G. 2004. Phylogenetics of barbets (Aves: Piciformes) based on nuclear and mitochondrial

DNA sequence data. Molecular Phylogenetics and Evolution, 30: 187-200.
Moyle R G, Andersen M J, Oliveros C H, et al. 2012. Phylogeny and biogeography of the core babblers (Aves: Timaliidae). Systematic Biology, 61: 631-651.
Nylander J A, Olsson U, Alström P, et al. 2008. Accounting for phylogenetic uncertainty in biogeography: a Bayesian approach to dispersal-vicariance analysis of the thrushes (Aves: Turdus). Systematic Biology, 57: 257-268.
Oliveros C H, Moyle R G. 2010. Origin and diversification of Philippine bulbuls. Molecular Phylogenetics and Evolution, 54: 822-832.
Orlov N L, Ryabov S A, Nguyen T T. 2013. On the taxonomy and the distribution of snakes of the genus *Azemiops* Boulenger, 1888: description of a new species. Russian Journal of Herpetology, 20: 110-128.
Päckert M, Martens J, Sun Y H. 2010. Phylogeny of long-tailed tits and allies inferred from mitochondrial and nuclear markers (Aves: Passeriformes, Aegithalidae). Molecular Phylogenetics and Evolution, 55: 952-967.
Päeckert M, Martens J, Eck S, et al. 2005. The great tit (*Parus major*)-a misclassified ring species. Biological Journal of the Linnean Society, 86: 153-174.
Pasquet E, Bourdon E, Kalyakin M V, et al. 2006. The fulvettas (*Alcippe*, Timaliidae, Aves): a polyphyletic group. Zoologica Scripta, 35: 559-566.
Penhallurick J, Robson C. 2009. The generic taxonomy of parrotbills (Aves, Timaliidae). Forktail, 25: 137-141.
Pyron R A, Burbrink F T, Wiens J J. 2013. A phylogeny and revised classification of Squamata, including 4161 species of lizards and snakes. BMC Evolutionary Biology, 13: 1-53.
Pyron R A, Wiens J J. 2011. A large-scale phylogeny of Amphibia including over 2800 species, and a revised classification of advanced frogs, salamanders, and caecilians. Molecular Phylogenetics and Evolution, 61: 543-583.
Rasmussen P C, Anderton J C. 2005. Birds of South Asia: the Ripley Guide. Washington D C and Barcelona: Smithsonian Institution and Lynx Edicions Press.
Risch J P, Thorn R. 1982. Notes sur *Ranodon shihi* (Liu, 1950) (Amphibia, Caudata, Hynobiidae). Bulletin de la Société d'Histoire Naturelle de Toulouse, 117: 171-174.
Round P D, Loskot V. 1994. A reappraisal of the taxonomy of the Spotted Bush-Warbler *Bradypterus thoracicus*. Forktail, 10: 159-172.
Sangster G, Alström P, Forsmark E, et al. 2010. Multi-locus phylogenetic analysis of old world chats and flycatchers reveals extensive paraphyly at family, subfamily and genus level (Aves: Muscicapidae). Molecular Phylogenetics and Evolution, 57: 380-392.
Sangster G, Collinson J M, Crochet P A, et al. 2011. Taxonomic recommendations for British birds: seventh report. The International Journal of Avian Science, 153: 883-892.
Smith A T, 解焱. 2009. 中国兽类野外手册. 长沙: 湖南教育出版社.
Stejneger L. 1907. Herpetology of Japan and adjacent territory. Washington: Bulletin of the American Museum of Natural History.
Stejneger L. 1926. Two new tailless amphibians from western China. Proceedings of the Biological Society of Washington, 39: 53-54.
Svenson L. 1992. Identification Guide to European Passerines. Stockholm: Vgga Press.
Tavares E S, de Kroon G H, Baker A J. 2010. Phylogenetic and coalescent analysis of three loci suggest that the Water Rail is divisible into two species, *Rallus aquaticus* and *R. indicus*. BMC

Evolutionary Biology, 10: 1-12.

Tilson R, Defu H, Muntifering J, et al. 2004. Dramatic decline of wild South China tigers *Panthera tigris* amoyensis: field survey of priority tiger reserves. Oryx, 38: 40-47.

Topál G. 1997. A new mouse-eared bat species, from Nepal, with statistical analyses of some other species of subgenus *Leuconoe* (Chiroptera, Vespertilionidae). Acta Zoologica Academiae Scientiarum Hungaricae, 43: 375-402.

Turvey S T, Chen S, Tapley B, et al. 2018. Imminent extinction in the wild of the world's largest amphibian. Current Biology, 28: R592-R594.

Uetz P, Freed P, Hošek J. 2018. The reptile database. http://www.reptile-database.org [2018-10-12].

Utiger U, Helfenberger N, Schätti B, et al. 2002. Molecular systematics and phylogeny of old and new world ratsnakes, *Elaphe* Auct., and related genera (Reptilia, Squamata, Colubridae). Russian Journal of Herpetology, 9: 105-124.

Utiger U, Schätti B, Helfenberger N. 2005. The Oriental colubrine genus *Coelognathus* Fitzinger, 1843, and classification of Old and New World racers and rat snakes (Reptilia, Squamata, Colubridae, Colubrinae). Russian Journal of Herpetology, 12: 32-53.

Voelker G, Klicka J. 2008. Systematics of Zoothera thrushes, and a synthesis of true thrush molecular systematic relationships. Molecular Phylogenetics and Evolution, 49: 377-381.

Voelker G, Outlaw R K. 2008. Establishing a perimeter position: speciation around the Indian Ocean Basin. Journal of Evolutionary Biology, 21: 1779-1788.

Wang X H, Messenger K, Zhao E, et al. 2014 Reclassification of *Oligodon ningshaanensis* Yuan, 1983 (Ophidia: Colubridae) into a new genus, *Stichophanes* gen. nov. with description on its malacophagous behavior. Asian Herpetological Research, 5: 137-149.

Weisrock D W, Macey J R, Matsui M, et al. 2013. Molecular phylogenetic reconstruction of the endemic Asian salamander family Hynobiidae (Amphibia, Caudata). Zootaxa, 3626: 77-93.

Wells D R, Inskipp T. 2012. A proposed new genus of booted eagles (tribe Aquilini). Bulletin of the British Ornithologists' Club, 132: 70-72.

Wiegmann A F A. 1834. Beiträge zur Zoologie, gesammelt auf einer Reise um die Erde. In: von Dr. Meyer F J F, Amphibien. Nova Acta Caesar Acda Leop Carol Halle, 17: 183-268.

Wilson D E, Reeder D M. 2005. Mammal Species of the World: A Taxonomic and Geographic Reference. 3rd ed. Baltimore: Johns Hopkins University Press.

Wu Y, Harada M, Li Y. 2004. Karyology of seven species bats from Sichuan, China. Acta Theriologica Sinica, 24: 30-35.

Yan F, Lü J, Zhang B, et al. 2018. The Chinese giant salamander exemplifies the hidden extinction of cryptic species. Current Biology, 28: R590-R592.

Yang X, Wang B, Hu J H, et al. 2011. A new species of the genus *Feirana* (Amphibia: Anura: Dicroglossidae) from the western Qinling Mountains of China. Asian Herpetol Res, 2: 72-86.

Yu N, Zheng C, Shi L. 1997. Variation in mitochondrial DNA and phylogeny of six species of pikas (genus *Ochotona*). Journal of Mammalogy, 78: 387-396.

Yu N, Zheng C, Zhang Y P, et al. 2000. Molecular systematics of pikas (genus *Ochotona*) inferred from mitochondrial DNA sequences. Molecular Phylogenetics and Evolution, 16: 85-95.

Zeng X, Fu J, Chen L, et al. 2006. Cryptic species and systematics of the hynobiid salamanders of the Liua-Pseudohynobius complex: molecular and phylogenetic perspectives. Biochemical Systematics and Ecology, 34: 467-477.

Zhang P, Chen Y, Zhou H, et al. 2006. Phylogeny, evolution, and biogeography of Asiatic salamanders

(Hynobiidae). Proceedings of the National Academy of Sciences of the United States of America, 103: 7360-7365.

Zhang Z, Wang X, Huang Y, et al. 2016. Unexpected divergence and lack of divergence revealed in continental Asian cyornis flycatchers (Aves: Muscicapidae). Molecular Phylogenetics and Evolution, 94: 232-241.

Zuccon D. 2011. Taxonomic notes on some Muscicapidae. Bulletin of the British Ornithology Club, 131: 196-199.

Zuccon D, Ericson P G P. 2010. A multi-gene phylogeny disentangles the chat-flycatcher complex (Aves: Muscicapidae). Zoologica Scripta, 39: 213-224.

Zuccon D, Pasquet E, Ericson P G. 2008. Phylogenetic relationships among palearctic-oriental starlings and mynas (genera Sturnus and Acridotheres: Sturnidae). Zoologica Scripta, 37: 469-481.

Zuccon D, Prŷs-Jones R, Rasmussen P C, et al. 2012. The phylogenetic relationships and generic limits of finches (Fringillidae). Molecular Phylogenetics and Evolution, 62: 581-596.

中文名索引

A

安氏白腹鼠, 138
鹌鹑, 33
暗灰鹃鵙, 69
暗绿柳莺, 83
暗绿绣眼鸟, 90
暗色鸦雀, 149
暗胸朱雀, 114

B

八哥, 97
八色鸫科, 68
白斑尾柳莺, 82
白斑小鼯鼠, 152
白背啄木鸟, 65
白顶溪鸲, 103
白额燕鸥, 49
白额燕尾, 104
白腹鸫, 100
白腹短翅鸲, 101
白腹管鼻蝠, 125
白腹巨鼠, 139
白腹蓝鹟, 108
白腹隼雕, 55
白腹鹞, 58
白骨顶, 44
白冠长尾雉, 33
白喉红尾鸲, 103
白喉矶鸫, 105
白喉噪鹛, 92
白喉针尾雨燕, 40
白鹇鸽, 111
白颊噪鹛, 94
白肩雕, 55
白颈鸦, 73
白眶雀鹛, 150
白眶鸦雀, 88
白领凤鹛, 89
白鹭, 53
白眉地鸫, 98
白眉鸫, 100
白眉姬鹟, 107
白眉蓝姬鹟, 107
白眉林鸲, 102
白眉鸭, 36
白琵鹭, 50
白条草蜥, 25
白头鸭, 80
白头蝰, 31
白头鹞, 57
白尾海雕, 58
白尾蓝地鸲, 104
白尾梢虹雉, 120
白尾鹞, 57
白胸苦恶鸟, 43
白腰草鹬, 48
白腰杓鹬, 47
白腰文鸟, 111
白腰雨燕, 40
百灵科, 76
斑背燕尾, 104
斑背噪鹛, 93
斑鸫, 99

斑姬啄木鸟, 64
斑林狸, 131
斑头秋沙鸭, 37
斑头鸺鹠, 61
斑腿泛树蛙, 22
斑文鸟, 111
斑胁姬鹛, 94
斑胸短翅蝗莺, 78
斑胸钩嘴鹛, 90
斑胸鸦雀, 149
斑鱼狗, 64
斑嘴鸭, 36
宝兴歌鸫, 99
豹猫, 131
鸨科, 80, 149
北草蜥, 25
北方狭口蛙, 22
北红尾鸲, 102
北灰鹟, 105
北椋鸟, 97
北社鼠, 138
比氏鹟莺, 84
壁虎科, 24
蝙蝠科, 123
鳖科, 24, 142
伯劳科, 70, 147
哺乳纲, 118, 151

C

彩鹬, 46
彩鹬科, 46
菜花原矛头蝮, 32

仓鼠科, 136, 152
苍鹭, 53
苍鹰, 56
草鹭, 53
草绿攀蜥, 24
草鸮, 62
草鸮科, 62
草原雕, 55
草原鹞, 57
叉舌蛙科, 20
叉尾太阳鸟, 109
豺, 128
蟾蜍科, 16, 142
巢鼠, 137
橙斑翅柳莺, 83
橙翅噪鹛, 94
橙头地鸫, 98
橙胸姬鹟, 107
鸱鸮科, 59, 145
池鹭, 52
赤腹松鼠, 134
赤腹鹰, 56
赤狐, 127
赤颈鸫, 100
赤颈鹛鹛, 143
赤链蛇, 28
赤麻鸭, 35
赤膀鸭, 35
赤胸啄木鸟, 65
崇安湍蛙, 18
川金丝猴, 126
川鼩, 119
川西缺齿鼩鼱, 119
穿山甲, 127
纯色山鹪莺, 77
纯色啄花鸟, 109
刺山鼠科, 139
粗皮姬蛙, 22

脆蛇蜥, 143
翠金鹃, 41
翠鸟科, 63
翠青蛇, 27
长耳鸮, 62
长尾鼩鼱, 118
长尾山椒鸟, 69
长尾山雀科, 86
长尾鼠耳蝠, 124
长吻鼩鼱, 118
长吻鼹, 119
长嘴剑鸻, 46

D

达乌尔鼠兔, 140
达乌里寒鸦, 73
大白鹭, 52
大斑啄木鸟, 66
大仓鼠, 136
大杜鹃, 42
大耳菊头蝠, 122
大鵟, 59
大林姬鼠, 137
大灵猫, 130
大麻鸦, 50
大鲵, 14
大拟啄木鸟, 64
大缺齿鼩鼱, 151
大绒鼠, 152
大沙锥, 46
大山雀, 75
大树莺, 86
大蹄蝠, 123
大苇莺, 148
大卫鼠耳蝠, 123
大眼斜鳞蛇, 30
大鹰鹃, 42
大噪鹛, 93

大足鼠, 138
大足鼠耳蝠, 124
大嘴乌鸦, 73
戴菊, 108
戴菊科, 108
戴胜, 63
戴胜科, 63
淡背地鸫, 98
淡灰黑齿鼩鼱, 119
淡肩角蟾, 14
淡绿鵙鹛, 68
淡眉柳莺, 82
淡色崖沙燕, 79
淡尾鹟莺, 84
稻田苇莺, 148
地龟科, 24
滇北长尾鼩, 151
点胸鸦雀, 89
雕鸮, 60
东北刺猬, 118
东方白鹳, 49
东方大苇莺, 77
东亚伏翼, 124
鸫科, 98
董鸡, 44
豆雁, 34
杜鹃科, 41
短翅树莺, 85
短耳鸮, 62
短尾蝮, 32
短嘴金丝燕, 40
短嘴山椒鸟, 147
钝翅苇莺, 77
钝尾两头蛇, 27
多疣壁虎, 24

E

峨眉林蛙, 18

峨眉柳莺, 81
峨山掌突蟾, 14

F

发冠卷尾, 69
反嘴鹬科, 45
方尾鹟, 73
绯鼠耳蝠, 123
绯胸鹦鹉, 146
粉红山椒鸟, 146
粉红胸鹨, 113
蜂虎科, 63
凤头百灵, 76
凤头蜂鹰, 53
凤头麦鸡, 45
凤头鹀鹛, 38
凤头潜鸭, 37
凤头鸦, 115
凤头鹰, 56
佛法僧科, 63
佛法僧目, 63
福建绿蝮, 32
复齿鼯鼠, 135

G

甘肃柳莺, 82
甘肃鼹, 118
高山短翅蝗莺, 78
高山旋木雀, 95
鸽形目, 38
钩盲蛇, 27
股鳞蜓蜥, 26
冠纹柳莺, 81
冠鱼狗, 64
鹳科, 49
鹳形目, 49
光雾臭蛙, 20
龟鳖目, 24, 142

果子狸, 131

H

海南鳽, 51
寒鸦, 147
豪猪科, 139
合征姬蛙, 23
河乌科, 97
褐翅鸦鹃, 41
褐顶雀鹛, 91
褐耳鹰, 55
褐冠鹃隼, 53
褐冠山雀, 74
褐河乌, 97
褐灰雀, 114
褐家鼠, 138
褐脸雀鹛, 150
褐林鸮, 60
褐柳莺, 82
褐头雀鹛, 87
褐头山雀, 75
褐胁雀鹛, 91
褐胸鹟, 106
褐渔鸮, 145
鹤科, 44
鹤形目, 43
黑斑侧褶蛙, 19
黑背链蛇, 28
黑翅长脚鹬, 45
黑短脚鹎, 80
黑腹绒鼠, 136
黑腹燕鸥, 144
黑冠鹃隼, 53
黑冠山雀, 74
黑鹳, 50
黑喉红尾鸲, 103
黑喉石䳭, 105
黑喉鸦雀, 89

黑脊蛇, 27
黑颈鸬鹚, 38
黑卷尾, 69
黑颏凤鹛, 90
黑眶蟾蜍, 16
黑脸噪鹛, 94
黑领噪鹛, 93
黑眉晨蛇, 29
黑眉柳莺, 83
黑眉苇莺, 77
黑眉长尾山雀, 86
黑水鸡, 44
黑头鸭, 96
黑头剑蛇, 31
黑头蜡嘴雀, 113
黑头奇鹛, 95
黑苇鳽, 51
黑尾蜡嘴雀, 113
黑线仓鼠, 136
黑线姬鼠, 137
黑熊, 128
黑叶猴, 126
黑鸢, 58
黑枕黄鹂, 68
鸻科, 45, 144
鸻形目, 44, 144
红白鼯鼠, 135
红翅凤头鹃, 41
红翅绿鸠, 39
红翅旋壁雀, 96
红点齿蟾, 16
红腹角雉, 33
红腹锦鸡, 34
红腹山雀, 75
红喉歌鸲, 101
红喉姬鹟, 106
红喉鹨, 112
红颊长吻松鼠, 135

红交嘴雀, 115
红角鸮, 60
红脚隼, 66
红隼, 68
红头长尾山雀, 86
红头潜鸭, 37
红头穗鹛, 91
红头咬鹃, 62
红腿长吻松鼠, 135
红尾斑鸫, 100
红尾伯劳, 70
红尾水鸲, 103
红尾希鹛, 95
红纹滞卵蛇, 29
红胁蓝尾鸲, 102
红胁绣眼鸟, 90
红胸鸻, 144
红胸田鸡, 43
红胸啄花鸟, 109
红嘴蓝鹊, 71
红嘴鸥, 49
红嘴山鸦, 72
红嘴相思鸟, 95
红嘴鸦雀, 88
侯氏獴, 118
猴科, 126
湖北侧褶蛙, 19
虎斑地鸫, 98
虎斑颈槽蛇, 30
虎纹伯劳, 71
虎纹蛙, 21
花背蟾蜍, 17
花臭蛙, 20
花姬蛙, 23
花蜜鸟科, 109
华南水鼠耳蝠, 124
华南兔, 141
华西雨蛙, 17

滑鼠蛇, 30
画眉, 92
环颈鸻, 45
环颈雉, 34
鹮科, 50
鹮嘴鹬, 44
鹮嘴鹬科, 44
黄斑苇鳽, 51
黄额鸦雀, 88
黄腹柳莺, 81
黄腹鹨, 113
黄腹山雀, 74
黄腹树莺, 84
黄腹鼬, 129
黄喉貂, 128
黄喉鹀, 116
黄鹡鸰, 112
黄颊山雀, 148
黄脚三趾鹑, 48
黄鹂科, 68
黄链蛇, 28
黄毛鼠, 137
黄眉柳莺, 82
黄眉鹀, 116
黄雀, 115
黄头鹡鸰, 112
黄腿渔鸮, 60
黄臀鹎, 80
黄纹石龙子, 25
黄胸柳莺, 149
黄胸鼠, 138
黄胸鹀, 116
黄腰柳莺, 83
黄鼬, 129
黄嘴角鸮, 145
蝗莺科, 78, 148
灰斑鸠, 38
灰背伯劳, 71

灰背鸫, 99
灰背椋鸟, 97
灰背隼, 67
灰背燕尾, 104
灰翅鸫, 99
灰翅浮鸥, 49
灰翅噪鹛, 92
灰伏翼, 125
灰腹绿蛇, 30
灰冠山雀, 147
灰冠鹟莺, 84
灰鹤, 44
灰鹡鸰, 112
灰卷尾, 69
灰眶雀鹛, 91
灰蓝姬鹟, 107
灰脸鵟鹰, 59
灰椋鸟, 97
灰林鸮, 105
灰林鸮, 60
灰眉岩鹀, 116
灰山椒鸟, 69
灰麝鼩, 120
灰树鹊, 72
灰头鸫, 100
灰头灰雀, 114
灰头绿啄木鸟, 66
灰头麦鸡, 45
灰头鸦, 117
灰头小鼯鼠, 135
灰头鸦雀, 89
灰纹鹟, 106
灰喜鹊, 71
灰胁噪鹛, 151
灰胸竹鸡, 33
火斑鸠, 39
火冠雀, 74
霍氏缺齿鼩鼱, 120

196

J

矶鹬, 48
鸡形目, 33
姬蛙科, 22
极北柳莺, 81
棘腹蛙, 21
棘皮湍蛙, 18
棘胸蛙, 21
鹡鸰科, 111
家燕, 79
尖吻蝮, 32
鲣鸟目, 50
剑鸻, 45
鹪鹩, 96
鹪鹩科, 96
角蟾科, 14, 142
绞花林蛇, 27
金翅雀, 115
金雕, 55
金鸻, 45
金眶鸻, 45
金猫, 132
金钱豹, 132
金色林鸲, 101
金线侧褶蛙, 19
金胸歌鸲, 101
金胸雀鹛, 87
金腰燕, 79
经甫树蛙, 22
鲸偶蹄目, 132
颈槽蛇, 30
鸠鸽科, 38
酒红朱雀, 115
菊头蝠科, 121
鹃形目, 41
卷尾科, 69

K

苛岚绒鼠, 137
蜷科, 31

L

蓝翅希鹛, 94
蓝大翅鸲, 104
蓝短翅鸫, 102
蓝额红尾鸲, 103
蓝翡翠, 63
蓝歌鸲, 100
蓝喉蜂虎, 63
蓝喉歌鸲, 101
蓝喉太阳鸟, 110
蓝矶鸫, 105
蓝尾石龙子, 26
蓝鹀, 117
狼, 127
劳亚食虫目, 118, 151
丽斑麻蜥, 25
丽纹腹链蛇, 28
丽纹攀蜥, 25
利川齿蟾, 16
栗斑杜鹃, 42
栗背伯劳, 147
栗背岩鹨, 110
栗耳短脚鹎, 149
栗耳凤鹛, 89
栗耳鹀, 116
栗腹矶鸫, 105
栗头雀鹛, 150
栗头鹟莺, 84
栗苇鳽, 51
栗鹀, 117
栗鸢, 58
栗啄木鸟, 66

M

椋鸟科, 97
两栖纲, 13, 142
猎隼, 67
鬣蜥科, 24
林雕, 54
林鹬科, 90
林麝, 133
林鹬, 47
鳞甲目, 127
鳞胸鹪鹛科, 78
灵猫科, 130
灵长目, 126
鲮鲤科, 127
领角鸮, 59
领雀嘴鹎, 80
领鸺鹠, 61
领岩鹨, 110
柳莺科, 81, 149
龙胜小头蛇, 143
隆肛蛙, 20
䴙䴘科, 50
鹿科, 133
鹭科, 50
罗氏鼢鼠, 139
罗纹鸭, 35
绿背山雀, 75
绿翅短脚鹎, 80
绿翅鸭, 35
绿臭蛙, 20
绿鹭, 52
绿头鸭, 35

M

麻雀, 111
马铁菊头蝠, 122
盲蛇科, 27

猫科, 131
毛冠鹿, 133
毛脚鵟, 144
毛脚燕, 79
毛腿雕鸮, 145
毛翼管鼻蝠, 126
矛斑蝗莺, 78
矛纹草鹛, 92
梅花鹿, 133
梅花雀科, 111
煤山雀, 74
蒙古兔, 140
獴科, 131
猕猴, 126
棉凫, 35
冕柳莺, 81
明纹花松鼠, 152
貉, 127

N

南草蜥, 25
南蝠, 125
拟家鼠, 138
拟啄木鸟科, 64
鸟纲, 33, 143
啮齿目, 134, 152
宁波滑蜥, 26
宁陕线形蛇, 30
牛背鹭, 52
牛科, 134
牛头伯劳, 70

O

欧亚旋木雀, 95
鸥科, 49, 144

P

爬行纲, 24, 142

潘氏闭壳龟, 24
狍, 133
皮氏菊头蝠, 122
琵嘴鸭, 36
鹛鹏科, 37, 143
鹛鹏目, 37, 143
漂鹬, 144
平鳞钝头蛇, 29
珀氏长吻松鼠, 134
普氏蹄蝠, 123
普通鵟, 59
普通鸬, 96
普通翠鸟, 63
普通伏翼, 124
普通鸬鹚, 50
普通秋沙鸭, 37
普通燕鸻, 48
普通燕鸥, 49
普通秧鸡, 43
普通夜鹰, 39
普通雨燕, 40
普通朱雀, 114
蹼足鼩, 120

Q

齐氏姬鼠, 137
强脚树莺, 85
秦巴巴鲵, 14
秦岭雨蛙, 18
青脚鹬, 47
青毛巨鼠, 138
青头潜鸭, 36
丘鹬, 46
鼩鼱科, 119, 151
犬科, 127
犬吻蝠科, 152
雀科, 111
雀形目, 68, 146

雀鹰, 56
鹊鸲, 102
鹊鹞, 57

R

日本松雀鹰, 56
日本鹰鸮, 61

S

三宝鸟, 63
三道眉草鹀, 116
三趾鹑科, 48
三趾鸦雀, 88
山斑鸠, 39
山东小麝鼩, 121
山滑蜥, 26
山鹡鸰, 111
山椒鸟科, 69, 146
山鹪莺, 77
山鹬, 113
山麻雀, 111
山鹛, 87
山雀科, 74, 147
山瑞鳖, 142
山西林蛙, 136
山噪鹛, 92
闪皮蛇科, 27
扇尾沙锥, 46
扇尾莺科, 77
勺鸡, 33
蛇雕, 54
蛇蜥科, 143
麝科, 133
鸭科, 96
石龙子科, 25
食肉目, 127
食蟹獴, 131
饰纹姬蛙, 23

198

寿带, 70
鼠科, 137
鼠兔科, 140
树鹨, 112
树蛙科, 22
树莺科, 84
双斑锦蛇, 27
双斑绿柳莺, 83
双全链蛇, 28
双团棘胸蛙, 21
水鹨, 113
水獭, 130
丝光椋鸟, 97
四声杜鹃, 42
松雀鹰, 57
松鼠科, 134, 152
松鸦, 71
隼科, 66
隼形目, 66

T

台湾灰麝鼩, 121
太平鸟, 109
太平鸟科, 109
洮州绒鼠, 137
䴙形目, 50
蹄蝠科, 123
田鹨, 112
田鸡, 117
铜蓝鹟, 108
铜蜓蜥, 26
秃鼻乌鸦, 73
秃鹫, 54
兔科, 140
兔形目, 140
蛙科, 18
弯嘴滨鹬, 48
王锦蛇, 27

王鹟科, 70
微尾鼩, 120
苇莺科, 77, 148
猬科, 118
纹背鼩鼱, 119
纹胸啄木鸟, 146
鹟科, 100
乌雕, 55
乌鸫, 99
乌龟, 24
乌华游蛇, 31
乌灰鸫, 99
乌鹃, 42
乌梢蛇, 30
乌鹟, 106
乌嘴柳莺, 82
巫山巴鲵, 13
巫山角蟾, 15
无斑雨蛙, 18
无棘溪蟾, 142
无尾目, 14, 142
无指盘臭蛙, 20
鹀科, 115

X

西南鼠耳蝠, 123
西南中麝鼩, 121
犀鸟目, 63
锡嘴雀, 113
蜥蜴科, 25
喜马拉雅水麝鼩, 120
喜鹊, 72
仙八色鸫, 68
仙琴蛙, 18
香鼬, 129
鸮形目, 59, 145
小白腰雨燕, 40
小斑啄木鸟, 145

小杜鹃, 43
小黑领噪鹛, 93
小灰山椒鸟, 69
小麂, 133
小家鼠, 139
小角蟾, 15
小菊头蝠, 122
小鳞胸鹪鹛, 78
小灵猫, 130
小鲵科, 13
小鹀鹛, 37
小青脚鹬, 47
小鹛鹛, 151
小太平鸟, 109
小田鸡, 43
小纹背鼩鼱, 119
小鸦, 117
小鸦鹃, 41
小燕尾, 105
小云雀, 76
小嘴乌鸦, 72
楔尾伯劳, 70
楔尾绿鸠, 39
星头啄木鸟, 65
星鸦, 72
熊科, 128
绣眼鸟科, 89
锈链腹链蛇, 28
锈胸蓝姬鹟, 107
旋木雀科, 95

Y

鸦科, 71, 147
鸭科, 34
亚洲长翼蝠, 125
亚洲狗獾, 129
烟腹毛脚燕, 79
岩鹨科, 110

岩松鼠, 135
岩燕, 79
眼镜蛇科, 31
眼纹噪鹛, 93
鼹科, 118
鼹形鼠科, 139
雁形目, 34
燕鸻科, 48
燕科, 79
燕雀, 113
燕雀科, 113
燕隼, 67
秧鸡科, 43
咬鹃科, 62
咬鹃目, 62
野猪, 132
夜鹭, 52
夜鹰科, 39
夜鹰目, 39
蚁䴕, 64
翼手目, 121, 152
银喉长尾山雀, 86
银环蛇, 31
银脸长尾山雀, 86
隐鳃鲵科, 14
隐纹花松鼠, 134
莺鹛科, 87, 149
莺雀科, 68
鹦鹉科, 146
鹦鹉目, 146
鹰雕, 54
鹰科, 53, 144
鹰鸮, 62
鹰形目, 53, 144
幽鹛科, 91, 150
游蛇科, 27, 143
游隼, 67
有鳞目, 24, 143

有尾目, 13
鼬獾, 129
鼬科, 128
雨蛙科, 17
雨燕科, 40
玉斑蛇, 27
玉鹟科, 73
鹬科, 46, 144
鸳鸯, 35
原矛头蝮, 32
圆疣猫眼蟾, 142
远东树莺, 85
云豹, 132
云南柳莺, 83
云雀, 76

Z

藏酋猴, 126
噪鹛, 41
噪鹛科, 92, 151
泽陆蛙, 20
泽鹬, 48
爪哇伏翼, 124
沼蛙, 20
沼泽山雀, 75
赭红尾鸲, 103
针毛鼠, 138
镇海林蛙, 19
雉科, 33
中白鹭, 53
中杜鹃, 43
中国钝头蛇, 29
中国豪猪, 140
中国林蛙, 18
中国石龙子, 26
中国小鲵, 13
中国小头蛇, 29
中国雨蛙, 17

中国沼蛇, 27
中华斑羚, 134
中华鳖, 24
中华蟾蜍, 16
中华短翅蝗莺, 148
中华豽鼠, 139
中华姬鼠, 137
中华菊头蝠, 122
中华鬣羚, 134
中华珊瑚蛇, 31
中华鼠耳蝠, 123
中华仙鹟, 108
中华鹧鸪, 33
中华竹鼠, 139
中菊头蝠, 121
舟山眼镜蛇, 31
皱唇犬吻蝠, 152
帚尾豪猪, 139
珠颈斑鸠, 38
猪獾, 130
猪科, 132
猪尾鼠, 139
啄花鸟科, 109
啄木鸟科, 64, 145
啄木鸟目, 64, 145
紫背苇鳽, 51
紫灰蛇, 29
紫啸鸫, 103
棕背伯劳, 70
棕背黑头鸫, 99
棕背䴓, 136
棕顶树莺, 85
棕腹大仙鹟, 108
棕腹柳莺, 83
棕腹仙鹟, 108
棕腹鹰鹃, 42
棕腹啄木鸟, 65
棕褐短翅蝗莺, 78

棕黑锦蛇, 143
棕颈钩嘴鹛, 90
棕脸鹟莺, 84
棕眉柳莺, 81

棕扇尾莺, 77
棕头雀鹛, 87
棕头鸦雀, 88
棕尾褐鹟, 106

棕尾鵟, 59
棕胸岩鹨, 110
棕朱雀, 114
纵纹腹小鸮, 61

拉丁学名索引

A

Abroscopus albogularis, 84
Accipiter badius, 55
Accipiter gentilis, 56
Accipiter gularis, 56
Accipiter nisus, 56
Accipiter soloensis, 56
Accipiter trivirgatus, 56
Accipiter virgatus, 57
Accipitridae, 53, 144
ACCIPITRIFORMES, 53, 144
Achalinus spinalis, 27
Acridotheres cristatellus, 97
Acrocephalidae, 77, 148
Acrocephalus agricola, 148
Acrocephalus arundinaceus, 148
Acrocephalus bistrigiceps, 77
Acrocephalus concinens, 77
Acrocephalus orientalis, 77
Actitis hypoleucos, 48
Aegithalidae, 86
Aegithalos bonvaloti, 86
Aegithalos concinnus, 86
Aegithalos fuliginosus, 86
Aegithalos glaucogularis, 86
Aegypius monachus, 54
Aerodramus brevirostris, 40

Aethopyga christinae, 109
Aethopyga gouldiae, 110
Agamidae, 24
Agropsar sturninus, 97
Aix galericulata, 35
Alauda arvensis, 76
Alauda gulgula, 76
Alaudidae, 76
Alcedinidae, 63
Alcedo atthis, 63
Alcippe morrisonia, 91
Alcippe nipalensis, 150
Alcippe poioicephala, 150
Amaurornis phoenicurus, 43
Amolops chunganensis, 18
Amolops granulosus, 18
AMPHIBIA, 13, 142
Anas crecca, 35
Anas platyrhynchos, 35
Anas zonorhyncha, 36
Anatidae, 34
Andrias davidianus, 14
Anguidae, 143
Anourosorex squamipes, 120
Anser fabalis, 34
ANSERIFORMES, 34
Anthus cervinus, 112
Anthus hodgsoni, 112

Anthus richardi, 112
Anthus roseatus, 113
Anthus rubescens, 113
Anthus spinoletta, 113
Anthus sylvanus, 113
ANURA, 14, 142
Apodemus agrarius, 137
Apodemus chevrieri, 137
Apodemus draco, 137
Apodemus peninsulae, 137
Apodidae, 40
Apus apus, 40
Apus nipalensis, 40
Apus pacificus, 40
Aquila chrysaetos, 55
Aquila fasciata, 55
Aquila heliaca, 55
Aquila nipalensis, 55
Arctonyx collaris, 130
Ardea alba, 52
Ardea cinerea, 53
Ardea intermedia, 53
Ardea purpurea, 53
Ardeidae, 50
Ardeola bacchus, 52
Asio flammeus, 62
Asio otus, 62
Athene noctua, 61

Atherurus macrourus, 139
AVES, 33, 143
Aviceda jerdoni, 53
Aviceda leuphotes, 53
Aythya baeri, 36
Aythya ferina, 37
Aythya fuligula, 37
Azemiops kharini, 31

B

Babax lanceolatus, 92
Baeolophus bicolor, 147
Bambusicola thoracicus, 33
Berylmys bowersi, 138
Blarinella griselda, 119
Blarinella quadraticauda, 119
Boiga kraepelini, 27
Bombycilla garrulus, 109
Bombycilla japonica, 109
Bombycillidae, 109
Botaurus stellaris, 50
Bovidae, 134
Brachypteryx montana, 102
Bubo blakistoni, 145
Bubo bubo, 60
Bubulcus ibis, 52
BUCEROTIFORMES, 63
Bufo aspinius, 142
Bufo gargarizans, 16
Bufonidae, 16, 142
Bungarus multicinctus, 31
Butastur indicus, 59
Buteo hemilasius, 59

Buteo japonicus, 59
Buteo lagopus, 144
Buteo rufinus, 59
Butorides striata, 52

C

Cacomantis sonneratii, 42
Calamaria septentrionalis, 27
Calidris ferruginea, 48
Calliope calliope, 101
Calliope pectardens, 101
Callosciurus erythraeus, 134
Campephagidae, 69, 146
Canidae, 127
Canis lupus, 127
Capitonidae, 64
Capreolus pygargus, 133
Capricornis milneedwardsii, 134
Caprimulgidae, 39
CAPRIMULGIFORMES, 39
Caprimulgus indicus, 39
CARNIVORA, 127
Carpodacus edwardsii, 114
Carpodacus erythrinus, 114
Carpodacus vinaceus, 115
Caryomys eva, 137
Caryomys inez, 137
CAUDATA, 13
Cecropis daurica, 79
Centropus bengalensis, 41
Centropus sinensis, 41
Cephalopyrus flammiceps, 74
Cercopithecidae, 126

Certhia familiaris, 95
Certhia himalayana, 95
Certhiidae, 95
Cervidae, 133
Cervus nippon, 133
Ceryle rudis, 64
CETARTIODACTYLA, 132
Cettia brunnifrons, 85
Cettia major, 86
Cettiidae, 84
Chaimarrornis leucocephalus, 103
Charadriidae, 45, 144
CHARADRIIFORMES, 44, 144
Charadrius alexandrinus, 45
Charadrius asiaticus, 144
Charadrius dubius, 45
Charadrius hiaticula, 45
Charadrius placidus, 46
Chimarrogale himalayica, 120
CHIROPTERA, 121, 152
Chlidonias hybrida, 49
Chloris sinica, 115
Chodsigoa hoffmanni, 120
Chodsigoa hypsibia, 119
Chodsigoa parva, 151
Chodsigoa salenskii, 151
Cholornis paradoxus, 88
Chroicocephalus ridibundus, 49
Chrysococcyx maculatus, 41
Chrysolophus pictus, 34

Ciconia boyciana, 49
Ciconia nigra, 50
Ciconiidae, 49
CICONIIFORMES, 49
Cinclidae, 97
Cinclus pallasii, 97
Circus aeruginosus, 57
Circus cyaneus, 57
Circus macrourus, 57
Circus melanoleucos, 57
Circus spilonotus, 58
Cisticola juncidis, 77
Cisticolidae, 77
Clamator coromandus, 41
Clanga clanga, 55
Coccothraustes coccothraustes, 113
Colubridae, 27, 143
Columbidae, 38
COLUMBIFORMES, 38
Conostoma aemodium, 88
Copsychus saularis, 102
Coraciidae, 63
CORACIIFORMES, 63
Corvidae, 71, 147
Corvus corone, 72
Corvus dauuricus, 73
Corvus frugilegus, 73
Corvus macrorhynchos, 73
Corvus monedula, 147
Corvus pectoralis, 73
Coturnix japonica, 33
Cricetidae, 136, 152

Cricetulus barabensis, 136
Crocidura attenuata, 120
Crocidura fuliginosa, 120
Crocidura shantungensis, 121
Crocidura tanakae, 121
Crocidura vorax, 121
Cryptobranchidae, 14
Cuculidae, 41
CUCULIFORMES, 41
Cuculus canorus, 42
Cuculus micropterus, 42
Cuculus poliocephalus, 43
Cuculus saturatus, 43
Culicicapa ceylonensis, 73
Cuon alpinus, 128
Cuora pani, 24
Cutia nipalensis, 94
Cyanoderma ruficeps, 91
Cyanopica cyanus, 71
Cyanoptila cyanomelana, 108
Cyclophiops major, 27
Cyornis glaucicomans, 108

D

Deinagkistrodon acutus, 32
Delichon dasypus, 79
Delichon urbicum, 79
Dendrocitta formosae, 72
Dendrocopos atratus, 146
Dendrocopos canicapillus, 65
Dendrocopos cathpharius, 65
Dendrocopos hyperythrus, 65
Dendrocopos leucotos, 65

Dendrocopos major, 66
Dendrocopos minor, 145
Dendronanthus indicus, 111
Dicaeidae, 109
Dicaeum concolor, 109
Dicaeum ignipectus, 109
Dicroglossidae, 20
Dicruridae, 69
Dicrurus hottentottus, 69
Dicrurus leucophaeus, 69
Dicrurus macrocercus, 69
Dopasia harti, 143
Dremomys pernyi, 134
Dremomys pyrrhomerus, 135
Dremomys rufigenis, 135
Duttaphrynus melanostictus, 16

E

Egretta garzetta, 53
Elaphe bimaculata, 27
Elaphe carinata, 27
Elaphe schrenckii, 143
Elaphodus cephalophus, 133
Elapidae, 31
Emberiza aureola, 116
Emberiza chrysophrys, 116
Emberiza cioides, 116
Emberiza elegans, 116
Emberiza fucata, 116
Emberiza godlewskii, 116
Emberiza pusilla, 117
Emberiza rustica, 117
Emberiza rutila, 117

Emberiza siemsseni, 117
Emberiza spodocephala, 117
Emberizidae, 115
Enicurus leschenaulti, 104
Enicurus maculatus, 104
Enicurus schistaceus, 104
Enicurus scouleri, 105
Eophona migratoria, 113
Eophona personata, 113
Eospalax fontanierii, 139
Eospalax rothschildi, 139
Eothenomys melanogaster, 136
Eothenomys miletus, 152
Eremias argus, 25
Erinaceidae, 118
Erinaceus amurensis, 118
Erythrogenys gravivox, 90
Estrildidae, 111
Eudynamys scolopaceus, 41
EULIPOTYPHLA, 118, 151
Eumyias thalassinus, 108
Euprepiophis mandarinus, 27
Euroscaptor longirostris, 119
Eurystomus orientalis, 63

F

Falco amurensis, 66
Falco cherrug, 67
Falco columbarius, 67
Falco peregrinus, 67
Falco subbuteo, 67
Falco tinnunculus, 68
Falconidae, 66

FALCONIFORMES, 66
Fejervarya multistriata, 20
Felidae, 131
Ficedula albicilla, 106
Ficedula sordida, 107
Ficedula strophiata, 107
Ficedula superciliaris, 107
Ficedula tricolor, 107
Ficedula zanthopygia, 107
Francolinus pintadeanus, 33
Fringilla montifringilla, 113
Fringillidae, 113
Fulica atra, 44
Fulvetta cinereiceps, 87
Fulvetta ruficapilla, 87

G

Galerida cristata, 76
Gallicrex cinerea, 44
GALLIFORMES, 33
Gallinago gallinago, 46
Gallinago megala, 46
Gallinula chloropus, 44
Garrulax albogularis, 92
Garrulax caerulatus, 151
Garrulax canorus, 92
Garrulax cineraceus, 92
Garrulax davidi, 92
Garrulax lunulatus, 93
Garrulax maximus, 93
Garrulax monileger, 93
Garrulax ocellatus, 93
Garrulax pectoralis, 93
Garrulax perspicillatus, 94

Garrulax sannio, 94
Garrulus glandarius, 71
Gekko japonicus, 24
Gekkonidae, 24
Geoemydidae, 24
Geokichla citrina, 98
Geokichla sibirica, 98
Glareola maldivarum, 48
Glareolidae, 48
Glaucidium brodiei, 61
Glaucidium cuculoides, 61
Gloydius brevicaudus, 32
Gorsachius magnificus, 51
Grandala coelicolor, 104
Gruidae, 44
GRUIFORMES, 43
Grus grus, 44

H

Halcyon pileata, 63
Haliaeetus albicilla, 58
Haliastur indus, 58
Harpactes erythrocephalus, 62
Harpiocephalus harpia, 126
Hebius craspedogaster, 28
Hebius optatum, 28
Herpestes urva, 131
Herpestidea, 131
Heterophasia desgodinsi, 95
Hierococcyx nisicolor, 42
Hierococcyx sparverioides, 42
Himantopus himantopus, 45
Hipposideridae, 123

Hipposideros armiger, 123
Hipposideros pratti, 123
Hirundapus caudacutus, 40
Hirundinidae, 79
Hirundo rustica, 79
Hoplobatrachus rugulosus, 21
Horornis acanthizoides, 84
Horornis canturians, 85
Horornis diphone, 85
Horornis fortipes, 85
Hyla annectans, 17
Hyla chinensis, 17
Hyla immaculata, 18
Hyla tsinlingensis, 18
Hylidae, 17
Hynobiidae, 13
Hynobius chinensis, 13
Hypsipetes amaurotis, 149
Hypsipetes leucocephalus, 80
Hypsugo pulveratus, 125
Hystricidae, 139
Hystrix hodgsoni, 140

I

Ia io, 125
Ibidorhyncha struthersii, 44
Ibidorhynchidae, 44
Ictinaetus malaiensis, 54
Indotyphlops braminus, 27
Ixobrychus cinnamomeus, 51
Ixobrychus eurhythmus, 51
Ixobrychus flavicollis, 51
Ixobrychus sinensis, 51

Ixos mcclellandii, 80

J

Japalura flaviceps, 24
Japalura splendida, 25
Jynx torquilla, 64

K

Kaloula borealis, 22
Ketupa flavipes, 60
Ketupa zeylonensis, 145

L

Lacertidae, 25
LAGOMORPHA, 140
Lalage melaschistos, 69
Laniidae, 70, 147
Lanius bucephalus, 70
Lanius collurioides, 147
Lanius cristatus, 70
Lanius schach, 70
Lanius sphenocercus, 70
Lanius tephronotus, 71
Lanius tigrinus, 71
Laridae, 49, 144
Larvivora cyane, 100
Leiothrichidae, 92, 151
Leiothrix lutea, 95
Leopoldamys edwardsi, 139
Leporidae, 140
Leptobrachella oshanensis, 14
Lepus sinensis, 141
Lepus tolai, 140
Lioparus chrysotis, 87

Liua shihi, 13
Liua tsinpaensis, 14
Locustella lanceolata, 78
Locustella luteoventris, 78
Locustella mandelli, 78
Locustella tacsanowskia, 148
Locustella thoracica, 78
Locustellidae, 78, 148
Lonchura punctulata, 111
Lonchura striata, 111
Lophophanes dichrous, 74
Loxia curvirostra, 115
Luscinia phoenicuroides, 101
Luscinia svecica, 101
Lutra lutra, 130
Lycodon fasciatus, 28
Lycodon flavozonatum, 28
Lycodon rufozonatum, 28
Lycodon ruhstrati, 28

M

Macaca mulatta, 126
Macaca thibetana, 126
Machlolophus spilonotus, 148
MAMMALIA, 118, 151
Manidae, 127
Manis pentadactyla, 127
Mareca falcata, 35
Mareca strepera, 35
Martes flavigula, 128
Mauremys reevesii, 24
Megaceryle lugubris, 64
Megophryidae, 14, 142

Megophrys boettgeri, 14
Megophrys minor, 15
Megophrys wushanensis, 15
Meles leucurus, 129
Melogale moschata, 129
Melophus lathami, 115
Mergellus albellus, 37
Mergus merganser, 37
Meropidae, 63
Merops viridis, 63
Mesechinus hughi, 118
Microhyla butleri, 22
Microhyla fissipes, 23
Microhyla mixtura, 23
Microhyla pulchra, 23
Microhylidae, 22
Micromys minutus, 137
Micropternus brachyurus, 66
Milvus migrans, 58
Miniopterus fuliginosus, 125
Minla ignotincta, 95
Molossidae, 152
Monarchidae, 70
Monticola gularis, 105
Monticola rufiventris, 105
Monticola solitarius, 105
Moschidae, 133
Moschus berezovskii, 133
Motacilla alba, 111
Motacilla cinerea, 112
Motacilla citreola, 112
Motacilla tschutschensis, 112
Motacillidae, 111

Muntiacus reevesi, 133
Muridae, 137
Murina leucogaster, 125
Mus musculus, 139
Muscicapa dauurica, 105
Muscicapa ferruginea, 106
Muscicapa griseisticta, 106
Muscicapa muttui, 106
Muscicapa sibirica, 106
Muscicapidae, 100
Mustela altaica, 129
Mustela kathiah, 129
Mustela sibirica, 129
Mustelidae, 128
Myiomela leucurum, 104
Myodes rufocanus, 136
Myodes shanseius, 136
Myophonus caeruleus, 103
Myotis altarium, 123
Myotis chinensis, 123
Myotis davidi, 123
Myotis formosus, 123
Myotis frater, 124
Myotis laniger, 124
Myotis pilosus, 124
Myrrophis chinensis, 27

N

Naemorhedus griseus, 134
Naja atra, 31
Nanorana quadranus, 20
Nanorana yunnanensis, 21
Nectariniidae, 109
Nectogale elegans, 120

Neofelis nebulosa, 132
Nettapus coromandelianus, 35
Nidirana daunchina, 18
Niltava davidi, 108
Niltava sundara, 108
Ninox japonica, 61
Ninox scutulata, 62
Nisaetus nipalensis, 54
Niviventer andersoni, 138
Niviventer confucianus, 138
Niviventer fulvescens, 138
Nucifraga caryocatactes, 72
Numenius arquata, 47
Nyctereutes procyonoides, 127
Nycticorax nycticorax, 52

O

Ochotona dauurica, 140
Ochotonidae, 140
Odorrana grahami, 20
Odorrana kuangwuensis, 20
Odorrana margaretae, 20
Odorrana schmackeri, 20
Oligodon chinensis, 29
Oligodon lungshenensis, 143
Oocatochus rufodorsatus, 29
Oreocryptophis porphyraceus, 29
Oreolalax lichuanensis, 16
Oreolalax rhodostigmatus, 16
Oriolidae, 68
Oriolus chinensis, 68
Orthriophis taeniurus, 29
Otus lettia, 59

Otus spilocephalus, 145
Otus sunia, 60

P

Paguma larvata, 131
Palea steindachneri, 142
Panthera pardus, 132
Paradoxornis flavirostris, 149
Paradoxornis guttaticollis, 89
Pardaliparus venustulus, 74
Pardofelis temminckii, 132
Pareas boulengeri, 29
Pareas chinensis, 29
Paridae, 74, 147
Parus cinereus, 75
Parus monticolus, 75
Passer cinnamomeus, 111
Passer montanus, 111
Passeridae, 111
PASSERIFORMES, 68, 146
PELECANIFORMES, 50
Pellorneidae, 91, 150
Pelodiscus sinensis, 24
Pelophylax hubeiensis, 19
Pelophylax nigromaculatus, 19
Pelophylax plancyi, 19
Pericrocotus brevirostris, 147
Pericrocotus cantonensis, 69
Pericrocotus divaricatus, 69
Pericrocotus ethologus, 69
Pericrocotus roseus, 146
Periparus ater, 74
Periparus rubidiventris, 74

Pernis ptilorhyncus, 53
Petaurista alborufus, 135
Petaurista caniceps, 135
Petaurista marica, 152
Phalacrocoracidae, 50
Phalacrocorax carbo, 50
Phasianidae, 33
Phasianus colchicus, 34
Phoenicuropsis frontalis, 103
Phoenicuropsis schisticeps, 103
Phoenicurus auroreus, 102
Phoenicurus hodgsoni, 103
Phoenicurus ochruros, 103
PHOLIDOTA, 127
Phylloscopidae, 81, 149
Phylloscopus affinis, 81
Phylloscopus armandii, 81
Phylloscopus borealis, 81
Phylloscopus cantator, 149
Phylloscopus claudiae, 81
Phylloscopus coronatus, 81
Phylloscopus emeiensis, 81
Phylloscopus fuscatus, 82
Phylloscopus humei, 82
Phylloscopus inornatus, 82
Phylloscopus kansuensis, 82
Phylloscopus magnirostris, 82
Phylloscopus ogilviegranti, 82
Phylloscopus plumbeitarsus, 83
Phylloscopus proregulus, 83
Phylloscopus pulcher, 83
Phylloscopus ricketti, 83

Phylloscopus subaffinis, 83
Phylloscopus trochiloides, 83
Phylloscopus yunnanensis, 83
Pica pica, 72
Picidae, 64, 145
PICIFORMES, 64, 145
Picumnus innominatus, 64
Picus canus, 66
Pipistrellus abramus, 124
Pipistrellus javanicus, 124
Pipistrellus pipistrellus, 124
Pitta nympha, 68
Pittidae, 68
Platacanthomyidae, 139
Platalea leucorodia, 50
Plestiodon capito, 25
Plestiodon chinensis, 26
Plestiodon elegans, 26
Pluvialis fulva, 45
Pnoepyga pusilla, 78
Pnoepygidae, 78
Podiceps cristatus, 38
Podiceps grisegena, 143
Podiceps nigricollis, 38
Podicipedidae, 37, 143
PODICIPEDIFORMES, 37, 143
Poecile davidi, 75
Poecile montanus, 75
Poecile palustris, 75
Polypedates megacephalus, 22
Pomatorhinus ruficollis, 90

PRIMATES, 126
Prinia crinigera, 77
Prinia inornata, 77
Prionailurus bengalensis, 131
Prionodon pardicolor, 131
Procarduelis nipalensis, 114
Protobothrops jerdonii, 32
Protobothrops mucrosquamatus, 32
Prunella collaris, 110
Prunella immaculata, 110
Prunella strophiata, 110
Prunellidae, 110
Pseudoxenodon macrops, 30
Psilopogon virens, 64
Psittacidae, 146
PSITTACIFORMES, 146
Psittacula alexandri, 146
Psittiparus gularis, 89
Pteruthius xanthochlorus, 68
Ptyas dhumnades, 30
Ptyas mucosa, 30
Ptyonoprogne rupestris, 79
Pucrasia macrolopha, 33
Pycnonotidae, 80, 149
Pycnonotus sinensis, 80
Pycnonotus xanthorrhous, 80
Pyrrhocorax pyrrhocorax, 72
Pyrrhula erythaca, 114
Pyrrhula nipalensis, 114

Q

Quasipaa boulengeri, 21

Quasipaa spinosa, 21

R

Rallidae, 43
Rallus indicus, 43
Rana chensinensis, 18
Rana omeimontis, 18
Rana zhenhaiensis, 19
Ranidae, 18
Rattus losea, 137
Rattus nitidus, 138
Rattus norvegicus, 138
Rattus pyctoris, 138
Rattus tanezumi, 138
Recurvirostridae, 45
Regulidae, 108
Regulus regulus, 108
REPTILIA, 24, 142
Rhabdophis nuchalis, 30
Rhabdophis tigrinus, 30
Rhacophoridae, 22
Rhacophorus chenfui, 22
Rhadinophis frenatus, 30
Rhinolophidae, 121
Rhinolophus affinis, 121
Rhinolophus blythi, 122
Rhinolophus ferrumequinum, 122
Rhinolophus macrotis, 122
Rhinolophus pearsoni, 122
Rhinolophus sinicus, 122
Rhinopithecus roxellana, 126
Rhizomys sinensis, 139
Rhopophilus pekinensis, 87

Rhyacornis fuliginosa, 103
Riparia diluta, 79
RODENTIA, 134, 152
Rostratula benghalensis, 46
Rostratulidae, 46

S

Saxicola ferreus, 105
Saxicola maurus, 105
Scapanulus oweni, 118
Scaptonyx fusicaudus, 118
Schoeniparus brunneus, 91
Schoeniparus castaneceps, 150
Schoeniparus dubius, 91
Scincella modesta, 26
Scincella monticola, 26
Scincidae, 25
Sciuridae, 134, 152
Sciurotamias davidianus, 135
Scolopacidae, 46, 144
Scolopax rusticola, 46
Scutiger tuberculatus, 142
Seicercus castaniceps, 84
Seicercus soror, 84
Seicercus tephrocephalus, 84
Seicercus valentini, 84
Sibynophis chinensis, 31
Sinomicrurus macclellandi, 31
Sinonatrix percarinata, 31
Sinosuthora conspicillata, 88
Sinosuthora webbiana, 88
Sinosuthora zappeyi, 149
Sitta europaea, 96

Sitta villosa, 96
Sittidae, 96
Siva cyanouroptera, 94
Sorex bedfordiae, 119
Sorex cylindricauda, 119
Sorex minutus, 151
Soricidae, 119, 151
Spalacidae, 139
Spatula clypeata, 36
Spatula querquedula, 36
Sphenomorphus incognitus, 26
Sphenomorphus indicus, 26
Spilornis cheela, 54
Spinus spinus, 115
Spizixos semitorques, 80
Spodiopsar cineraceus, 97
Spodiopsar sericeus, 97
SQUAMATA, 24, 143
Stenostiridae, 73
Sterna acuticauda, 144
Sterna hirundo, 49
Sternula albifrons, 49
Stichophanes ningshaanensis, 30
Strauchbufo raddei, 17
Streptopelia chinensis, 38
Streptopelia decaocto, 38
Streptopelia orientalis, 39
Streptopelia tranquebarica, 39
Strigidae, 59, 145
STRIGIFORMES, 59, 145
Strix aluco, 60

Strix leptogrammica, 60
Sturnia sinensis, 97
Sturnidae, 97
Suidae, 132
SULIFORMES, 50
Surniculus lugubris, 42
Sus scrofa, 132
Suthora fulvifrons, 88
Suthora nipalensis, 89
Sylviidae, 87, 149
Sylvirana guentheri, 20
Syrmaticus reevesii, 33

T

Tachybaptus ruficollis, 37
Tadarida plicata, 152
Tadorna ferruginea, 35
Takydromus septentrionalis, 25
Takydromus sexlineatus, 25
Takydromus wolteri, 25
Talpidae, 118
Tamiops macclellandii, 152
Tamiops swinhoei, 134
Tarsiger chrysaeus, 101
Tarsiger cyanurus, 102
Tarsiger indicus, 102
Terpsiphone incei, 70
TESTUDINES, 24, 142
Threskiornithidae, 50
Tichodroma muraria, 96
Timaliidae, 90
Trachypithecus francoisi, 126
Tragopan temminckii, 33

Treron sieboldii, 39
Treron sphenurus, 39
Tringa glareola, 47
Tringa guttifer, 47
Tringa incana, 144
Tringa nebularia, 47
Tringa ochropus, 48
Tringa stagnatilis, 48
Trionychidae, 24, 142
Trochalopteron elliotii, 94
Troglodytes troglodytes, 96
Troglodytidae, 96
Trogonidae, 62
TROGONIFORMES, 62
Trogopterus xanthipes, 135
Tscherskia triton, 136
Turdidae, 98
Turdus boulboul, 99
Turdus cardis, 99
Turdus eunomus, 99
Turdus hortulorum, 99
Turdus kessleri, 99
Turdus mandarinus, 99
Turdus mupinensis, 99
Turdus naumanni, 100
Turdus obscurus, 100
Turdus pallidus, 100
Turdus rubrocanus, 100
Turdus ruficollis, 100
Turnicidae, 48
Turnix tanki, 48
Typhlomys cinereus, 139
Typhlopidae, 27

Tyto longimembris, 62
Tytonidae, 62

U

Upupa epops, 63
Upupidae, 63
Urocissa erythroryncha, 71
Uropsilus gracilis, 118
Ursidae, 128
Ursus thibetanus, 128

V

Vanellus cinereus, 45
Vanellus vanellus, 45
Vespertilionidae, 123
Viperidae, 31
Vireonidae, 68
Viridovipera stejnegeri, 32
Viverra zibetha, 130
Viverricula indica, 130
Viverridae, 130
Vulpes vulpes, 127

X

Xenodermatidae, 27

Y

Yuhina castaniceps, 89
Yuhina diademata, 89
Yuhina nigrimenta, 90

Z

Zapornia fusca, 43
Zapornia pusilla, 43
Zoothera aurea, 98
Zoothera mollissima, 98
Zosteropidae, 89
Zosterops erythropleurus, 90
Zosterops japonicus, 90